学術選書 027

生命のジグソーパズル

生物の多様性ってなんだろう？

京都大学総合博物館・京都大学生態学研究センター 編

KYOTO UNIVERSITY PRESS

京都大学学術出版会

口絵 1 ●アザミの花を訪れるマルハナバチ．長い口器を伸ばしてアザミの深い花筒から吸蜜する．複眼の間に生えている毛に花粉が付いているのがわかる．アザミにとって花粉を花から花へ運んでくれるマルハナバチは，種子を作るためになくてはならない存在だ．（I 形の章）

口絵 2 ●アフリカの森林で見られるゾウ散布植物のクワ科トレキュリア・アフリカーナ（*Treculia africana*）の果実．重さが6 kgを超えるため，高木の幹から直接，果実が生じる幹生果となっている．熟しても緑のまま。ゾウに食べられないよう進化した果実は，結局ゾウしか散布できないくらい巨大化した．（I 形の章）

口絵 3 ●昆虫に食べられると植物は変わる．コオモリガの幼虫がヤナギの幹の中を食い進み脱出すると，その周辺から栄養に富んだ柔らかい枝がたくさん伸びてくる．（II 関係の章）

口絵 4●アフリカ，コートジボワールの熱帯林におけるシロアリの巣（写真の折れ尺は一辺 50cm）．社会性昆虫であるシロアリは，王・女王を中心とするコロニーでこの巣に住んでいる．「キノコ型」の巣を作ることで有名なこのシロアリは，典型的な土壌食（soil-feeder）シロアリである．シロアリ個体の放射性炭素同位体（$\Delta^{14}C$）の測定値から，土壌食シロアリの仲間はおおよそ 10 年前の光合成産物を食べていることがわかった．（III 分子の章）

口絵 5 ●ハッチョウトンボのオス（上）とメス（下）．不均翅亜目の中では世界一小さな種で，東南アジアから日本にかけて分布する．山里の浅い湧水湿地などで見ることができる．このような湿地には，ミミカキグサ，モウセンゴケ，サギソウなど，貧栄養な条件を好む植物が生育する．湧水を利用した山里の湿田が放置されると，一時的に生息地の面積が拡大して大発生することがあるが，やがて雑草が生い茂り，湧水湿地もハッチョウトンボも消失する．（IV人間活動の章）

口絵 6 ●シカの食害でササがなくなり地表が見通せる芦生のブナ林．2001 年には林床に一面ササが生えていたが，2007 年にはアサガラ・バイケイソウなどのシカが好まない少数の植物を除いて，林床植物とシカの届く約 1.8m の高さまでの低木・つる植物の葉はなくなっている．（IV人間活動の章）

口絵 7 ●巨大な熱帯降雨林が存続できる理由は，地下に隠されている．土壌には多様な土壌動物や微生物が生息し，分解というプロセスを担うことにより，植物への栄養塩も供給され続ける．供給された栄養塩は植物によって吸収同化され，巨大な樹木体を形成する．このようにして地上の複雑な構造が形成され，ひいてはこれが地上部の生物多様性を生み出している．（V 生態系の章）

口絵 8 ●世界中の海で，バクテリアやウィルスなどの微生物群集の多様性や生態系の仕組みを調べる大規模な研究が行われている．写真は大型の共同利用研究船「白鳳丸」である（全長 100 m，総トン数 3991 トン）．先端的な観測機器や実験設備が備えられており，長期間に渡る外洋生態系の調査を行うことができる．（撮影　横川太一）（V 生態系の章）

はじめに——生物多様性の不思議な世界への招待

「生物の多様性って、なに?」と聞かれたとき、多くの人は答えに窮するのではなかろうか。

一九九二年にリオデジャネイロで開催された地球サミットで、生物多様性条約が採択された。日本も翌年この条約を批准している。そこでは生物多様性を、「すべての生物の間の変異性をいうものとし、種内の多様性、種間の多様性及び生態系の多様性を含む」と定義している。しかし、これでは具体性に欠け、何のことかよくわからない。また、生物多様性には三つのレベルがあり、それは、遺伝的多様性、種多様性、生態系多様性というものだ。これでは、一般の人にはお手上げである。そのため、「生物多様性」という言葉だけが中身を伴わずに独り歩きしているような感さえ受ける。これだけ巷で多くの人々の話題にのぼるにもかかわらず、その中身が曖昧な言葉も珍しい。いや、流行語というものはそうしたものだ。爆発的に広まったかと思うと、あっという間に忘れ去られる(もちろん、流行語の域には到底およぶものではないが)。しかし、「生物多様性」を単なる流行語で終わらせないためにも、できるだけ多くの人に生物多様性が生み出す不思議で魅力ある世界を実感してもらいたい。このような体験こそ、生物多様性を考えるきっかけになるからだ。

京都大学生態学研究センターは、生態学の立場から、生物多様性がどのようにして生まれ、どのようにして維持されているかを明らかにすることをミッションに掲げている。ここには生態学のさまざまな分野、たとえば植物、動物、微生物の生態学の研究者が集い、行動の進化から生物集団のダイナミクス、生物群集のネットワークや生態系の機能などの研究を通して、生物多様性のさまざまな問題に取り組んできた。地球環境の保全に対する人々の関心が高まるにつれ、生物多様性に関する専門書や解説書の出版も相次いでいる。ところが、社会人や高校生が手にとって興味深く読めるような本は、まだ数少ない。生態学研究センターは日ごろの活動をこのような一般の方々に知っていただくために、京都大学総合博物館にて二〇〇七年八月から一二月まで「生態学が語る不思議な世界——生物の多様性ってなんだろう?」と題して企画展を開催する。しかし、企画展は場所も会期も限られている。そこで、来場できない方々にも、この本を通してその一端にぜひ触れていただきたい。本書は「生物の多様性ってなんだろう?」と問いかけはしているが、その定義を導くものではない。副題の「生命のジグソーパズル」に象徴されるように、この緑の地球というものがいかに多様な生物が複雑に絡み合って生きている不思議な星であるかを語ることで、読者自身に生物多様性を身近なものとして感じてもらいたいのである。

本書は企画展の展示内容に沿って、以下の五つの章（形の章、関係の章、分子の章、人間活動の章、生態系の章）から構成されている。

Ⅰ　形の章　この章は種の多様性が背景となっている。しかし種の多様性にはさまざまなとらえ方があり、それを真正面から扱うと、焦点がぼやけてしまう。そこで送粉（花粉媒介）と種子散布を取り上げ、花の形の多様性と虫との関係など、なじみやすい切り口で種の多様性の意味を考える。

Ⅱ　関係の章　生物間の相互作用は食う食われる関係以上に複雑である。思いもよらないところに間接効果が潜んでおり、かつ生物間のつながりに可塑性のある頑健さを加えている。この章では、そのような関係をなじみのあるヤナギの上で紹介する。また理論的な面から相互作用ネットワークを解説する。ここは少し噛み応えがあるかもしれないが、できるだけ数式を用いずに話を進める。生態学的三角関係では、植物と害虫とその天敵との化学情報を介したせめぎ合いを解説する。

Ⅲ　分子の章　近年、急速に発展している分子解析生態学が描き出す生物多様性の新しい姿を披露する。ミツバチの時間生物学（ピリオド遺伝子）と魚の視物質（オプシン）を例にわかりやすく解説する。そして、「安定同位体解析」という手法から何がわかるのかを、そもそも安定同位体とはどういうものかというところから述べる。

Ⅳ　人間活動の章　前章で紹介した安定同位体解析応用例として、琵琶湖の湖沼生物の食物網が人間の活動との関わりのなかでどのように変遷したかを探り、生物の多様性の過去、現在、未来を考える。さらに、里山生態系の大切さを身近な動植物を例に挙げて解説する。

V　生態系の章　熱帯生態系と海洋の微生物の働きに焦点をあてる。熱帯生態系が多様性の宝庫であることは言うまでもないが、それを解き明かすのは容易ではない。ここではさまざまな土壌生物の実態や、それらによって巨大な熱帯林が支えられている仕組を紹介する。一方、目に見えない微生物が海の中で重要な働きをしていることは読者にとっては思いもよらないだろう。小さな生物が大きな海洋で果たす機能を紹介して、最終章とする。

これらの章の一つ一つを読み進むにつれて、多様な生命の営みを擁しているこの地球という惑星が、本当に不思議で、われわれを魅了する未知なる星であることを少しでも実感していただければ幸いである。そして、今、その星の命とも言える多様な生命が急速に衰えつつあるなかで、「生物多様性って、なに?」という問いかけを読者なりに考えていただける一助になれば、望外の喜びである。最後に、本書の刊行を快く引き受けていただいた京都大学学術出版会の高垣重和さんに、この場を借りて感謝したい。

二〇〇七年六月

大串隆之

生物の多様性ってなんだろう?◉目　次

V　生態系の章　生態系の多様性　その秘密を解き明かすアプローチ　247

生物の多様性ってなんだろう?——生命のジグソーパズル

I

形の章

なぜ花は美しいのか？　形からみえる植物と動物の多様な共進化

地球上には数千万ともいわれる種の生物がいて、それらの種はそれぞれ個性があり、様々な形質――形、色、大きさ、など――で区別することができる。どうしてこんなにも多くの種がいるのか、というのは生物学者が昔から悩んできた大問題だが、それぞれの種の違いはその問題を解く重要な手がかりになるだろう。この章では、それぞれの種がもつ個性がどのように進化してきたのか、果実や花を取り上げてその多様性の由来を考えてみよう。

わたしたちの周りにはたくさんの種類の植物があるが、それらを区別するときに一番手がかりになるのは、実や花ではないだろうか。葉や幹にくらべて、花や実の「見た目」の多様性はずっと豊かであるように思える。その理由を簡単にいってしまうと、葉は主に光や水分条件といった物理的環境を相手に適応進化してきたのに対し、花や実は主に花を訪れたり果実を食べたりする動物を相手に進化してきたからである。光や水分条件は、暗い―明るい、湿度が高い―低いなど、変化は一次元的である。しかし動物の好みは種類や個体によって色、形、大きさ、匂い、味など、たくさんの種類の性質によっている。さらに重要なのは、動物の好みは、学習や進化によって変化するということである。つまり、植物側が新しい花や果実を提供すれば、動物側の好みの幅も広がっていくのである。植物の花や実には、植物の性質ばかりではなく進化の歴史を共有してきた動物の性質も反映されているし、動物の好みにはその周りにどんな植物があったのかが反映されている。このような相互作用の連鎖には、ほとんど無限の多様性を創り出せるポテンシャルがある。

この章の第1節では、植物と動物の相互作用を学ぶ入口として、花を訪れる動物、とくに昆虫がいかに花の多様性を作り出して来たのか考えてみよう。わたしたち人間は、太古から花の美しさや多様性を楽しんできたが、花は人間の生活を彩るために進化したのではない。花の美しさや多様性は、植物の繁殖を助ける動物を誘うために生まれたものなのである。

第2節では、いよいよ相互作用を研究する生態学者になって、アジアやアフリカの熱帯林まで足を踏み入れる。それぞれの種子の形や大きさが、いったいどのような動物とのどのような関係を反映しているのか推理し確かめる。植物と種子を運ぶ動物の関係は、それぞれの森林で異なった進化の道筋をたどることもある。それは偶然なのだろうか、それとも何か理由があったのだろうか。

相互作用を調べることは、生態系の健全さを知る手がかりにもなる。今世界中で、人間活動による森林の縮小や消失によって植物に豊かなバリエーションをもたらした動物との相互作用が消えつつある。植物がパートナーを失っても、結果はすぐには目立たないかもしれない。花粉を運ぶ動物や種子を散布する動物がいなくなっても、寿命の長い植物はすぐには絶滅しないからだ。しかしそれは確実におこり、結果が明らかになったときにはもう手遅れである。

植物の花や実の美しさや多様さは漠然と見ていても楽しいけれど、その色や形の理由をあれこれ考えると花や実がいっそう生き生きして見える。パートナーとの相互作用の現場を目撃することができたら、進化の証人になった気分である。この章を読んだら、次は是非外に出て「目撃者」になってほしい。花や実が急に愛しく思えてくることうけあいである。

［酒井章子］

第1節

昆虫を誘惑する花たち——花の多様性を読み解く

酒井章子

植物はなぜ花を咲かせるのか——花の性の発見

動物には雄と雌がいて、雄と雌が交配しなければ子供は生まれない。わたしたち人間も雄雌のある動物だということもあって、このような動物の繁殖の仕組みは太古の昔から経験的に知っていた。しかし、花は植物（この章では花をつける植物に限って話をする）の繁殖に必要な器官で、雄しべでは花粉がつくられ、それが雌しべに運ばれ、受精が起きてやがて種ができる、ということを人が知ったのは案外最近のことである。三百年ほど前には、生物学者は、花粉は昆虫の餌となるものだから、花の中の雄しべは虫たちがその間に入って休み食事をする「虫たちの寝室と食堂」である（イギリスの博物研究家N・グルー、一六八二）とか、雄しべはその先端の葯から不要な成分をほこりとして外へはき出す排出器官であって植物の構造の中でもっとも卑しい部分だ（フランスのJ・P・トゥルヌフォール、一七〇〇）（花粉 pollen の原語は「ほこり」の意）、などと考えていたのだ。[1]

植物にも動物と同じように性があり、花は繁殖のための器官なのだと広く認められるようになったのは、一八世紀に入ってからである。フランスのS・ヴァイアンは、花粉は、動物の精子に相当するものであって、その中には将来植物へと成長していくもとが入っているのだ（ヴァイアン、一七一八）と、植物の生殖を動物のそれにたとえてみせた。加えて説明するならば、このヴァイアンの説明は、精子が生命を担っているという精子論（スペルミズム、卵子論（オヴィズム）に対立する考え）の立場に立っている。当時の生物学者は、動物の生殖に関して精子が生命を担っているのか卵子が担っているのか論争していた。精子論も卵子論も間違いで、精子と卵子の遺伝子が受精を経て新しい個体が誕生するということは、その百年以上後の細胞説の確立を待たなければならない。

「花が植物の生殖器官だった」という発見は、生物学者ばかりでなく一般の人々にも衝撃を与えた。寡黙にみえた植物が、実は愛を語り合っていたのだ。若きリンネは、この発見に非常に感銘し、スウェーデン語で書かれた『植物の婚礼序説』で紹介している。この論文は、単なる学説の紹介にとどまらず、植物の性を人のそれに喩えて刺激的な文章でつづっており、みだらだという批判も受ける一方、リンネの分類学者としての道を拓くきっかけともなった。彼はさらに四年後この学説をもとに、雌しべと雄しべの数に基づく植物の分類である「性の体系」を考案した。この「性の体系」を含んだ『自然の体系』という著書により、二八歳の医学生であったリンネの名はヨーロッパ中に知れ渡ることになる。この「性の体系」自体は現在はほとんど顧みられることはないが、彼は地球上のあらゆる自然物を分類しようとした分類学の祖として科学史上に名を残している。

生物における有性生殖

雄と雌が交配することによって新しい個体が生まれることを有性生殖という。動物、植物にかかわらず、多くの生物が有性生殖をする（有性生殖でない生殖である無配生殖については「多様な植物の性」の項を参照）。動物の雄と雌が交尾するのも、花粉が雌しべに運ばれ受精するのも、有性生殖に欠かせないプロセスである。

実は、なぜ多くの生物が有性生殖をするのかというのは、まだ解けていない生物学の重要な問題の一つである。多くの生物学者は、世代時間が長い生物が非常に速い病気（ウィルスなど）の進化速度に追いつくために、複数の個体が遺伝子を交換していろいろな遺伝子の組み合わせを持つ子孫を創り出しているのだと考えている(2)(3)。

この章では有性生殖の進化について深く踏み込むことはできないが（詳しくは長谷川真理子氏[2]と矢原徹一氏[3]の著書を参照）、覚えておいていただきたいのは有性生殖というのは高くつくもの（獲得した資源の多くを投資しなくてはならないもの）であるということ、そして多くの生物において有性生殖のありようがその生物を大きく規定しているということだ。もし、有性生殖が重要でなければ、美しい花が咲くことはなかっただろうし、鳥の求愛のさえずりを聞くこともなかったかもしれない。異性が存在しなければわたしたちの音楽や文学もまったく違っていたか、もしかすると芸術のようなものは生まれなかったかもしれない。

植物はどうやって交配するのか

動物は異性をさえずりなどによって惹きつけ、あるいは広い範囲を探し回って交配することができる。では、動くことのできない植物はどのようにして交配しているのだろうか？

多くの植物はさまざまな方法で昆虫や鳥などの動物を惹きつけ、花に訪れた動物に遺伝子のつまったカプセルである花粉を運んでもらっている。花からただよう香りやさまざまな色や形の花弁は、ここに花があることをアピールする広告だ。訪れた時に蜜があったり、タンパク質にとんだおいしい花粉があれば、動物は繰り返し訪れるだろう。そうして花粉や蜜を夢中で集めていると、気づかぬ間に体は花粉まみれ。新しい餌を探して次の花を訪れると、花粉まみれの動物の体が雌しべの先に触れ、花粉の運搬は完了だ。この花粉の運搬のことを「送粉」、運搬役の動物のことを「送粉者」と呼ぶ。

蜜や花粉といった報酬を与える植物と送粉者は、仲良く助け合っているように見えるが、お互いの利益は必ずしも一致しない。動物は一回花を訪れればできるだけ多く報酬をもらいたいのだが、植物はできるだけ安く（少ない花粉や蜜で）確実に花粉を運んでほしいはずだ[4,5]。

植物の中には、動物ではなく風によって送粉されるものもいる。動物は花から花へ移動するが、風はいつも花から花へ吹いているわけではないので、風によって送粉されるには大量の花粉が必要である。スギやヒノキが風が黄色くなるほどに花粉を飛ばすのはそのためである。

多様な植物の性——植物の雄と雌

多くの動物の個体は雄雌どちらかの機能しか持たないから、雄の個体と雌の個体がある。ところが、ほとんどの植物は雄としての機能（雄しべ）と雌としての機能（雌しべと種子になる胚）を一つの個体に備えた両性具有である。これは、自ら動くことのできない植物の交配の難しさを反映しているのだと考えられている。

もし、雌雄に別れてしまうと交配相手は自分と反対の性に限られるから、交配可能な個体数は半分になってしまう。また、雌雄を備えていれば一度送粉者がやってくるだけで花粉の受け取り（雌としての交配の成功）と花粉の運び出し（雄としての成功）両方を期待することができる。動物では雄として成功するための条件（たとえば雌を惹きつける美しい羽を持っている）と雌として成功するための条件（多くの卵を産むことができる）が必ずしも一致せず、どちらかに特化した方がよいということがあるが、植物の場合は雄も雌も送粉者を惹きつけるということでは一致しているため、どちらかに特化することにそれほどメリットがないことも関係しているかもしれない。

しかし、雌雄が同居していることにはデメリットもある。自分の花粉が自分の雌しべに付いてしまうのだ。有性生殖の意義から考えると花粉を別の個体から受け取った方がよいはずだが、自分の花粉が付くとそれを妨げてしまう。

植物には、雌雄別の個体に分かれているものもいないわけではない。庭木としてよく植えられているアオキもそのような植物の一つだ。アオキには、赤い実をつける雌個体とつけない雄個体がある。雌個体の花（雌花）と雄個体の花（雄花）は似ているが、よく見ると数や大きさ、形が少し違う。雌花には大きな雌しべが中央に一つ、雄花には雌しべがなく雄しべが四つある。雌花の基部は将来実になる部分のふくらみがあるが、雄花にはない。雌個体は開花後実を育てるために多くの資源が必要なので、花を咲かせるだけの雄よりも少ない数の花しかつけない。

このほかに、両性個体と雌個体、両生個体と雄個体、といった、変わった組み合わせの性を持つものもある。雌雄を分けることに大きなメリットがある動物に比べて、雌雄を分けるのか同居させるのか、条件によってメリットとデメリットの相対的な大きさが異なる植物では種によって性のあり方はさまざまなのだ。

自家受粉への誘惑

風にしろ動物にしろ、動物の交配に比べ植物の送粉というのはなんだか効率が悪そうだ。実際大量に生産された花粉のうちで雌しべに到達するのが百〜千分の一あればよい方だろう。植物によっては大半の花が雌しべに花粉を受け取ることができずに落ちてしまう。植物にとって、有性生殖は本当に高くつくのだ。

先に、有性生殖の意義から考えると別の個体の花粉を受け取った方がよい、と書いたが、実際にはそれをあきらめて自分の花粉で受粉してしまう植物がいる（自家受粉）。とくに、自分の雌しべと雄しべが自動的に接触する仕組みを作ってしまえば、送粉者を呼ぶ必要はなく花弁も蜜も香りもいらないから、とても経済的だ。天気が悪くて送粉者が来ない、ということもなく確実に受粉される。両性具有の植物は、常に「自家受粉の誘惑」にあらがいながら、他個体との交配を維持しているともいえる。

どのような植物が、自家受粉専門になるのだろうか。まず、新しく開けた場所に真っ先に分布を広げる植物が挙げられる。新天地に到達したとき一個体でも子孫を作れることが、新天地で数を増やすために大きなメリットになるからだ。また、寿命の短い草本にも自家受粉がよく見られる。寿命が長ければ受粉に失敗して種子が作れなくても種子を作るために使う資源を来年に持ち越せるが、寿命が短ければ将来に資源を持ち越せる確率は低いので少々質の低い種子でも作らないよりは作った方がいいだろう。また一年生草本は毎年きちんと種子を作らないとそこで絶えてしまう。当てにならない送粉者に依存するだけでなく、自分で送粉できる仕組みをもっていることは、確実に子孫を残すための保険だといえる。実際に、一年草や帰化植物には自家受粉をする植物がより多く見られる。

無配生殖

大型の動物の多くでは、生殖は常に雌雄の交配によって起こるので、生殖といえば有性生殖と思いがちだが、植物の世界では、交配を伴わない生殖である無配生殖も広く行われている。ヤマノイモなどで見られるムカゴ、受粉によらずにできるセイヨウタンポポの種子、モウソウチクの地下茎などがその例としてあげられる。無配生殖由来の個体は、遺伝的には親個体と同じクローンである。

以上見てきたように、植物は動物と違い、種によって繁殖の仕方が異なり、また複数の繁殖の仕組みを持つ種も少なくない。これは、一度定着してしまうと自分で移動して生育環境を選んだり交配相手を探したりできない植物が進化の過程で獲得してきた、与えられた環境で子孫を残す工夫なのだ。

なぜ花の色や形はさまざまなのか――送粉シンドローム

一見受け身の植物だが、動物を操り、できるだけ送粉の効率を上げようというしたたかさも持ち合わせている。

訪れる動物を制限するのも効率を上げる仕組みの一つだ。送粉が成功するためには、送粉者が同じ種の別の個体の花を訪れてなくてはならない。いろいろな植物の花を訪れる送粉者に花粉を託すより自分と同じ種の花を選んで訪れる送粉者に託す方が、送粉の成功の可能性は高くなる。

たとえば、細長い筒状の花弁の中に蜜を溜め長い口をもつ動物だけに蜜が吸えるようにすることで、

表1　送粉シンドロームの例

送粉者	花色	蜜源	花あたり蜜量	開花時間
長舌のハナバチ(マルハナバチ)	青〜赤紫	深い	多い	朝〜昼
ハエやアブ	白〜黄色	浅い	少ない	朝〜昼
鳥	赤〜ピンク	深い	非常に多い	朝〜昼
蛾	白	深い	多い	夕〜夜

短い口の動物を排除することができる。鳥の目につきやすい赤い花色にすると、鳥によく訪れてもらえるようになり、逆にハナバチなどが訪れることは少なくなる。夜に咲くと、夜行性の動物ばかり訪れるようになるだろう。

このように、色や形、香り、咲く時間などの組み合わせを変えることでだれに送粉してもらうのかをコントロールすることができる。逆に、同じ動物によって送粉される植物の花は似た性質を持つようになる。このような送粉者ごとに違う花の性質のまとまりを「送粉シンドローム」という(表1)。送粉シンドロームの存在は、植物と送粉者の性質が長い進化の過程で相互作用しながら形作られてきたことを示している。植物はそれぞれ専属の送粉者にあわせて花の形や色を進化させており、花に来るならだれでもよいというわけではないのだ。

身近な送粉者

では、わたしたちのまわりの植物は、どんな方法で送粉を達成しているのだろうか。

まず、二割以上の植物が、風によって送粉を果たしている[1]（図1）。偶然雌しべに花粉が付くことを期待して空気中に花粉をばらまく風による送粉では、昆虫を引き寄せる必要がないため、蜜を出したり広告のための香りや魅力的な色、形の花弁も必要ない。一方で、効率が悪いため膨大な量の花粉が必要になる。花粉を大量にまくので自分の花粉が付かないよう雌しべを雄しべから遠ざけ、雌花と雄花が別れている場合が多く見られる。花粉は小さく、さらさらしていて風に飛ばされやすい。

そのほかの植物のほとんどは、動物によって送粉される。花には動物を惹きつけるための目立つ花弁や香りがあり、花粉は大きめで昆虫の体にくっつきやすい性質がある（したがって風で飛びにくく花粉症の原因となることはほとんどない）。送粉を担う一番重要な動物は昆虫だが、中でも花との関係が深いのがハチの仲間だ。マルハナバチとそれ以外のハチで三分の一以上の植物を送粉している。特にハナバチと呼ばれるグループは、生まれてから死ぬまで花の蜜と花粉だけを餌として生活をしている。肉食のカリバチに起源するこのグループは、狩りのための針を防衛用に持ち替え、体は花粉を集めやすいよう毛に覆われている。この毛が送粉にも都合がよい。

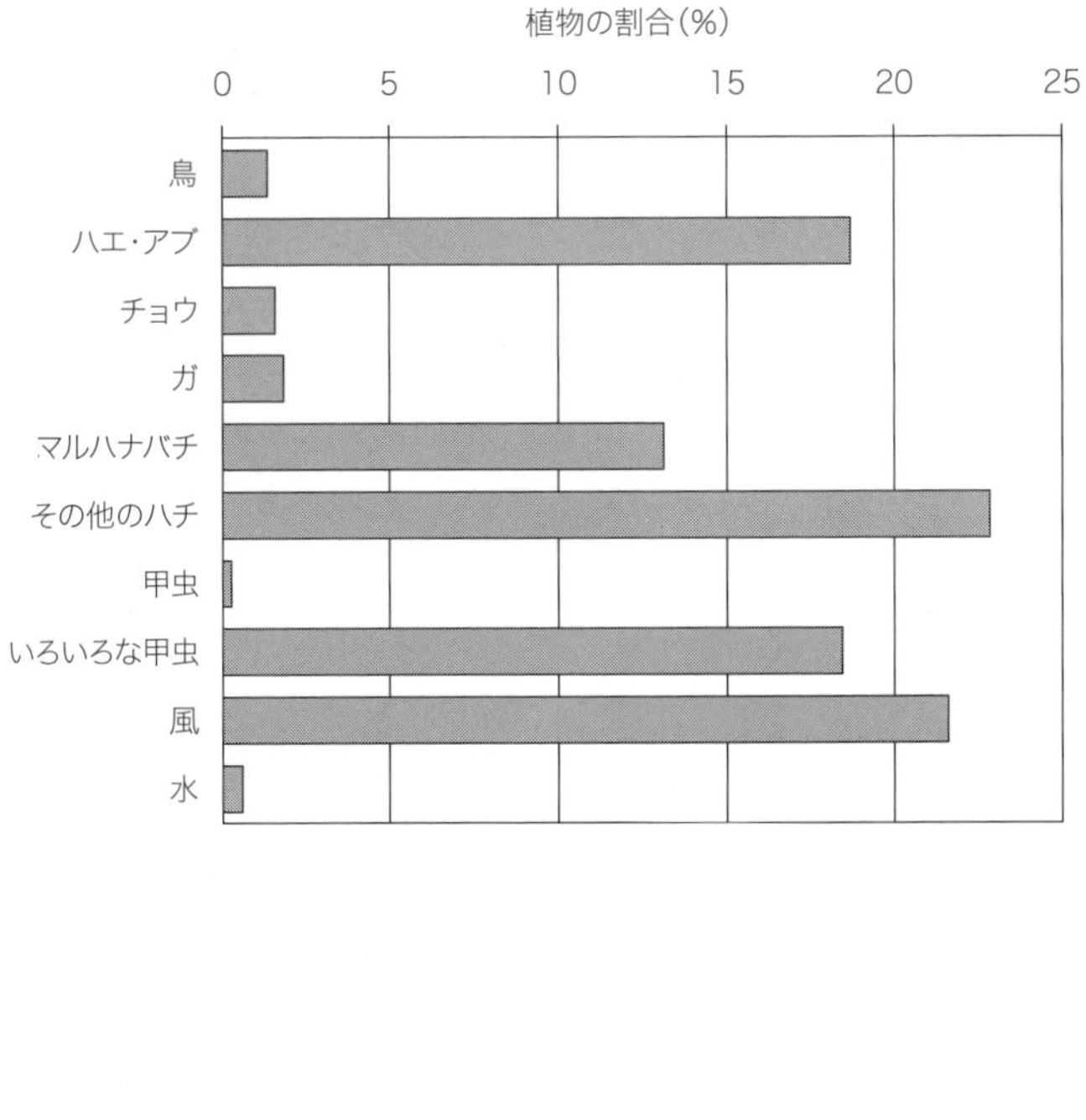

図1　日本の植物のおもな送粉者を種の割合で示したもの．田中（1997）から作図．

図 2　ハリギリの花を訪れるミツバチ．たくさんの花が樹木全体で同調して一斉に開くハリギリは，一つ一つの花は小さいが，ミツバチの重要な蜜源である．

わたしたちにもっとも馴染みのあるハナバチはミツバチだろうか（図2）。ミツバチはその巣のすべての個体の母である一頭の女王のもと数千～数万の個体からなる家族を作る。ミツバチは大量に花粉や蜜をつくる植物専門で、偵察個体がそのような植物を見つけると巣の仲間を動員し、実に素早く蜜や花粉を持ち去る。ある植物にとっては重要な送粉者である一方で、植物によっては花粉を持ち去るやっかいものになることもある。これは、その植物がどのような送粉の手段を進化の過程で選んできたのかということに依存している。たとえば、風を送粉の手段として選んだ植物にとっては、ミツバチはただの花粉泥棒なのだ。

家族総動員で花粉集めをするミツバチに対し、家族内分業をするのがマルハナバチだ（図3、巻頭口絵1）。マルハナバチは、ミツバチよりずっと小さい数十頭から数百頭からなる家族を作り、それぞれの個体が特定の植物の「専門」になってその植物ばかりを訪れる。一カ所に集中した資源を家族総動員の機動力で持ち去ってしまうミツバチに対し、マルハナバチは長い舌と高い探索能力と記憶力で点在している植物の長い花筒に隠された蜜や花粉を集めることができる。マルハナバチによって送粉される花の多くは、アザミやトリカブトなどのように長い花筒や複雑な構造を持ち、マルハナバチ以外の動物は蜜を吸うことができない。それぞれの植物個体の花数は多くないが、お客さんをマルハナバチに限定することによって満足できるサービスを提供している。同じ種類の花を探して長い距離を飛び回り繰り返し訪れるというマルハナバチの性質は、送粉に非常に都合がいいのだ。

図 3　アザミの花を訪れるマルハナバチ．長い口器を伸ばしてアザミの深い花筒から吸蜜する．複眼の間に生えている毛には花粉が付いているのがわかる．（口絵 1 参照）

相互作用が多様性を作り出す

現在陸上では、花をつける植物が種類数、量ともに圧倒的な繁栄を誇っている。とくに、花らしい花を咲かせる被子植物(生殖器官である花の特殊化が進んで胚珠(種子)が心皮にくるまれているグループ)は二〇万〜三〇万種を含んでおり、千種に満たない原始的な花を持つ裸子植物(ソテツやスギ、イチョウなど)に比べ、その多様性は圧倒的だ。最初の被子植物の出現は白亜紀初め、一億三千万年ほど前といわれているが、白亜紀中期にかけて爆発的な多様化を遂げ、それまで栄えていた裸子植物に取って代わった。

この交代や多様化をもたらした要因についてはいろいろな仮説があるが、送粉をめぐる昆虫との関係が重要であったと考える研究者は少なくない。裸子植物の多くが風によって送粉されるのに対し、多くの被子植物が昆虫によって送粉されているからだ。

まず、風ではなく昆虫を送粉者に採用することによって効率のよい交配が可能になる。たくさんの植物種が共存していれば、花粉が風に飛ばされて偶然同じ種類の植物の雌しべに付く可能性は低いが、植物を選り好みして訪れる昆虫だったら同じ種類の花まで花粉を運んでくれるかもしれない。密度が低くても生き残れるようになれば、それだけたくさんの植物が共存できる。

植物の多様化はまた、昆虫の多様性をも生み出した。深い花筒の中の蜜を飲むための長いストロー状の口器や粘性の高い蜜をなめるためのブラシ状の口器、花粉で子育てをする生活史など、花の利用に長けた昆虫のグループが次々と現れた。植物の方もつぎつぎと新しい昆虫にあわせ花を進化させた。このように、複数の生物の間でお互いが影響を与え合いながら進化が進むことを「共進化」と呼ぶ。被子植物の爆発的多様化は、送粉者との共進化に駆動されたものだったのかもしれない。

多くの生物学者は、生物多様性の創造には、送粉に限らず生物と生物の相互作用が重要な役割を果たしてきたと考えている。物理的環境を決める要因（温度や湿度、光など）には限りがあるが、生物には無限の種類の環境を作りだすポテンシャルがあるからだ。相互作用には、送粉ばかりでなく食う食われるの関係や競争関係、あるいは同種の雄と雌の関係など、さまざまなものが含まれるだろう。

＊

二〇世紀、分子生物学は遺伝情報を担うＤＮＡの二重螺旋構造の決定に象徴されるように、すべての生物に共通な生命の仕組みを追求することでサイエンスにその地位を確立した。その一方で生物の違い、つまり生物多様性はその大躍進から取り残されてきた。二一世紀こそ、今まで取り組むのが困難であった生物多様性の研究の世紀となると考えられている。生物同士の関係性を無視できない多様性の研究は、細分化した生物学の再編と統合をもたらすものになるのかもしれない。

第2節　種子散布の生態学

湯本貴和

根を下ろした生活をおくる被子植物にとって、自分の遺伝子を空間的に広げる場面がふたつある。ひとつは前節で紹介した花を咲かせ花粉を受渡しする送粉。もうひとつはこの節で述べる果実をつけ種子を蒔く種子散布である。ふだんは地味な植物が華やいでみえるときであり、人々の注目をあつめるときである。

なぜ、植物は、送粉と種子散布のときだけ目立つのだろうか？　多くの花や果実は、なぜ鮮やかな色やかぐわしい香りをもっているのだろうか？

これら問いに答えるには、植物の生活に深く関わる動物の役割を考える必要がある。いったん根を下ろすと自分では動くことのできない植物は、さまざまな動物に食われる危険にさらされている。しかし一方で、動物を巧みに利用する術も身につけている。植物のいくつかの性質は、関わりのある動物に対する適応、あるいは動物との共進化として理解できるものである。

美しい色やかたちの花や、おいしくて栄養のある果実などは、動物との共進化の産物として理解できる。植物は、花蜜や花粉の一部を餌として動物に提供するかわりに花粉を運んでもらうような花の構造を進化させた（本章第1節）。また、果肉とよばれる部分を発達させ、そこを動物の餌とすることによって、種子を運んでもらうしくみをつくっていった。現在みられるような多様な花や果実の形態は、送粉と種子散布というサービスを動物から効率よく得られるように進化してきたものである。

動物から食われるのを防ぐための毒をつくる植物、動物を花粉や種子の運び手として利用するためのしくみを備えた花や果実をもつ植物。ともすれば、動物との関係において常に受け身の生き方をしていると考えられがちな植物は、実はさまざまな方法によって動物を操作し利用している。このような最近の研究成果は、ある意味で私たちのもつ静的で受動的な植物のイメージの変革をせまるものである。この節では、種子散布をめぐる植物の動物との関わり合いをみてみたい。

種子散布のさまざまな型

種子散布は、風による風散布、水の流れによる水散布、自ら弾ける自発的散布、ただ落ちるだけの重力散布、動物に運ばれる動物散布などに分けられる。それぞれの散布様式によく適応していると想定される形態的な特徴は、たとえば、風に乗って運ばれやすいような翼や冠毛、水に浮きやすいコルク層や空気袋、あるいは動物をひきつける果肉などである。

異なった植物にみられる同じ散布機能を発揮する形態的な特徴は、じつに多様な起源を持っている。風散布における翼状の装置は、東南アジアの熱帯雨林の主要な構成種の多くを含むフタバガキ科では萼片が起源であり、温帯林で多様性を誇るカエデ科では果皮の一部が起源である。また、ヤマノイモやウバユリでは種皮が起源である。また逆に、マメ科といった大きなグループでは風散布、水散布、自発的散布、重力散布、動物散布など、様々な散布形態が同じ起源の果実（莢）によって実現されている。このように果実や種子の形態が特定の散布媒体に対応して、植物の系統群（たとえば、科）内ではいろいろな形に進化している一方で（図1）、系統群間では類似の形に収斂している現象が非常に多くみられるのは大変興味深い。収斂するには、多くの植物に共通な、かなり強い選択圧がかかっているためと考えるのが当然であろう。

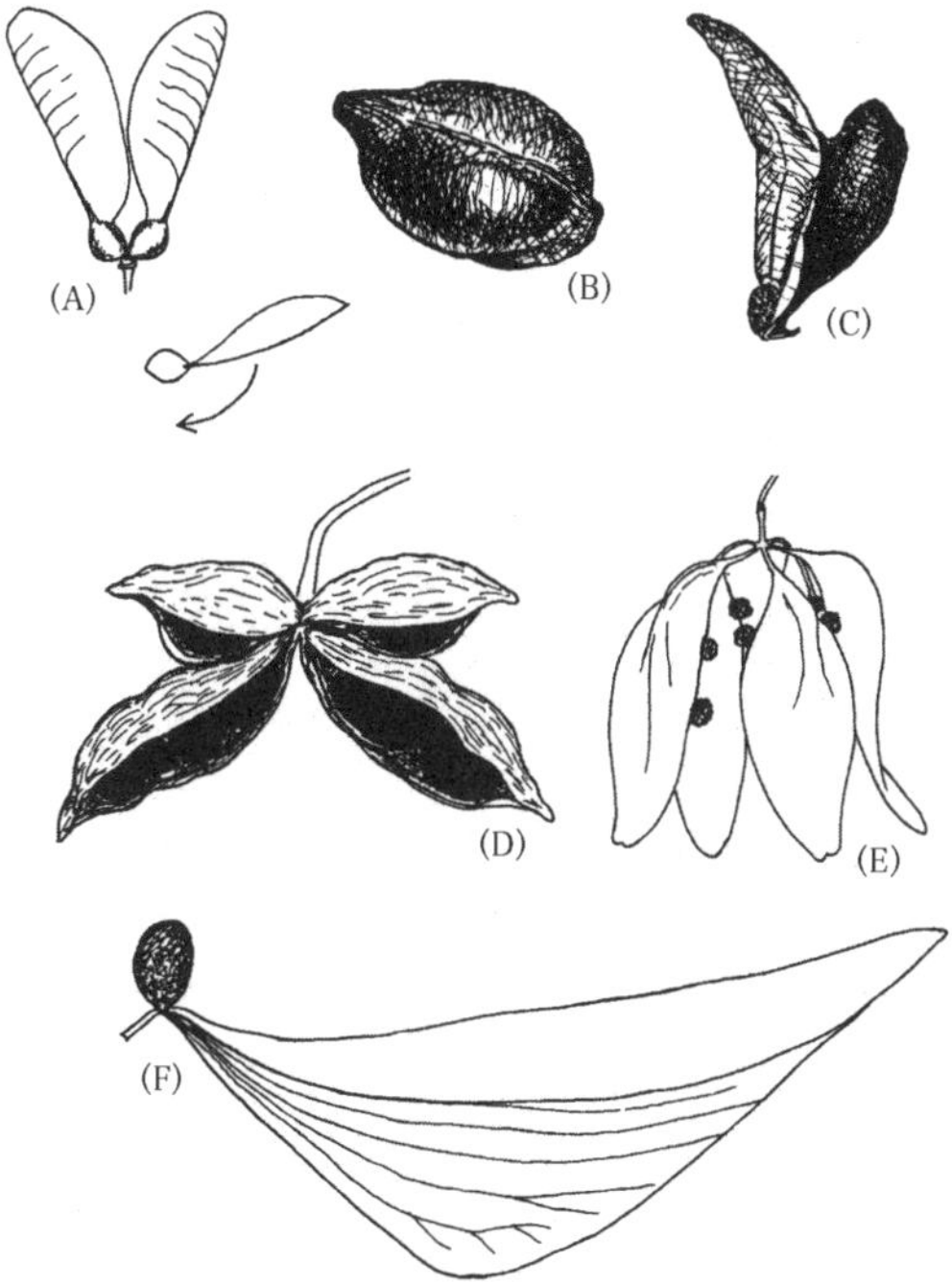

図1　アオギリ科のさまざまな果実．（A）タリエテア属 *Tarrietia* sp.（風散布），（B）サキシマスオウノキ *Heritiera littoralis*（水散布），（C）アンベロイ *Pterocymbium* sp.（風散布），（D）ピンポンノキ *Sterculia nobilis*（動物散布），（E）アオギリ *Firmiana simplex*（風散布），（F）スカフィウム・アフィネ *Scaphium affine*（風散布）

種子散布と動物との関わり

動物散布と呼ばれるものには、大きくわけて三つある。(1)羽毛や体毛に引っ掛かって運ばれる付着型、(2)種子自体が餌資源であるが、食べ残されたり置き忘れられたりした種子が発芽する食べ残し型、(3)種子自体ではなく、まわりに発達した果肉が食べられる周食型である。

付着型動物散布の果実の特徴は、鉤や刺、粘着物が表面についていることである。鉤や刺は多くは、種子ではなく果皮が変形したものである。果実が粘着性をもつ場合には、(1)萼がくっつきやすい、(2)苞葉に粘着物を分泌する腺がある、(3)痩果あるいは種子が粘着物におおわれている、(4)核果や漿果が粘着物におおわれている、(5)核果のなかに粘着物におおわれた種子が入っている、などがある。ヤドリギなどにみられる(5)のケースは周食型との混合といえる。このような付着のための器官の起源の多様性は、多くの系統群で、平行的に付着型散布のための適応が行われたことを意味している。これらの付着器官の外見上の類似には驚くべきものがある。

付着型散布は、次に述べるふたつの動物散布の型と比較すると、散布してもらうことに対する報酬と、動物を引きつけるための工夫を欠いているという大きな違いがある。動物を一方的に利用しているわけである。大きい種子では動物が気づいて除去する可能性が高く、小さい種子ほど遠くに運ばれやすい。実際に小型種子が多いが、これは付着型散布に対する適応としてだけでなく、種子の食糧源としての価値を下げることによる種子捕食を回避する適応とも考えることができる。

食べ残し型動物散布は、食糧を集めて保存する貯食行動をもつ動物が果実を運んでいるうちに取りこぼしたり、隠してある場所を忘れたりして食べ残されたものが発芽するものである。散布者は主にリス、ネズミなどの齧歯目の哺乳類、カラス科、シジュウカラ科、ゴジュウカラ科、キツツキ科などの鳥類で、かなり高度な学習能力をもつ動物である。この散布様式をもつ植物の形態的・生態的な特徴としては、（1）栄養価に富んだ大型の種子をもつ、（2）外皮が堅い、（3）かなり大量に実り、年によって豊凶の差の激しいものが多い、（4）熟すと落下する、（5）種子のかなりの部分を食われても発芽する能力をもつものがある、（6）強い毒をもつものは少ないが、渋み、苦味などの弱い毒をもつものが多い、などが考えられる。貯食というのは、餌の探索、餌の輸送、餌の貯蔵・隠蔽という作業を伴い、動物にとってかなりの労働を必要とする。大型の種子で大量に実るものでなければ、動物は労働を投入するに値する資源として評価しないだろう。この散布型では種子散布者は常に種子捕食者であることに注目してほしい。

（1）から（6）の食べ残し型散布の特徴は、大型で栄養価の高い種子をもつという以外は、すべて被食防御の適応として解釈できる。大型種子は養分の蓄えで実生の日陰での生存率を上げることができたり、初期の生長速度を速くするなどの別の適応性が考えられる。そうすると、食べ残し型散布の形態的・生態的な特徴はただ落ちるだけの重力散布の形態的・生態的な特徴と区別がつかなくなってしまう。実際、植物が積極的にこの散布型に適応していることを疑問視することもできる。しかし、実際には多くの植物が食べ残し型の種子散布をして、個体群を維持している。

周食型動物散布は、基本的に哺乳類や鳥類に果実が食べられ、種子が糞として排泄されることによって運ばれるものである。この散布型の特徴としては、（1）果序が葉層から突出し、熟した時に種衣や外果皮が赤、オレンジ、黒などに着色して遠くからでも目立つ、（2）熟した果実の種衣や果肉（通常は中果皮または中果皮＋内果皮からなる）はおいしくて栄養（糖質、脂質、蛋白質など）があるが、未熟なうちは強い渋みや毒をもつものがある、（3）種子自体には強い渋みや毒をもつものが少なくない、（4）種子や核（内果皮が硬くなっているもの）は十分に硬く、動物の消化管を通っても壊れない、（5）果肉つきの種子では発芽率が低いが、果肉を洗い流した種子や動物の糞からとった種子を播くと発芽率が高くなる種がある、などがある。散布に関わる動物は、木本性植物では鳥類と哺乳類が主であるが、爬虫類、魚類などによって種子散布される植物も知られている。また草本性植物ではアリによる散布が多い。周食型散布に関わる鳥類は多岐にわたるが、温帯域では一年中、果実に頼っている鳥は少なく、春から夏にかけては昆虫食で、秋から冬にかけて果実食の傾向を示すものが多い。周食型動物散布についてもう少し詳しく見てみよう。

周食型散布植物と果実食動物

周食型散布では、大きさや色、甘さなどの果実と種子の性質のうち、主として種子散布者を決定しているのは、果実と種子の長径である。アフリカ・旧ザイール（現コンゴ民主共和国）のカフジ・ビエガ国立公園で、森林性のアフリカゾウであるマルミミゾウの糞を調べた結果、多くの大型果実あるいは大型種子の植物の種子あるいは実生がみられた。[2] これらの植物の果実はゾウ以外の動物が種子散布に関与することを拒否するような形態をもっている。たとえばアカテツ科のオンファロカルプム・アノセントルム（*Omphalocarpum anocentrum*）は厚さ七ミリもの堅い果皮をもち、ゾウが果皮を噛み砕き種子を飲み込むことによってのみ散布される。また、同じくアカテツ科のアウトラネラ・コンゴレンシス（*Autranella congolensis*）の種子は長さ七センチ、幅四・五センチ、厚さ二・五センチという赤ちゃんの握り拳ほどの大きさで、森林にすむ二番目に大きい果実食者であるゴリラでも種子を飲み込むことも、糞に排泄することもできない（図2）。また、クワ科のトレキュリア・アフリカーナ（*Treculia africana*）の果実はこどもの頭より大きく、小型動物では扱うことができない（図3、巻頭口絵2）。

これらの植物のもつ形質は、基本的には種子捕食者であるマルミミゾウからの防御として解釈できそうである。マルミミゾウが種子捕食者としてあまりに強力なために、ゾウからの補食を免れるよう

図2

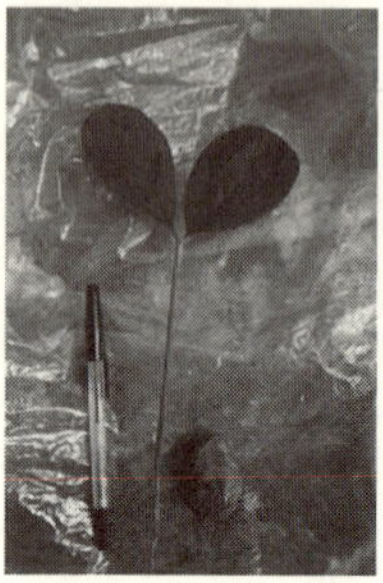

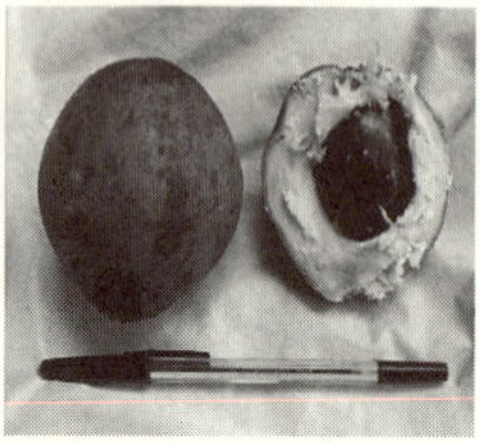

図3

図2　ゾウ散布植物のアカテツ科　アウトラネラ・コンゴレンシス（*Autranella congolensis*）

図3　ゾウ散布植物のクワ科トレキュリア・アフリカーナ（*Treculia africana*）（口絵2参照）

に果実や種子の防御が進化し、その結果としてゾウ以外の動物が散布に関わることができないような果実や種子の形態ができてきたのではないだろうか。

同じ森で、マルミミゾウ、ヒガシローランドゴリラ、ケナガチンパンジー、各種オナガザル類の食痕調査と糞分析によって散布される植物を調べた結果、オナガザル類が種子散布をおこなうものは果実の長径が四センチ以下、種子の長径が二・五センチ以下に限られ、ゴリラ、チンパンジーでは果実の長径は一例を除いて一二センチ以下で、種子の長径は四センチ以下、ゾウでは果実の長径が三五センチまでに及び、種子の長径も七センチまであった。ゴリラ、チンパンジー、ゾウとも、果実サイズが他の動物でも食べられる小さいクラスになると食べない果実がでてくる。三四種の周食型果実のうち、果実と種子の大きな七種の植物はゾウだけが、三種の植物はゾウ、チンパンジー、ゴリラが、五種の植物がチンパンジーとゴリラだけ、一五種の植物がチンパンジー、ゴリラ、オナガザル類が、四種の植物がオナガザル類だけによって種子散布されていると結論された。果実の長径は、それぞれの動物が適切に取り扱える物体の大きさの限界で決まり、種子の長径は、飲み込んで排泄する際の消化管の太さの限界で決まると考えられる。小さい果実を食べないのは、他の動物との競合と採食の効率の問題であろう。

南米・コロンビアのマカレナでおこなった調査でも、アカホエザルとフンボルトウーリーモンキーによって種子散布される植物は、果実の長径は七センチ以下で、種子の長径は二・五センチ以下であった。[3] アフリカのオナガザル類と南米のオマキサル類とに散布される種子は、植物相が全く異なるのにもかかわらず、種子の大きさがほぼ一致していることが注目される。ついでながら、屋久島のヤクシマザル（ニホンザルの亜種）が散布する植物では、果実の長径は二センチ以下、種子の長径は一・五センチ以下であった。[4] 熱帯でサルがもっぱら散布する植物と比べて屋久島のものは果実、種子ともにずいぶん小さく、サルの分布しない奄美諸島や琉球列島にも分布していることも考え合わせると、サルによる種子散布に特殊化したというよりも、むしろ果実食性のヒヨドリ類やハト類などによる鳥散布の要素が強いものと推定される。[5]

東南アジアにおいて、大型鳥類・哺乳類相が温存されている大面積保護区のタイ・カオヤイ国立公園の熱帯季節林で、アジア熱帯で最大の果実食鳥類であるサイチョウとそれが散布する種子に着目して、サイチョウの種子散布者としての役割について検討した。[6] まず、動物散布型果実の形態上の特徴（六五科二五九種）とそれを利用する広範な種類の果実食動物（一〇グループ二五種：ヒヨドリ七種、ミカドバト一種、サイチョウ四種、リス二種、ジャコウネコ三種、テナガザル二種、オナガザル一種、クマ二種、シカ二種、ゾウ一種）の種子散布について調査した。大部分の果実種は、複数の果実食動物によって利用されていたが、種子の直径とそれを利用する果実食動物グループ数との間には負の相関が認められた。小型の果実、あるいは小さい種子を多く含んだ大型の柔らかい果実は、さまざまなグループの果実食動物に利用されるのに対して、大型の種子を一個もつ果実は、限られた種子散布者（サイチョウ、テナガザル等）によってのみ利用されていた。

また不思議なことではあるが、アフリカのマルミミゾウはコンゴからカメルーン、ガボンまでのすべての森林でゾウ散布に適応した植物がみられるのに対して、同じ森林性であるアジアゾウの種子散布に特殊化した植物は知られていない[7]。

種子散布から見た東南アジア熱帯の森林の空洞化

現在、東南アジアでは、森林の分断化や狩猟圧によって、これまで生息していた大型動物が局所的に絶滅する現象がみられる。たとえば、タイの国立公園の大きさと、ベンガルトラ、アジアゾウ、テナガザル類の生息の有無を文献や聞き込み、現地調査で調べてみると、一四〇〇平方キロメートル以上の国立公園ではトラ、ゾウ、テナガザルがすべて生息し、五〇〇平方キロメートル以下では半数以上の国立公園でトラとゾウは生息していない。テナガザルは一〇〇平方キロメートル以下の国立公園でも四割の場所で生息が確認されているが、これらの動物が生息している場所は面積が小さくとも大きな国立公園と隣接している。

また、マレーシアの国立公園では、半島部の八〇〇平方キロメートルのエンダウ・ロンピンと四三〇〇平方キロメートルのタマン・ネガラでトラ、ゾウ、シロテテナガザルが生息している。トラとゾウの自然分布のないボルネオ島では、サラワク州の二八〇〇平方キロメートルのホーセ山脈国立公園ではオランウータンの自然個体群が生息しているが、サラワク、サバ両州の七〇〇平方キロメートル以下の他の国立公園ではオランウータンの自然個体群はいない。さらに二〇〇平方キロメートル以下の国立公園では、ボルネオテナガザルも、まず生息していない。このように、保護区の面積と生き残っている大型動物相には明らかな関係があり、分断化されて小さくなった保護区にはトラやゾウ、オランウータンなどの大型動物は生存できないのである。この現象は森林の空洞化といわれ、南米でも指摘されているが、面積の小さい国立公園が多い東南アジアでは、とりわけ空洞化現象は顕著である。

半島マレーシアのパソー保護区は、日本人研究者の熱帯研究の拠点として有名である。一九六〇年代にはトラもゾウもかなりの個体数が生息していたが、まわりの森林がアブラヤシのプランテーションに転換されて、保護区が孤立してきた七〇〜八〇年代から次第にトラもゾウも減少して、現在ではほとんど姿をみることができなくなっている。ここでは、トラの減少に伴ってヒゲイノシシやシカの数が増加し、森林を構成するフタバガキ科植物をはじめとした樹種の種子や実生の食害が著しい。

大型動物の消失、すなわち森林の空洞化は、植物にとっては永年培われてきた生物間相互作用系におけるパートナーの喪失に相当する。地質学的な年代をかけて共進化してきたパートナーシップが崩壊してしまったのである。いったん定着した植物は自分の力で移動することができない。この森林では、それぞれの樹種はかなり特異的な土壌、地形の好みをもっているとされる。他種との厳しい競争のなかで、立地に関してスペシャリストであることで生き永らえてきた。個体密度は著しく低く、とくに花や果実をつける成熟した木は数ヘクタールに一本程度の種が大部分を占める。この低密度の同種個体間で花粉をやりとりする上で、花と動物とのかなり特殊な関係がみられている[8]。同時に、限られた発芽・成長の適地へ種子を運んでもらうために、果実と種子の形態に特殊化が生まれ、動物との相互作用が深まっていたと考えられる。また親木の下にかたまって落ちた種子は、空洞化でも最後まで残るリスやネズミなどに喰われて、生存のチャンスを失ってしまう（図4）。

稀少な動物を守るキャッチフレーズとして、たとえば「ゾウが住める自然」や「サイチョウのいる森」を残す保全運動が行われてきた。これらの稀少な動物の多くは、食物連鎖の上位に位置づけられる種、あるいは広範な生息地が必要な種であり、その生存には食物連鎖の下位の生物が豊富な「健全な」生態系が残っていることが必要である。したがってゾウやサイチョウを守ることが「傘」となって、生態系全体を守ることにつながると考えられている。この節で議論した生物間相互作用からみた森林の空洞化は、森林を守ればゾウやサイチョウの餌や生息地を確保できるというだけではなく、「傘」の中味、すなわちゾウやサイチョウを守ることで森林の維持に必要な生態系内サービス（ここでは種子散布）を担う生物間ネットワークを守ることができ、それが森林本来の機能、すなわち生態系サービス（たとえば治山治水、炭素貯蔵庫、遺伝子貯蔵庫）を果たすのに不可欠であるという保全生物学の

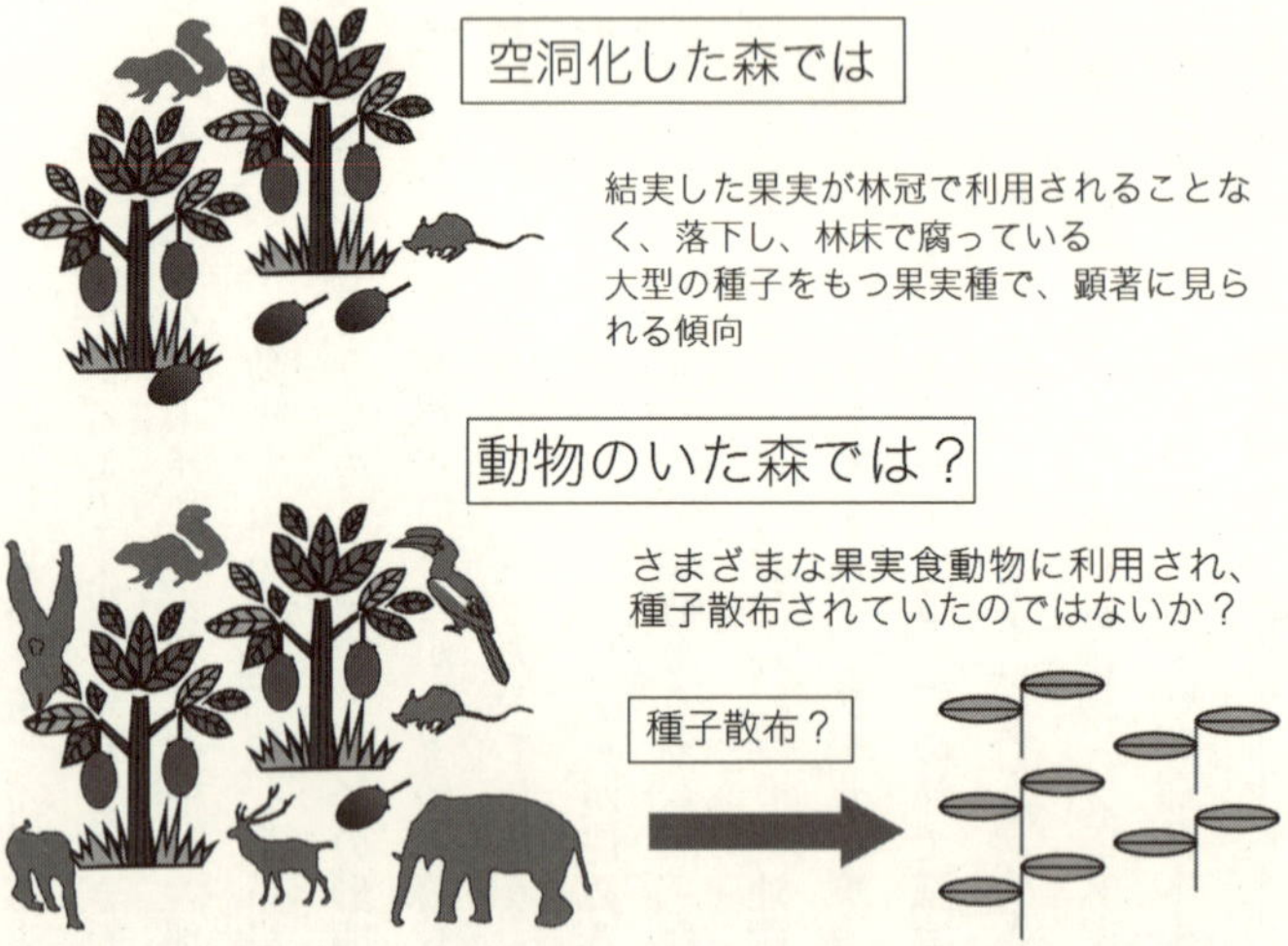
空洞化した森では
結実した果実が林冠で利用されることなく、落下し、林床で腐っている
大型の種子をもつ果実種で、顕著に見られる傾向
動物のいた森では？
さまざまな果実食動物に利用され、種子散布されていたのではないか？
種子散布？

図4　東南アジアの熱帯林でおこっている空洞化現象

理論と実践の上で重要であると考えている。

　これまでの自然保全の手法は、特定の生物種の個体群を維持することを重点とするか、ある面積の生態系を囲い込んで現状を維持することを重点とするかのどちらかであったと思う。ここに述べたような生物間相互作用を考慮に入れた自然保全は、ある生態系において鍵となる種間関係を抽出し、それがうまく機能することを目指す新しい手法である。今後、現状を維持する保全だけでなく、外来生物の排除や在来生物の再導入、あるいはすでに失われた場所の過去の生態系を再生するような試みが重要になってくることが予想されるが、その際には捕食関係や共生関係などの生物間ネットワークをいかに再構築するかが成否の大きな分かれ目になることは間違いない。

コラム1　研究者、木に登る！

わたしは子供のとき高いところが大好きで、よく木に登ったり塀の上を歩いたりして遊んでいた。そして大人になっても、「研究」のためと称し素手ではなくちょっと高級な道具を使って木に登っている。木の上は風が通り、地上とは違う視界が広がっていて気持ちがよい。鳥たちも、いく分警戒を解いているような気がする。木の上では、網を振って昆虫採集をしたり、押し葉標本を作るため花を採集したりする。考えてみるとやっていることは小学生のときとあまりかわらない。違うのは、最後に論文にまとめなくてはならないことか。

森林でもっとも光合成が活発なのは、葉が密に茂っている樹冠である。森林の天蓋ともいえる葉の茂みの連なりを「林冠」（英語ではキャノピー）という。ここでは、光合成を行う葉がもっとも密に茂り、花や実も、植物を食べる昆虫も、それを食べる天敵も一番多い。樹木の活動や昆虫との相互作用を調べるためには木の上での調査は欠かせないのだ。とはいうものの、研究者の間で「木登り」がはやり始めたのはここ二、三〇年のことである。生物間相互作用の研究がさかんになったこと、パイオニアワークが熱帯林の林冠で非常に高い昆虫の多様性を報告し世界を驚かせたことなど、いくつかのことがきっかけとなって研究者の注目が集まった。

研究者は、目的に応じて実にさまざまな方法で木に登ってきた。一番身軽なのは素手で登ることだろう。森に暮らしている人の中には、手足を巧みに使って道具をほとんど使わずにたいていの木に登ることができる木登り名人がいる。しかし、これはたぶん相当な訓練と運動神経が必要で、少なくともわたしにはどんなにがんばっても無理そうだ。

素手では無理でも、ザイルとユマールという道具を使えばわたしにもなんとか登れる。樹冠の適当な枝にザイルをかけ、ザイルの片端をしっかり木の幹に固定しもう片方の端から登る（写真1）。わたしは、この方法を使い、日本の温帯林で二〇メートル余りの高さまで登って調査をしていた。わたしの体力では、一日三本くらいなら楽しく木登りができる。アメリカには趣味としてザイルで木登りする人たちがいて、そのための道具を扱う業者もあるらしい。

写真1　ザイルを使って，高さ70 mの木に登る（鮫島弘光氏提供）

しかし、熱帯林ともなると話は別である。木はぐっと高くなり気温も高いこともあって、要求される体力や技術は桁違いだ。日本の木登りの倍の長さの（したがって重さも

写真2　ランビル国立公園の林冠観察用のタワー．高さは60m余り．

二倍）ザイルを担いで登りたい木の下まで行く段階で、わたしにはお手上げである。

だれでも林冠で調査ができるようにと、東南アジア熱帯の林冠研究の基地ボルネオ島のランビル国立公園でまず採用されたのは、木組みのタワーと巨木の間に渡された吊り橋だ（写真2）。タワーは階段やアルミ梯子で登れるようになっているから、梯子が登れさえすればだれでも林冠に行くことができる。タワーや吊り橋は人が手作業で組み上げていくので、森林へのダメージも少ない。しかし、タワーと吊り橋の難点は、林冠へのアクセスがどうしても限られることだ。吊り橋から手をのばしても数十センチ、棹を伸ばしても植物や昆虫の採集が可能な範囲は知れている。

ランビル国立公園で採用されているもう一つの林冠アクセスの仕組みは林冠クレーンだ。工事用のクレーンを熱帯林の真ん中に立ててしまったのだ（写真3）。このクレーンの先にゴンドラをつるしてそ

写真3　ランビル国立公園に設置された林冠クレーン．高さは 80m．

れに乗り込む。ランビル国立公園に設置されているクレーンでは、半径七五メートルの円の中を三次元的にアクセスすることが可能である。電気で動くので、重たい計測機器を持ち上げることも簡単だ。このような林冠クレーンは、現在世界中に一〇基あまり設置されている。

林冠は月面よりわかっていない、とわたしの指導教官はいっていたが、林冠の多様性や複雑さを考えるとそれは決して誇張ではない。子供のころは高いところに行くことで見えなかったものが見えた喜びを感じていたのかも知れないが、研究の世界でも新しい技術やアイデアにより発見があり、見えなかったものが見えてくる。子供のときも今も、まだ見ぬ景色を追いかけている。

（酒井章子）

より深く学ぶために——読書案内

第1節

田中　肇（1993）『花に秘められた謎を解くために——花生態学入門』農村文化社

アマチュア花生態学者が美しい写真でさまざまな花の不思議で複雑な生態を紹介した一般向けの花生態学の入門書。著者はこのほかにも何冊かの一般向け（小学生も読めるものも）花生態学の本を出版している。

矢原徹一（1995）『花の性——その進化を探る』東京大学出版会

植物の性や繁殖についての研究をリードしてきた著者が手がけてきた、無性生殖と有性生殖の関係から種分化、性のコストなどの研究を紹介している。著者の試行錯誤の過程や研究の軌跡がよくわかり、とくに研究者を目指す人に勧めたい。

西村三郎（1999）『リンネとその使徒たち』朝日新聞社

多様性研究の基礎である分類学の誕生の背景と舞台、役者たちを生き生きと描いている。同じ著者による『文明のなかの博物学』（上下）ではさらに西洋の博物学ブームと同時期におきた日本のそれを対比し、近代科学へどのようにつながっていったのか議論されており、興味深い。

種生物学会（編）（2000）『花生態学の最前線——美しさの進化的背景を探る』文一総合出版

花の生態学に取り組む若手研究者らが、開花のタイミングや花の寿命、大きさや形、香りが進化の観点からどのように理解できるのかをテーマとした自らの研究を生き生きと紹介している。

岩槻邦男・加藤雅啓（編）（2000）『多様性の植物学（1）植物の世界』東京大学出版会

植物の多様性を分類学、生態学、古生物学などさまざまな角度から研究している著者らが、植物の多様性のパターンとその意味について解説している。2巻『植物の系統』、3巻『植物の種』とあわせ全3巻のシリーズになっている。

第2節

中西弘樹（1990）『海流の贈り物——漂着物の生態学』平凡社

長年、漂着物に興味をもって研究をしてきた著者が、植物に限らずさまざまな漂着物について語っているが、とくに海流散布について、いくつかの章が割かれている。

中西弘樹（1994）『種子はひろがる――種子散布の生態学』平凡社

日本でいちばん古くから種子散布の研究を始めている著者が、種子散布の世界を基本から教えてくれる入門書。さまざまな散布について、バランスよく述べられている。

岡田博・植田邦彦・角野康郎（編）（1994）「植物の自然史――多様性の進化学」北海道大学図書刊行会

植物の多様性について、分類学、生態学などさまざまな分野から一四名の研究者が書いている。このなかに「種子散布の生物学」と「種子の形態学」が含まれている。

上田恵介（編）（1999）『種子散布　助け合いの進化論〈1〉鳥が運ぶ種子』築地書館

鳥と果実の関係について、鳥類や植物の生態を研究している八名が執筆した文章で構成されている。まったくの入門書というよりは、やや知識や問題意識のある読者向き。編者が書いたコラム記事が秀逸。

上田恵介（編）（1999）『種子散布　助け合いの進化論〈2〉動物たちがつくる森』築地書館

前書の続き。哺乳類散布、食べ残し散布、アリ散布という内容で、一〇名が執筆した文章で構成されている。多様な果実や種子と、さまざまな動物の関わりが概観できる。種子散布の研究という分野の広がりを実感。

II

関係の章

風が吹けば桶屋が儲かるか？　生物間相互作用ネットワーク

生物多様性は、生物の進化による多様化とそれらの生物が相互作用することにより生み出されていると言ってよい。このため、生態学では、生物多様性の重要な要素として、種の多様性や相互作用の多様性が注目されている。この地球上で他の生物と何の関わりも持たず生きている生物はいないため、自然生態系では生物間の相互作用のあり方が、まさに生物多様性の命運を握っていると言えるだろう。生物間の相互作用は、食う食われる関係、競争関係、共生関係など実に多彩だ。このような多様な相互作用の連鎖が、それぞれの場所に特有の生物間相互作用のネットワークを形作っている。われわれにとって最もなじみのある相互作用ネットワークは、食う食われる関係に基づく食物連鎖だろう。キャベツがモンシロチョウの幼虫に食べられ、モンシロチョウの幼虫はスズメなどに食べられる。このような関係の連鎖だ。この食物連鎖が組み合わさって、さらに複雑な食物網ネットワークができあがる。

最近になって、食う食われるといった直接的な相互作用だけでなく、さまざまな間接的相互作用が生物多様性を維持し作り出すというたいへん大事な役割を担っていることがわかってきた。二種間の関係は第三種が介在するとしばしば変更されることがあり、これを二種間の直接効果に対して、間接効果とよぶ。つまり、間接効果とは三種以上からなる相互作用系に特有の効果であり、二種の相互作用系では決して生じない。自然界では複数の種が互いに相互作用をしあっているため、このような間接効果が頻繁に生じていることは容易に想像できよう。一九九〇年代から生物群集を形作る上での間接効果の役割が注目されはじめ、この分野の研究は飛躍的に発展してきた。今日では、間接効果の解明なくしては、生物群集や生物多様性の成り立ちの仕組みを理解することはできないという認識が広がりつつある。関係の章では、特に、この間接相互作用に焦点をあてる。第1節では、ヤナギを舞台に繰り広げる昆虫たちのネットワークが、植物の変化を介した間接効果によって思いがけない相互作用の連鎖を生み出している様を見ていく。第2節では、理論の立場から、単純な系から複雑な相互作用を擁する多種の系に目を向け、中でも生物の進化と行動を通した間接効果の重要性に光を当てる。第3節では、化学の目から植物の「かおり」を取り上げ、それが植物と昆虫のネットワークの中で植物と捕食者の間に間接的な繋がりを生み出している仕組みについて眺めてみよう。いずれの話題も、生物間相互作用ネットワークについての最新の知見だ。

生物多様性は生物種の進化とそれらの相互作用によって成り立っている。このため、生物多様性を長期にわたって維持するためには、特定の生物種だけではなく、生物間相互作用ネットワークの保全が何よりも大切である。しかし、これまで保全生物学はもっぱら生物種を対象にしており、ネットワークを形成する要である相互作用の多様性の役割を十分に認識できなかった。最近になって、ここで取り上げる間接効果が、生物群集や生態系の安定性と撹乱に対する抵抗性を大きくしていることが理論的に示されている。このため、これらの関係の役割を解き明かそうとする生物間相互作用ネットワークの研究が、自然界における豊かな生物多様性の保全を考える上で最も必要とされているのである。

［大串隆之］

第1節 ヤナギをめぐる虫たちの相互作用ネットワーク
――生物多様性を生み出すしくみ

大串隆之

この地球上に暮らしている数多くの生物のどれ一つを取っても、単独で暮らしているものはいない。生きるために他の生物を食べたり、餌をめぐって競争しあったり、互いに助けあったり、というようにさまざまな関係で結ばれており、これらの関係が複雑に組み合わさって、生物群集や生態系ができている。このため、生物群集や生態系を理解するためには、生物と生物の結びつきを注意深く探ることが何よりも大事である。

●生物多様性と生物間相互作用の繋がり

生物多様性は、生物の進化による多様化とそれら生物が相互作用することにより生み出されていると言ってよい。このため、生態学では、種の多様性や相互作用の多様性が注目されてきた。種の多様性とは、ある場所においてどれだけたくさんの生物が共存しているかであり、相互作用の多様性とは、どのようなタイプの相互作用がどれだけあるかということである。これらはいずれも、生物多様性を代表するとても大切な要素だ。それだけでなく、この二つの多様性の要素は密接に結びついている。いま、ある場所に五種類の生物がいるとしよう（図1）。そのうちの一種類がいなくなった。後に残るのは何種類？　もちろん四種類。それ以上でもなければそれ以下でもない。まさにその通り。しかし、これは相互作用がない場合に限っての話である。その種が他の生物と何らかの関係を持っていると、途端に話は変わってくる。もし、いなくなったのが植物で他の生物がそれしか利用できないとしたら、後には何も残らなくなってしまう。一方、その植物の繁殖力が旺盛で、このため他の植物が生育できなかったとしたらどうだろう。これまで排除されていた多くの植物が侵入し、逆に、種類は増えるに違いない。このように、相互作用のあり方（相互作用の多様性）によって、種の多様性もまた大きく変わってしまう。他の生物と何の関わりも持たず、単独で生きている生物はいないため、自然生態系では生物間の相互作用のあり方が、まさに生物多様性の命運を握っていると言えるだろう。

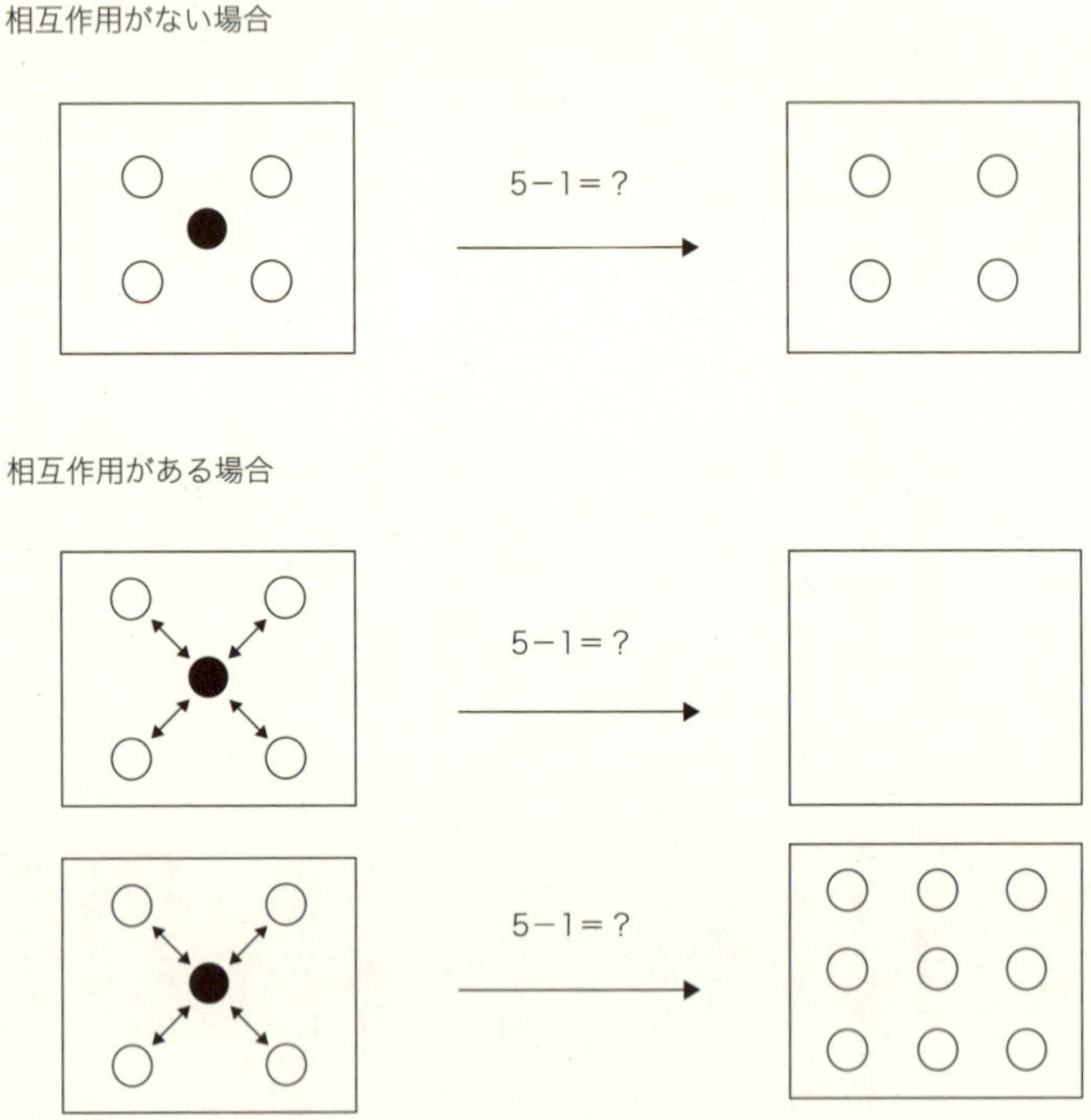

図 1　相互作用のネットワークが種の多様性を決める．大串（2003）．

植物は食べられても死なない

植物は光合成によって自ら必要なエネルギーを作り出す。一方、このような能力がない動物は、他の生物を食べなければ生きていくことができない。この生物同士の食う食われる関係は、自然界で食物連鎖を作り出しているとても大事な関係だ。このため、生物間の相互作用によって張り巡らされた生態系のネットワークは、これまで食う食われる関係によって調べられてきた。この食う食われる関係に基づく生物間のネットワークを食物網（food web）とよんでおり、生物群集や生態系を理解する上で最も基本的な考え方である。しかし、同じ関係といえども、動物と動物の食う食われる関係と動物と植物の食う食われる関係には大きな違いがある。それは食べられた後のことだ。たとえば、ケムシはサシガメ（他の虫を食べるカメムシ）に食べられると死んでしまう（図2）。「食べられたら死ぬ」のはあたり前だ！　しかし、よく考えて欲しい。ヤナギの木はケムシに食べられても死ぬことはめったにない。この食べられても死なないことを、「非致死効果」とよぶ。逆に、ケムシのように食べられると死ぬのは、「致死効果」だ。私たちの研究から、この植物に特有の食べられても「死なない」ことが植物を利用する昆虫間の相互作用に多様性を生み出す大切な役割を担っていることがわかってきた。

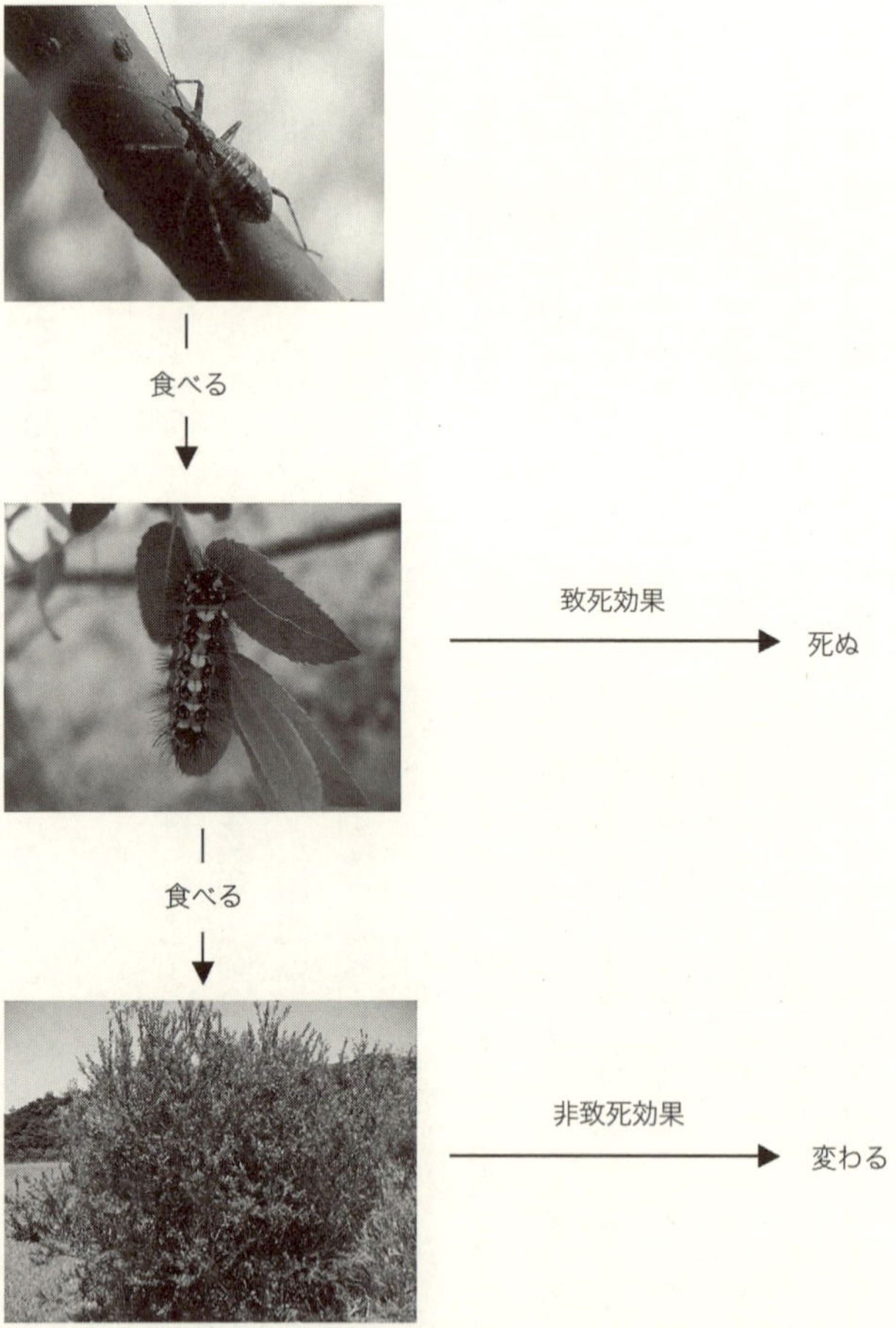

図 2　動物と動物の食う食われる関係と動物と植物の食う食われる関係の違い．食べられた後の結果が異なる．

植物は食べられると変わる

昆虫や草食動物に食べられると、植物はさまざまな変化を見せる。たとえば、タバコの葉は食べられるとすぐにニコチンという毒を新たに作り出す。コオモリガの幼虫がヤナギの幹の中を食い進み脱出すると、その周辺から栄養に富んだ柔らかい枝がたくさん伸びてくる（カラー口絵3参照）。食べられると毒を作るのは、それ以上食べられないための植物の対応だ。また、新しい枝が伸びてくるのは、その後の生長や繁殖を保証するための手段である。いずれも、敵に襲われても逃げることができない植物が生き延びるために進化させてきた防衛手段である。食べられた後の変化は、これ以外にも窒素やアミノ酸の変化、葉の刺や硬さの変化、花粉や花蜜の変化、開花時期の変化、根の大きさの変化、性の転換など実に多様である（表1）。このような変化は、何も特別な植物に限ったことではない。最近の研究から、木本、多年生草本、一年生草本、被子植物、裸子植物、シダ植物に至るまで、ありとあらゆる植物が食べられた後でさまざまな変化をすることがわかってきた。植物は彼らを取り巻く生物との関わりの中で、まるでカメレオンのように、目まぐるしく自らを変えている。これまで知られなかった植物の別の姿である。つまり、植物が食べられるということは、「死ぬことではなく、変わること」なのだ。

表1　生育初期に葉が食べられた後に見られる植物のさまざまな変化.

植物の器官／構造	変化
光合成器官	二次代謝物質（フェノール，タンニン，アルカロイドなど）の増加
	刺やトリコーム（表面の細かい毛）の増加
	葉の硬化
	未成熟葉の落下
	揮発性物質の生産
	窒素含有率や含水率の増加／低下
	光合成活性の増加／低下
繁殖器官	開花数の減少
	花粉量の減少
	花粉活性の低下
	花蜜量の減少
	結実率の低下
貯蔵器官	根の現存量の減少
	根の二次代謝物質の増加
構造	枝の増加
	新葉の増加
	枝の伸長の促進
	複雑さの増加

植物を介する間接相互作用

最近になって、食べられた後の植物の変化が、植物を利用する生物の間に新たな相互作用を作り出していることがわかってきた。たとえば、同じ植物を食べる二種類の昆虫は食う食われる関係を通して植物の生長や繁殖に対してしばしば悪い影響を与えている。しかし、両者の間には何の関わりあいもない。ところが、一方の昆虫が食べることにより、植物の毒が増え、それが他方の昆虫の生存や繁殖を脅かすことがある。つまり、何の関係もなかった二種類の昆虫の間に、植物の変化を通して、新しい繋がりができたのだ。このような、三番目の生物（この場合は植物）が介在することによって、これまで関係がなかった生物の間に生まれる相互作用を「間接相互作用」とよぶ。最近になって、この間接相互作用が、さまざまな生態系において生物群集の成り立ちにとても大事な役割を果たしていることがわかってきた。では、このような植物の変化を介した間接相互作用が生物多様性にどのような影響を与えているのだろう。私たちが研究を進めているヤナギを利用する昆虫間の繋がりを例にとって考えてみたい。

思いもよらない相互作用の連鎖

北海道の石狩川流域に生育しているエゾノカワヤナギは、茎から汁を吸うマエキアワフキ、葉を巻いて巣を作るハマキガの幼虫、葉を食べるヤナギルリハムシという三タイプの昆虫に利用されている（図3）。言いかえれば、三種類の植物と昆虫の食う食われる関係が見られる（図4a）。しかし、これらの昆虫の利用によるヤナギの変化は、彼らの間に思いもよらない相互作用の連鎖を生み出した（図4b）。アワフキは夏の終わりにヤナギの枝の中に卵を産み込む。このため、枝の先端部分は枯れてしまう。しかし、翌春になると、卵を産み込まれた枝の基部からたくさんの新しい枝が伸び始めた。このように、枯れたり食べられたりした後に新しい枝が補償的に生長することは、多くの植物でよく

図 3　エゾノカワヤナギを利用する昆虫．茎から汁を吸うマエキアワフキ，葉を巻いて巣を作るハマキガの幼虫，葉を食べるヤナギルリハムシ．

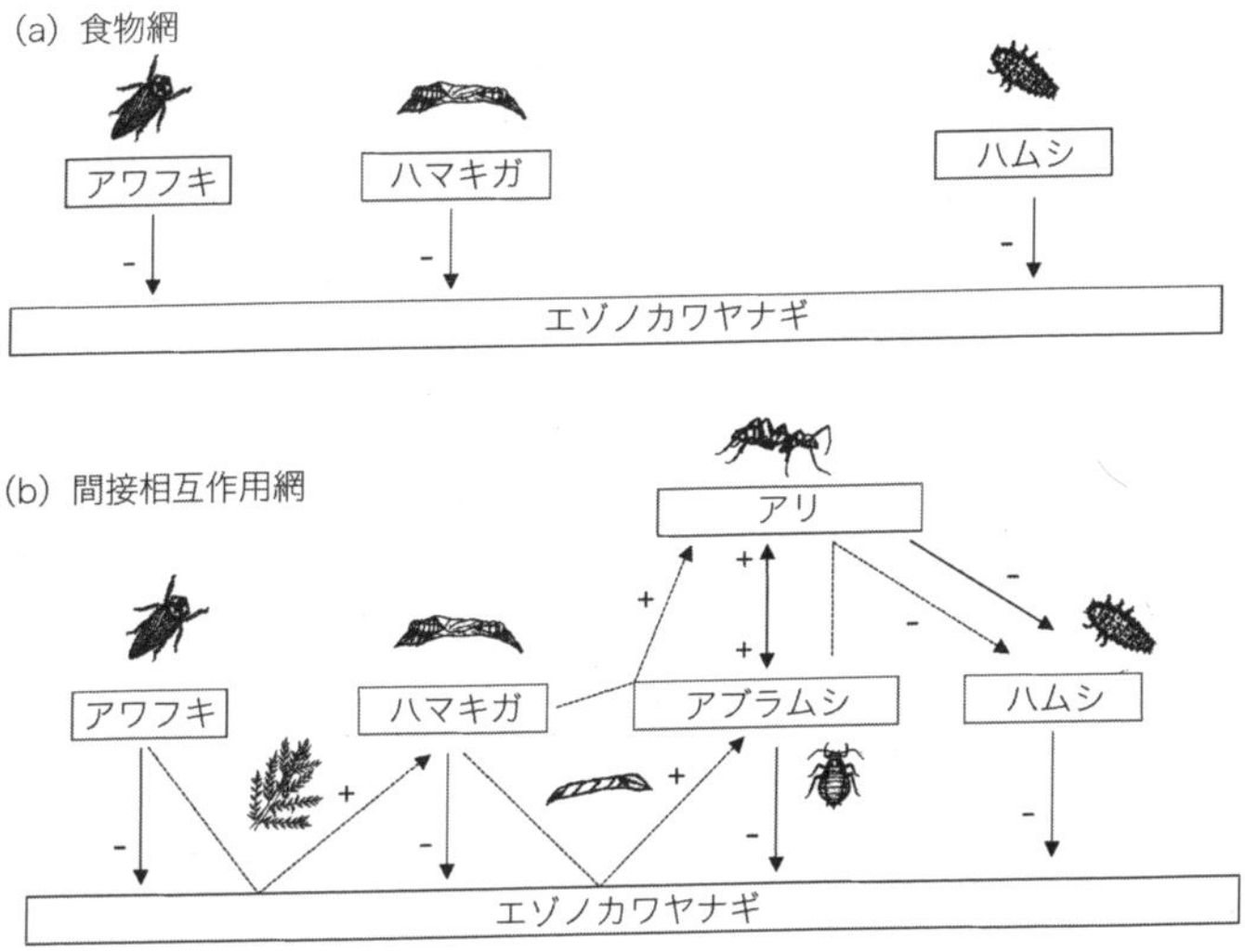

図 4　エゾノカワヤナギ上の（a）食物網と（b）間接相互作用網．実線と点線は，それぞれ直接効果と間接効果を表す．＋と－は相手に対するプラスとマイナスの効果を示す．Ohgushi（2005）を改変．

見られる現象である。このヤナギの補償生長に伴ってたくさんの新葉が作られ、柔らかい葉を綴って巣を作るハマキガの幼虫が増えた。前年のアワフキムシの産卵が翌年のヤナギの枝の生長を促し、幼虫の巣の材料となる新葉を増やしたからだ。初夏になると、ハマキガの幼虫は親になって巣から出ていってしまうが、残された葉巻はヤナギクロケアブラムシの格好の住み家となる。実際、空き家になった葉巻の七五％以上がアブラムシに利用されていた。興味深いことに、このアブラムシは、葉巻が利用できるようになって初めて現れるのだ。葉巻の中のアブラムシが増えてくると、たくさんのアリがアブラムシの甘露を舐めに集まってくる。アリは他の昆虫を食べたり追い払ったりするため、葉巻の周辺ではハムシの幼虫がまたたく間に減ってしまった。

一見、何の関わりもなかった三種類の食物連鎖の背後に、それらを繋ぐこれだけ多くの「食物連鎖ではない」相互作用の連鎖があったのだ。同じような間接的な相互作用の連鎖は、セイタカアワダチソウのような草本でも見つかっており、ここでも昆虫による植物の変化が相互作用の連鎖を作り出していた。このように、昆虫の利用に対する植物の変化は、複数の昆虫の間に間接相互作用を生み出し、それがさらに新しい関係を作り出すことにより、思いもよらない複雑な生物間のネットワークができあがっていることがわかってきた。

間接相互作用網――新しい相互作用のネットワーク

生態系の相互作用ネットワークの研究では、これまで食物連鎖に基づいた食物網ネットワークが用いられてきた（図4a）。このため、植物の変化による（食物連鎖ではない）相互作用の連鎖に気付かなかった。私たちは、この新しい相互作用のネットワークを「間接相互作用網（indirect interaction web）」と名付けて（図4b）、それが生物多様性の維持・創出に果たす役割について、さまざまな植物を対象にして調べている。その結果、植物の変化を通した間接的な相互作用は、季節や場所を棲み分けている生物や系統的に離れた生物の間で頻繁に生じていることがわかってきた。これまで、棲み分けている生物の間には相互作用はないと考えられていたため、彼らが互いに影響を与えあっているという事実はまさに驚きだ。昆虫の利用による植物の変化は、往々にして時間の遅れを伴い、同時に植物全体に広がっていく。このため、時間的・空間的に棲み分けている生物の間に関係が生まれるのだ。たとえば、既に述べたヤナギの補償生長を介したアワフキのハマキガの幼虫に対する間接効果は、半年以上も前のアワフキの産卵から始まった。また、土の中で植物の根を食べる昆虫が、地上で葉や茎を利用するガの幼虫やアブラムシの生存を左右することもわかってきた。それればかりではない。植物は昆虫だけでなく、草食動物や微生物にも利用されている。実際に、昆虫と微生物（菌根菌や内生菌）、昆虫と草食動物（シカやヤギなど）、昆虫と土壌生物（ミミズやアメーバなど）などの間にも植物の変化を通した関係が、次々と見つかっている。たとえば、私たちが進めている地下の菌根菌や根粒菌と地上の昆虫の相互作用についての研究から、これらの土の中の微生物と植物の共生関係が、植物の質や量を変えることによって、植物上の昆虫やクモの数や種類を大きく変えることがわかってきた。地上と地下の生物世界が繋がったのだ。これらは、食物網では決して見えなかったネットワークである。このように、植物の形質を介した相互作用は、ある時は時間を超え、ある時は空間を越えて、生態系のすみずみまで広がっていく可能性を秘めている。

間接相互作用網から生物多様性を探る

生物多様性は生物の進化と相互作用によって作り出され、維持されているため、相互作用のネットワーク構造によって生物多様性も様変わりする。事実、ヤナギ上の間接相互作用網では、植物の変化がない場合（食物網）に比べて、相互作用の数は四倍にもなった（図5）。この増加には、植物の変化による間接的な共生関係が貢献していることに注意したい。間接相互作用網では、食物網には含まれない共生関係がしばしば大事な役割を演じている。それだけではない。植物の形質の変化によって質

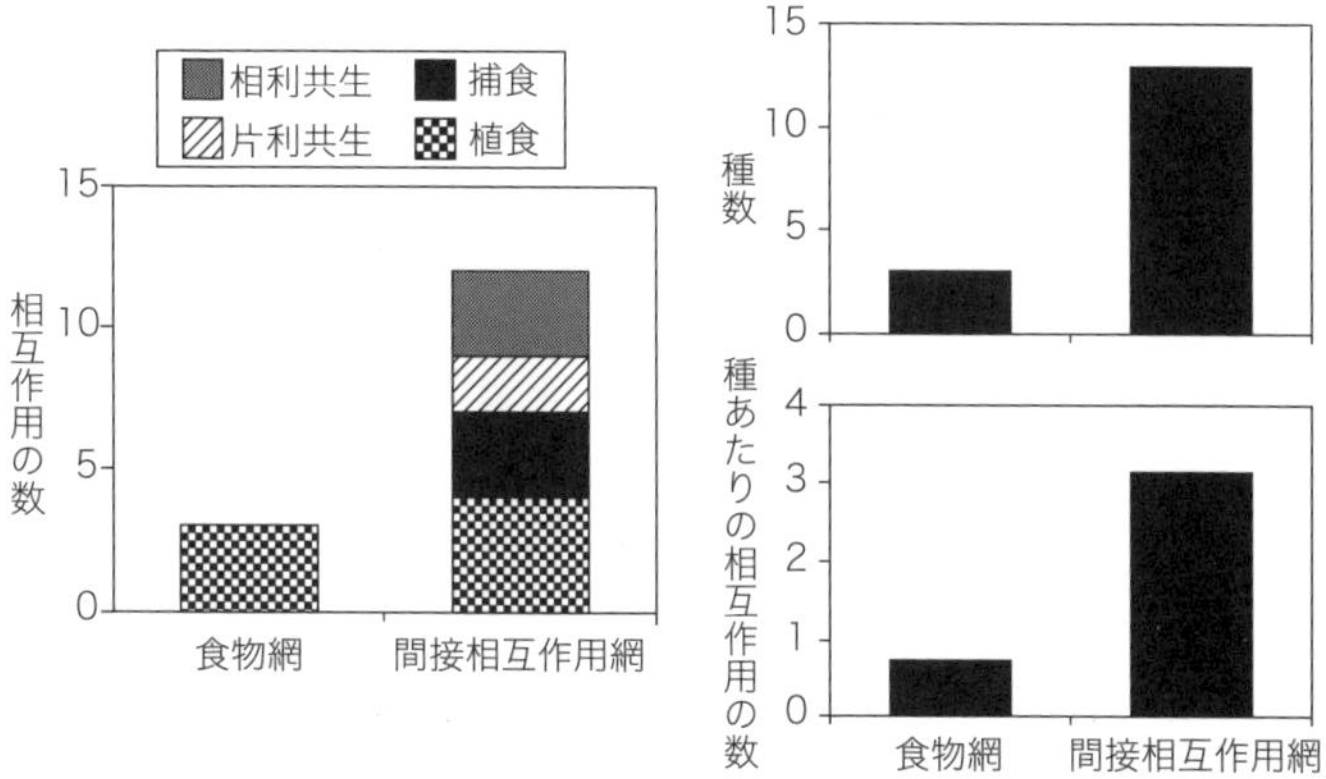

図5　エゾノカワヤナギ上の生物多様性を食物網と間接相互作用網で比較した．相互作用の数，種数，種あたりの相互作用の数は，食物網に比べると間接相互作用網ではいずれも4倍近く増えている．

の良い食物資源や住み場所資源が増えたことによって、種の多様性も四倍に増えたのである。また、種あたりの相互作用の数も四倍以上になり、自然界の生物は食物網を超えたはるかに複雑なネットワークで結ばれていたのだ。植物の「食べられると変わる」というユニークな性質こそ、この複雑な生物間の相互作用ネットワークを通して、自然生態系の中に豊かな生物多様性を生み出し、それらを育んでいる源なのである。言いかえれば、生態系の基盤を支えている植物の昆虫や動物に対する反応によって生み出される相互作用の連鎖は、生態系が「生物多様性の自己増殖システム」であることを物語っている。

間接相互作用網から生態系を見直す

最後に、間接相互作用網が明らかにした相互作用ネットワークがどれほど一般的なものかについて考えてみたい。それは、このような間接相互作用のネットワークが単にヤナギの上だけのことであれば、自然界の面白い現象の一コマに過ぎないからである。しかし、それを確かめようとしても、地球上には三〇万種類もの植物がいる。その一つ一つを調べ上げることは無理な話だ。ではどうすればよいか。それは、植物の変化がいつ起こるかに注目することである。なぜなら、生物の利用による植物の変化こそ、相互作用の連鎖を引き起こす源であるからだ。もし、この変化が日常茶飯事に起こっているなら、間接相互作用ネットワークは多くの植物にも当てはまると考えてよい。たとえば、昆虫の食害によって始まる毒の生産は、食害によるダメージが小さい時に起こるはずだ。なぜなら、食害が進み、枯死寸前なって初めて毒を作ったのでは遅すぎるからである。植物にとっては、できるだけ早く敵の攻撃を察知して、ダメージが小さいうちに対応しなければならない。それが功を奏して、自然生態系では、植物が食い尽くされて死ぬようなことはほとんどないのである。また、食害後の再生長についても、生長に廻すだけの資源の十分な蓄積がなければ無理だ。食害レベルが高くなると、再生長のための資源も消費されてしまう。つまり、植物の変化は食害が低い時に最も頻繁に起こっているに違いない。食害が進んでしまうと、植物の反応はもはや起こらなくなる。食害によるダメージが小さく、一見何も起こってなさそうな時こそ、植物は自らを目まぐるしく変えていると考えてよさそうだ。では、実際の生態系では植物が受ける食害はどれほどか。陸上生態系の植物はたかだか二〇%程度しか食べられていないということがわかっている。このため、植物を食べる何千万種もの昆虫や動物がいるにも関わらず、地上にはまだ緑が保たれているのである。言い換えれば、陸上はこの地球上でも植物の変化が最も頻繁におこっている生態系なのだ。このように考えると、ヤナギの上で見られた間接相互作用ネットワークは、単なるヤナギと昆虫の関係の面白いエピソードの域を超えて、陸上生態系では植物の変化によって、常にこのような自己増殖的なネットワークが生じていることを物語っている。

生態系はエネルギーや物質が循環する自然のシステムであると考えられてきた。このため、エネルギーや物質の循環を作り出している食物連鎖ネットワーク（食物網）に基づいて、生態系ネットワークを考えてきたのは当然だ。しかし、食物網は本来の生態系ネットワークの一部でしかない。「エネルギーや物質の循環システム」というこれまでの見方が、豊かな生物多様性を育んでいる生態系ネットワークを否応なく矮小化してしまった。私たちは、改めて生態系を「生物多様性の自己増殖システム」という新たな視点から見直す必要がある。これによって、絶滅の恐れが指摘される生物だけでなく、豊かな生物多様性を支えている相互作用ネットワークを保全する意義が明らかになるからだ。

間接相互作用網の実態はまだほとんどわかっていない。しかし、この生物間の複雑な相互作用ネットワークが日常的に生じていること、そして、ダイナミックに変化する植物が相互作用の連鎖を作り出していることが認識され始めた。今、私たちは生物が織りなす豊かなネットワークの世界に確かな一歩を踏み出した。これからどのような衣装を身にまとった自然が姿を現してくるのか、地図を持たない旅人のように、未知の世界に分け入る不安と期待が交錯する。

第2節　生物の多様性を生み出すメカニズムとその理論

山内　淳

地球上のそれぞれの生物は、同種の他個体や他種の生物と様々な関係をもって暮らしている。多様な生物が相互につながりをもつこの複雑な生態系は、どのように生み出され、維持されているのだろうか？　この問いに答えを与えることは、生態学の一つの大きな目標である。そのためのアプローチには様々な取り組みがある。野外で生物を観察して何らかのパターンを明らかにすることも方法だろうし（本章第1節）、実験室内の飼育条件下で生物の特性を調べたり、遺伝子解析や化学分析などによってその問題にせまる方法（本章第3節）もある。そうした様々な取り組みの一つに、数式やコンピュータを使って論理の積み重ねによって生態現象の背後に隠れているメカニズムを明らかにするアプローチがある。そうした分野を「数理生態学（あるいは理論生態学）」といい、そこで扱われる数式を「数理モデル」と呼ぶ。この章では、数理生態学の立場から、数理モデルを介して生物の多様性がどのように理解できるのかを紹介しよう。

もっとも単純な系

「多様な生物がどのように共存関係を作り出しその関係を維持できているのか」という問題はもちろん重要なのだが、最初から難しい応用問題に取り組む前に、もう少し単純な基本的な問題から考えてみよう。一番単純な生物のあり方は、一種類の生物だけが存在している状態(「系」あるいは「システム」と呼ぶ)である。もちろん、実際にはどの生物種も単独で生きてはゆけないが、培養や飼育によってそうした状態を人工的に作ることは可能である。そうした「一種系」の特性をまずは考えてみよう。

だんだん増える生物

一定のスペースを準備して、毎日一定量の餌を与えながら何かの生物を飼った場合、その生物の数(「個体数」という)はどのように変化するだろう? まずは、だんだん数が増える場合を考えてみよう。

最初は文字通りだんだん数が増えて行くだろう。しかしそのうちに、餌が十分に行き渡らないために十分な子供をあまり増やせなくなったり、スペースが限られているために生活の場所が確保できないことで、結果として個体数の増加速度は遅くなるように思われる。個体数の増加に伴って増加の速度が低下する効果は、「種内競争」によって引き起こされるものであり、その働きを「負の密度効果」と呼ぶ。このように、一種のみの系では生物の数は最初増加するものの、やがて負の密度効果によって一定の数に収まって行くと考えられ、その変化は「ロジスティック方程式」という数理モデルで表現されることが多い。こうした個体数の変化が今考えている一種系の一般的な特徴だとしたら、さすがに単純な系だけあってすっきりとまとまったストーリーに思われる。

季節性のある生物

しかし、次のような生物を考えてみよう。この生物には季節性があり、成熟個体ばかりが現れる時期と、幼生ばかりの時期がはっきりと分かれているとする。成熟個体は当初はもっぱら栄養を蓄えることに集中し、シーズンの終わりにそれまで蓄えていた養分を使って一気に次世代（卵や種子）を作る。こうした生物では、成熟個体の個体数がほどほどの時にはそれぞれの個体が十分な栄養を蓄えることができ、シーズンの終わりの繁殖時には各個体は多くの次世代を残すだろう。すると極端な場合には、みんながたくさんの次世代を生み出した結果、次のシーズンは大量の個体であふれかえるという状態が引き起こされる可能性がある。しかし個体数が多すぎると各個体が十分な栄養を補充できないため、その次の世代には逆に数が極端に減ってしまうかもしれない。たった一種類なのに個体数が毎年上下する「振動」がおきる可能性があるのだ。

「連続時間の系」と「離散時間の系」

これらの「個体数が緩やかに一定数に収まって行く」例と「個体数が激しく変動する」例の違いは、実は生物の生活のあり方（生活史）の違いを反映している。前者は個体群内に世代の重複があって生物が絶えず繁殖をしている場合で「連続時間の系」と呼ばれ、後者は各世代の出現が不連続な「離散時間の系」と呼ばれる。離散時間系では負の密度効果が働くタイミングが制約されているため、連続時間系に比べて個体数の変動が激しくなる傾向がある。すなわち前述の例の場合には、数が大きく変化する繁殖の際に、密度効果が直接的には機能していないことが大きな変動を引き起こしている。

このように一種しか存在していない単純この上ない状況でも、実はいろいろな可能性をはらんでいるのだ。以下では、複雑な話を少しでも単純にするため、連続時間系に注目して話を進めることにする。

二種からなる系──「種間競争」と「捕食─被食関係」

一種の生物だけが存在する系には、当然ながら同種個体の間での相互作用しか存在しない。同種間では、多くの場合同一資源を奪い合う「種内競争」が主要な相互作用となる。一方、関係をもつ生物種が複数になると、もっといろいろな関係が可能になってくる。ある二種間での関係を見た場合、それは、それぞれの種が相手から利益を受けているのか、被害を被っているのか（あるいはそのどちらでもないのか）という組み合わせで分類することができる。その中でも異なる種間での基本となる相互作用は、「種間競争」と「捕食─被食関係」である。

地球上の全ての生物にとってのエネルギーの源は太陽光であり、その太陽エネルギーを我々が利用可能な有機物に蓄える役割を一手に担っているのが「生産者」たる植物である。この植物から直接にエネルギーを得るのが「一次消費者」である植食者で、さらにその植食者や他の動物を利用する「高次消費者」である捕食者がそれに連なる。こうしたエネルギーや物質の流れに基づく階層構造を「栄養段階」という。

同じ栄養段階に属する生物種は、それらが利用する資源や下位の栄養段階の獲物をめぐって互いに競争関係にあることが少なくなく、これが「種間競争」の重要性を示している。一方、異なる栄養段階に属する生物種どうしは、基本的に「喰う—喰われる」の関係によってつながっており、これが「捕食—被食関係」もまた重要な理由である。すなわち、二種間の「種間競争」と「捕食—被食関係」の性質を正しく理解することが、より複雑な生態系のあり方を理解する上での基礎となるのである。これらの関係性を扱うための基本となる数理モデルは二人の研究者によって提案され、彼らの名前を冠して「ロトカ—ボルテラ競争方程式」および「ロトカ—ボルテラ捕食—被食方程式」と呼ばれている。[1]

二種間における種間競争

それでは、まず「種間競争」について数理モデルから予測される特性とはどのようなものだろうか。結論としては、競争関係にある二種が共存するためには、ある条件が満たされなければならない。その条件とは、おおざっぱにいうと両者の競争関係がほどほどでなければならないということで、裏返せばあまりに競争が激しいとどちらか一種しか生き残れないということである。あるいは「種内競争」

と「種間競争」の観点から解釈すると、種内競争よりも種間競争が強いと共存が難しくなるということでもある。[2] そして、種間競争によってある種が絶滅に追い込まれて行くことを「競争排除」と呼ぶ。それぞれの種が利用する具体的な資源を想定して、種間競争を資源利用の重なり具合としてとらえることも可能である。[3] 生物が利用する資源や環境をひとまとめにして「ニッチ（生態学的地位）」と呼ぶが、そうした仮定に基づく数理モデルからは、ニッチが近すぎる二種は共存できないことが示される。その場合、ニッチがある程度離れていれば二種は共存できるので、これより近いと共存できなくなるぎりぎりのニッチの近さが存在し、それを「ニッチの類似限界」という。

二種間における捕食—被食関係

次に、「捕食—被食関係」について数理モデルから予測される特性を紹介しよう。まず、捕食—被食関係についての興味深い特徴は、基本的に捕食者と被食者の個体数が増減を繰り返して振動する傾向があることである。すなわち、餌となる被食者の数が増えると、それを食べる捕食者が後を追って数を増加させる。やがて捕食者が追いつくと被食者は喰われることで数を減らし、餌が不足してきた捕食者も後を追って減少する。さらに、捕食者が十分少なくなると再び被食者が数を増加させること

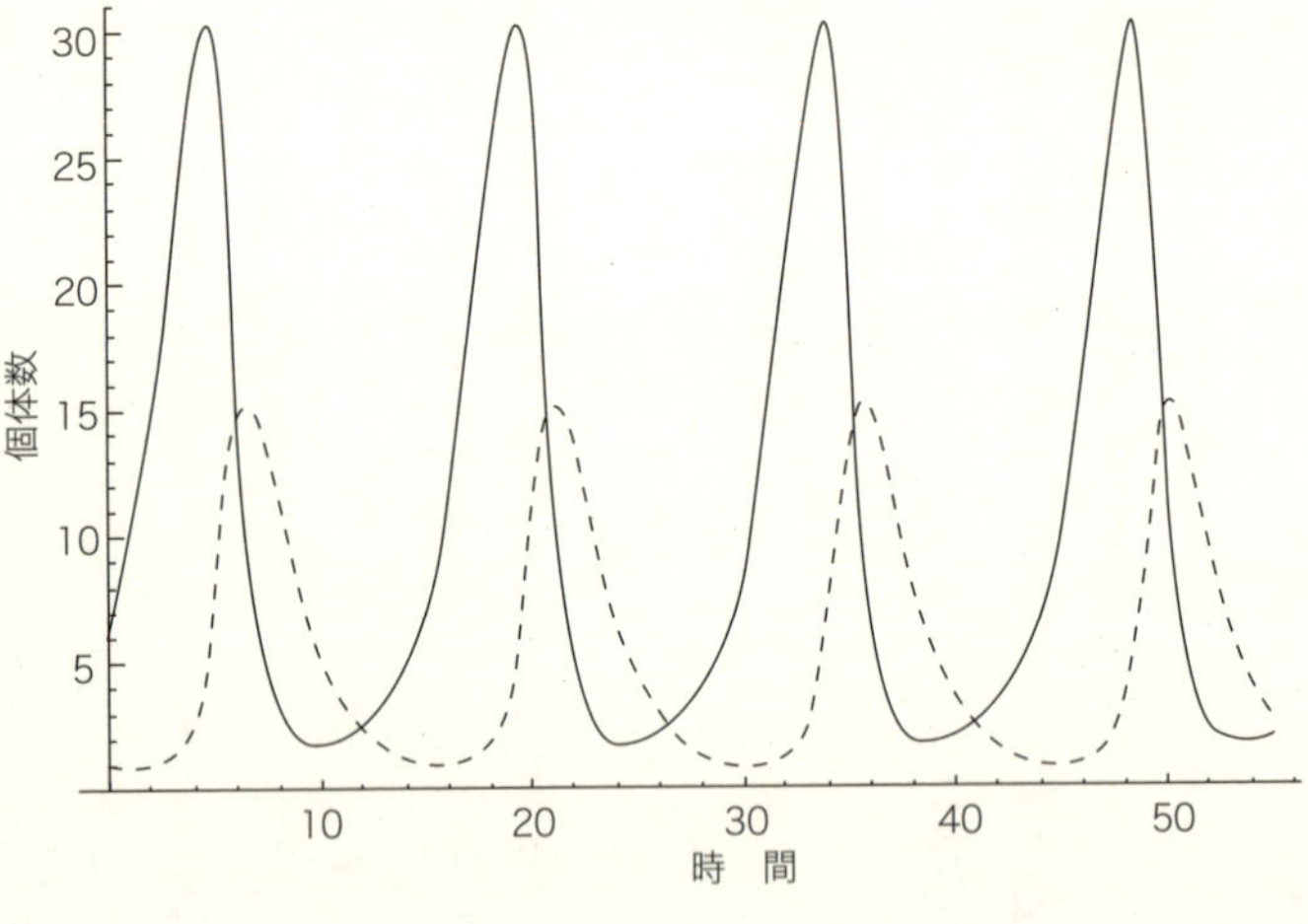

図 1　ロトカーボルテラの捕食ー被食方程式にもとづくシミュレーションの結果．実戦が被食者，点線が捕食者を表す．

で増減のサイクルが繰り返されるのである（図1）。

このシステムに、被食者の種内競争が組み込まれると、両種の個体数は振動を繰り返しながらやがて一定の状態におちついて振動は消失する。それに対して、捕食者が餌を食べるためには餌（被食者）を探したり、餌を噛み砕くといった処理のための時間が伴うという要因を考慮すると、この系は一定の状態に落ち着きにくくなる。

ただいずれにしても、二種における捕食―被食関係では、特に種内競争が存在する限りはどちらかが絶滅するということは起こりにくい。被食者の数が減りすぎると、それを襲う捕食者も数が減ることで捕食圧が緩和されるため、被食者が絶滅まで追いつめられということは生じにくいからである。

「二捕食者―一被食者」および「一捕食者―二被食者」の三種系

さて、二種における捕食―被食関係では絶滅は生じにくいと述べたが、捕食―被食関係を軸にしてより多くの種がかかわっている場合には話が違ってくる。例えば、二種類の捕食者が一種類の被食者を共有している「二捕食者―一被食者」の三種系（図2a）では、二種の捕食者は一種類の被食者を奪い合う競争関係にあり、「種間競争」のメカニズムによって一方の捕食者の絶滅が起こりうる。「捕食―被食関係」に基にしながら、「種間競争」が成立しているのである。

他方、一種類の捕食者が二種類の被食者を餌とする「一捕食者―二被食者」の系（図２b）では、二種の被食者の間には何かを奪い合うような明示的な種間競争は存在しない。しかしながら、この系においても種間競争に類似したメカニズムが存在している。一方の被食者が数を増加させると、それを餌とすることで捕食者の数が増加するはずである。するともう一方の被食者は、自分では何もしていないのに、捕食者増加のあおりを食って被食圧が増大して結果として個体数を減らしてしまうに違いない。このように、ある種の増加が同じ栄養段階に属する他種に与えるマイナスの影響は、資源をめぐる「種間競争」の機能と似ている。そこで、このように共通の捕食者を通じて働くマイナスの効果を「見かけの競争」と呼んでいる。この「見かけの競争」が、一方の被食者の絶滅をもたらすことがある。一捕食者―二被食者の系では、二種の被食者は同じ捕食者にさらされているが、その影響は両者で異なっているかもしれない。例えば、被食者の間で逃げ足の早さが違えば、同じ捕食者によって一方の被食者は数を減らすのに、他方の種は捕食圧に耐えて増加し続けるということがおこるかもしれない。この場合、後者が増え続けることで捕食者が個体数を維持できてしまうと、前者の被食者の減少に歯止めがかからずに絶滅に追いやられてしまう可能性がある。「被食者の減少によって捕食者も減少する」という捕食―被食関係の本来のメカニズムが働かずに、「見かけの競争」によって被食者の絶滅が起こりうるのだ。

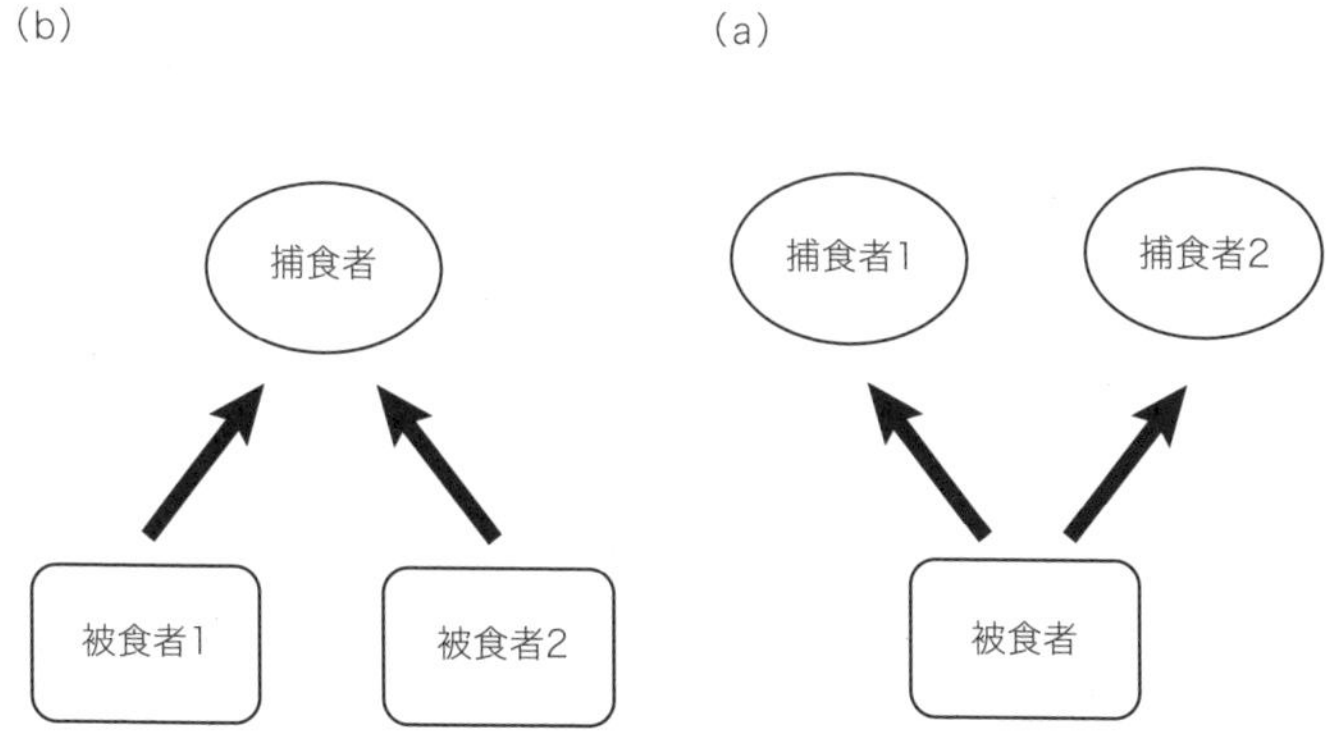

図 2　3 種系の例．(a) 2 捕食者－1 被食者系，(b) 1 捕食者－2 被食者系．

多数の種の共存

さて、ここまでは一種、二種、三種のみを含むような基本的な系についてその性質を考察してみた。ここから、少し視野を広げて多数の種の共存を考えてみよう。ここまでの話では、生物の関係における二つの重要な関係性に注目して話を進めてきた。「種間競争」と「捕食―被食関係」である。実は、多種の共存を理解する上でも、このどちらを軸に置くのかによってその見方が変わってくる。地球上の生態系には、生産者（植物）、それを利用する一次消費者（植食者）、さらに高次の消費者（捕食者）が存在しており、それぞれの階層の中の種は「種間競争」で、階層の間は「捕食―被食関係」でつながっている。これら二つのタイプの関係性の相対的な重要性は、消費者のインパクトをどのように捉えるかによって違ってくるのである。

二つの捉え方

一つの極端な捉え方としては、生物種の多様性は植物が多様であることに基礎があり、消費者の多様性は植物の多様性を反映しているだけだという見方が可能である。その場合には、消費者をすべて取り除いても多様な植物が共存し続けるはずで、そこでの主要な関係は植物種どうしの「種間競争」である。この視点に立てば、生物種の多様性は、ニッチ空間の中で競争関係にある多数の種がどのようにニッチを利用し共存を実現しうるのか、という問題として扱うことができるだろう。[2] もう一つの捉え方は、生態系においては消費者も十分に大きなインパクトをもっており、多様性は生産者―一次消費者―高次消費者のつながりの中でこそとらえるべきだという見方である。この場合には、「競争関係」をはじめ他の様々な関係のあり方も含まれてはくるが、その中でも「捕食―被食関係」が比較的重要な関係となってくる。この捉え方を踏まえて、多くの種が捕食―被食関係で相互につながるネットワークの中で多種が共存できる条件とは何か、という問題を扱うのが生物多様性に関する理論研究のもう一つの潮流である。[4]

これら二つの考え方は、どちらか一方だけが正しいというものではない。実際の生態系では、種間競争が主要な状況も捕食―被食関係が主要な状況もあるだろう。例えば、森林などでは植物間の関係の方が相対的に強く、一方、草原などでは消費者の役割が重要である。もちろん、両者がともに重要な役割を果たしていることもあるだろう。だからこそ、それぞれのメカニズムの基本的な性質を明らかにして行く取り組みが、それぞれの捉え方で進められてきたのである。

●多様性と安定性のパラドックス

皆さんは、少ない種で構成されるシステムと多数の種で構成されるシステムでは、どのような性質の違いがあると想像するだろうか。何となく、たくさんの種を含んでいるシステムの方が一種や二種を取り除いてもやって行けそうだし、割と「強い」系であるように感じられるかもしれない。実際、多くの生態学者もそのように信じていた。

ところが、「種間競争」や「捕食―被食関係」をはじめとしてどんな種間関係も認めるような仮定の下で、多種を含むシステムの性質を調べてみると、少数の種しか含まない系の方が安定的に存続しやすいのだ。つまり、様々な種を集めてきてそれらを組み合わせて生態系を構築しようとすると、少ない種では安定なシステムを構築できる可能性が高いのに、種数を増やして行くと安定なシステムになる可能性がどんどん下がって行く[4]。しかし、実際の生態系を見てみると、二種や三種のみで構成されている系というのは存在しない。どんな場所で生物を観察してみても、それなりに多くの種が関係性を持っている。理論的な予測に反して、なぜ多種を含む系が絶妙に作り上げられてきたのだろうか？この興味深い問題を説明する仮説について、以下のパートで考えてゆきたい。

共存と「進化」・「行動」

さて、ここまでの内容では、基本的に各生物の性質は変化しないという前提の下で、その個体数の変化のみを考えてきた。しかし実際の生物を考える上では、個体数の変化だけでなく性質の変化も無視できない。実際、生物間の相互作用は、様々な時間スケールで生物の性質に変化をもたらす。

二種系における進化と行動

捕食─被食関係では、被食者の側は補食を逃れるための様々な性質を長い時間をかけて進化させる。シマウマの足が速いのも、野草に毒があるのも、種子が固い殻で包まれているのも、全て食べられることを避けるために進化したものである。一方、捕食者の側にもそれに負けない性質が進化してくる。チーターの足が速いのも、虫が毒のある葉を食べられるのも、種子の殻に穴をあけるたり殻を割る動物がいるのも、全て被食者を逃がさないためである。このように、異なる種の性質が相互に関連しながら進化することを「共進化」と呼ぶ。その中でも、逃れようとする生物とそれを追いかける生物の相互作用によって、両者の性質がどんどん高まるように進化することを「軍拡競走」という。こうした長い時間スケールでの進化的な変化に加えて、被食者と捕食者の双方に、短期間での行動的な変化も起こりうる。例えば、ある捕食者が増えてくると被食者はその捕食者を集中的に警戒し、その捕食者が多い地域を避けるようになるかもしれない。また捕食者の側も、数が増えた被食者や防御の不十分な被食者を襲うように、状況に応じて行動を変えるかもしれない。

競争関係においても進化や行動は重要な役割を果たす。競争相手が存在する状況では、利用するニッチを本来のニッチからずらすことで、資源利用の重複を弱めるような変化が起こる。具体的には、生息場所を変えたり餌の利用の仕方を変えるような行動的あるいは進化的な変化である。こうした変化を「ニッチシフト」と呼び、その結果、競争関係にある二種のニッチが分離することで両者の共存が可能になることを「ニッチ分化」という。

このように、関係を持つ生物が互いに性質を変化させることで、共存の可能性が広がったり軍拡競走といった特徴的なパターンが生じるのである。

三種系における進化と行動

より多くの種がかかわりをもつ状況では、各種の進化や行動的な変化は系全体の状態に、より大きな影響を及ぼす可能性がある。こうした可能性についても、さまざまな角度から数理モデルによって調べられている。その結論は、注目している状況によって異なってくるが、多くの状況で進化的および行動的な変化が、共存を促進することが示されている。

例えば、二捕食者―一被食者の系において被食者が防衛を進化させるとしたら、より強い捕食圧をもたらす捕食者を効率的に排除する方向に進化するだろう。強い影響を与える捕食者に特異的な防衛が進化する結果、両捕食者の捕食圧が均一化され捕食者間の種間競争が緩和されることで、本来は弱い捕食者も絶滅を回避できる可能性が出てくる[5]。また、一捕食者―二被食者の系では、捕食の影響をより強く受ける被食者の方がより高度な防衛を進化させるだろう。その結果、補食されやすい被食者への捕食圧が弱まり、見かけの競争が緩和されて二種の被食者が共存しやすくなる。加えて、捕食者がより数の多い被食者に対してより集中するように行動を変化させるなら、数が増えた被食者は補食される一方で数の少ない被食者は捕食を逃れることになり、一方ばかりが減少して絶滅するという事態が生じにくくなるだろう[6]。

このように、生物の性質の進化や行動の変化は、多種の共存を促進する可能性をはらんでいる。

多種系における「進化」と「行動」

先に述べた「多種共存のパラドックス」を解く鍵として近年注目されているのも、まさに「進化」と「行動」なのだ。生物の性質が進化的に変化したり行動的に変化することによって多種の共存が可能になったり、個体数の変動が抑えられることが、理論的な研究から示されつつある。例えば、「捕食―被食関係」で構成される系において、各種がどの種を捕食対象とするのかを進化的に決定する場合には、より多くの種が共存できる。[7]

ある生息地に新たに侵入してきた種やその場で種分化によって新たに生じた種は、他種との相互関係を持ちながら自分自身の性質を柔軟に変化させる。一方、もともとそこに生息していた種も侵入種との相互関係のもとで性質を変化させる。こうした変化が繰り返されることで、多種が共存できる系が構築されてきたと考えることができる。

多種共存をもたらすその他のメカニズム

進化や行動的な変化以外にも、多種の共存を促進するメカニズムがあることが理論、実証の両面から示されている[8]。岩礁帯の固着性の生物などでは、系の状態を乱す外的な撹乱が重要な役割を持つことが指摘されている。突発的な撹乱は系の中の一部の個体を取り除くことで、残った個体に対して新たな繁殖の機会を提供するが、こうした撹乱が競争関係のもとでの競争排除を緩和するのである。しかしあまり撹乱が激しいと個体の除去が強すぎて多様性はかえって減少する。そのため、多種の共存を促進する適度なレベルの撹乱が存在することになる。これを「中規模撹乱仮説」という。

また、樹木などでは幼生が定着する際の定着場所をめぐる競争の方が、定着後の競争よりも重要かもしれない。そこで、撹乱で死亡した個体が占めていた場所を新たな個体が占めるプロセスを、種間のくじ引きのようにとらえる「ロッタリーモデル」と呼ばれる理論モデルが提案されている[9]。この理論モデルからは、くじ引きで有利となる種が時間とともに入れ替わるなら、平均的には競争に弱い種にもそのうち有利な時期が巡ってくることで競争が緩和され、より多くの種の共存が可能となる。

さらに、一つの極端な考え方として、多様性においては種間競争や捕食—被食関係といった生物間の相互作用は関係なく、実は種の豊富さは単に新しい種の移入と既に存在する種の絶滅のバランスで決まっているにすぎないという説もある。「なんて極端な…」と思われるかもしれないが、熱帯林の樹木で見られる各種の個体数と種数との関係は、この理論から予測されるパターンとよく一致しているのだ。この説は、生物の性質には何らかの優劣があるわけではなく、それらは基本的に中立だと考えることから「中立説」と呼ばれている。[10]

*

実際の生物の多様性は、こうした様々なメカニズムがかかわり合いながら決まっているのであろう。我々数理生態学者は、理論的な手法を駆使して、そうした生物多様性のメカニズムの解明に日夜取り組んでいるのである。

第3節……植物のかおりの意外な効果

——生態学的三者系と相互作用ネットワーク

高林純示

生態学的な三者系

ここでは植物—食植性昆虫—天敵の三者の相互作用を例に、意外なところに潜む間接効果植物のお話をしたい。植物、それを食べる植食者（この章では昆虫に限定して考えよう）、そしてそれを食べる捕食者（天敵）はそれぞれ異なった立場にある。つまり植物は生産者で、虫はその消費者、天敵はその虫の消費者というわけだ。で、これらの立場を栄養段階とムツカシク言う。そこで害虫、天敵三者の相互作用は三栄養段階相互作用系ということになる。こんな長い言葉は使いにくいので、ここでは簡単に三者系と省略する。三者系は、植物、害虫、天敵を任意に組み合わせれば無限に出来そうだが、実際の野外で成立している組み合わせは限られている。なんでもあり、ではない。生態学的な三者系とはそういう意味である。

植物の応答が演出する三者系

「あ、キャベツをアオムシ（モンシロチョウ幼虫）が食べている」とか「あ、クモが虫を捕まえた」とか、三者系では、我々が見て認識できる関係を結んだ二本の線（喰う喰われる線）が書ける（図1a）。その線の組み合わせが複雑な食物網へと繋がっていく。本章の第一節では、食物網を規定する新たな視点として、長期にわたる時間の遅れを伴った間接相互作用が紹介されていた。ここでは数日、数時間、あるいは数分・数秒の時間遅れを伴った間接効果について見ていくことにする。

さて、静かにたたずんでいるように見える植物は、実際には食害のストレスや、環境からのストレスを受けて、その形質を誘導的に変化させる能力があることがわかっている。それが図1中の植物と植食者とを結ぶ線の太さ（捕食の強さや頻度）の時空間的な変動をもたらし、時間の遅れを伴った間接効果を生み出すなど、食う食われる関係をより複雑なものにする（図1b）。

さらに植物は食害に応答して揮発性物質（かおり）を放出する。それら揮発性物質は他の生物に対

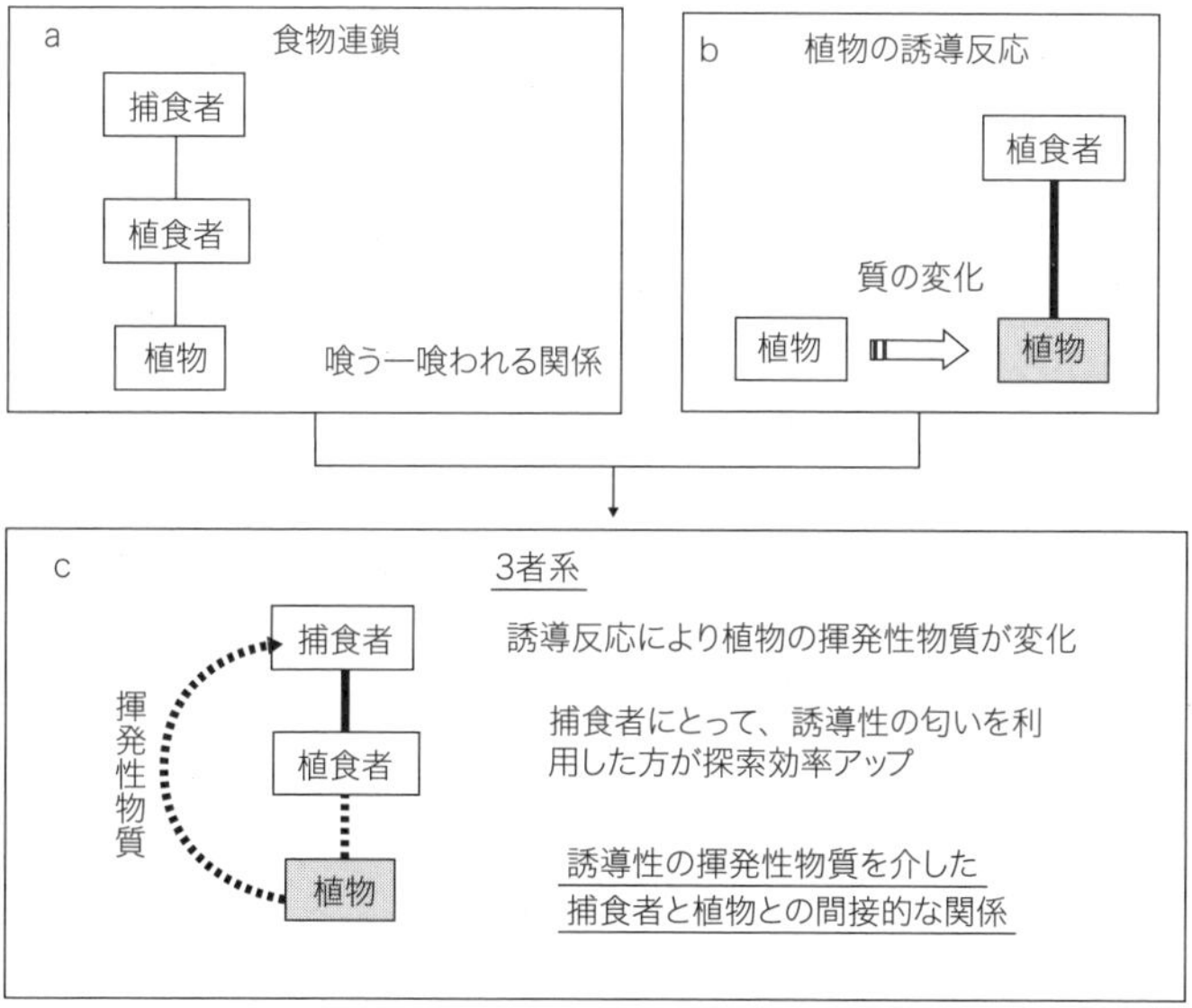

図1　食物連鎖（a），植物と植食者との関係で，植物の誘導反応がもたらす相互作用の可塑性（b），誘導反応によって変化する揮発性物質がもたらす三者の相互作用（c）

する情報として機能し、植食者や捕食者の生存に直接的、間接的な影響を与える。例えば、図1cでは、天敵に「ここにえさがあるよ」という情報として機能する場合が示してある。その結果として捕食者と植食者とを結ぶ「喰う喰われる線」の太さの変動をもたらす。

つまり、図1dや1cなどの誘導的な変化は、植物と植植者、植食者と捕食者間を繋ぐ線（被食捕食関係の実態）の太さ（強さ）を時空間的に変え、三者系を起点とする食物網の複雑さを演出するといえる。

植物のかおり

さて本章では、これから植物の「かおり」に注目した三者系の不思議さ、複雑さを述べることにする。揮発性物質ではなく、香りでもなく「かおり」とわざわざひらがなで書くにはそれなりのこだわりがある。「香り」と書くと、われわれが嗅覚で感じるイメージが伴う。もうひとつの漢字である「薫り」はさらに、「文化の薫り」「風薫る五月」といった、我々には実感しにくい感覚的なものも含む。さて、我々が認識できないからと言って、それが存在しないということにはならない。例えば、風薫る五月は筆者にとっては抽象的な概念の域を出ないが、実際春先の風のかおりは違いますね、という人を知っている。その人にとっては、具体的な「香り」として認識できているわけだ。

犬の嗅覚・ムシの嗅覚

犬はヒトの最大一〇〇〇万倍ほど嗅覚が敏感だと言われる。警察犬を思いうかべるとよくわかる。そこで犬と散歩したとしても飼い主の認識する世界と犬の認識する世界はかなり違うものになるだろう。さて、カイコという蛾の雌が出す性フェロモンに対する雄の嗅覚は犬に匹敵すると言われている。抽象概念である我々の多くにとって風薫る五月はカイコやその他の虫の世界では具体的なものかもしれない。そこで、我々にとっての抽象と具象、その両方を含めた概念を表したくて、わざわざ「かおり」とひらがな表記としている。

さて、前述のように植物は食害に応答して特別なかおりを放出することが知られている。漢字で書けば植食者誘導性植物揮発性物質で、英語では Herbivore-Induced Plant Volatiles になる。いずれも長いのでここでは英語の頭文字をとってＨＩＰＶと呼ぶことにする。ＨＩＰＶも我々にはほとんど認識できない場合が多く、植物のかおりの中のサブカテゴリーということになる。

●植物のかおりの天敵誘引

三者系では、一九八〇年代後半より「HIPVは、それを誘導した害虫の天敵を呼び寄せる」という現象が報告されてきている。呼び寄せられた天敵の活躍で害虫の被害が下がった場合、天敵は植物のボディーガードと呼ぶことができる。

例えば、図2でシロイチモジヨトウ幼虫の食害を受けたトウモロコシ葉は、その幼虫に寄生する寄生蜂 *Cotesia marginiventris* を誘引するHIPVを誘導的に生産している（写真原図スイス・ニュシャテル大学T・チューリングス博士）。被害葉からのHIPVを受容した蜂は、その匂い源に対して定位飛翔し（図2左）、被害葉にランディングする（図2中央）。被害株上では、寄主由来の手がかり物質（糞、喰い跡等）を利用して最終的に寄主を発見し産卵する（図2右）。写真は実験室内の風洞という装置で一定の風速を流した際の例であるが、蜂の被害葉に対する定位飛翔行動が見事に写しだされている。

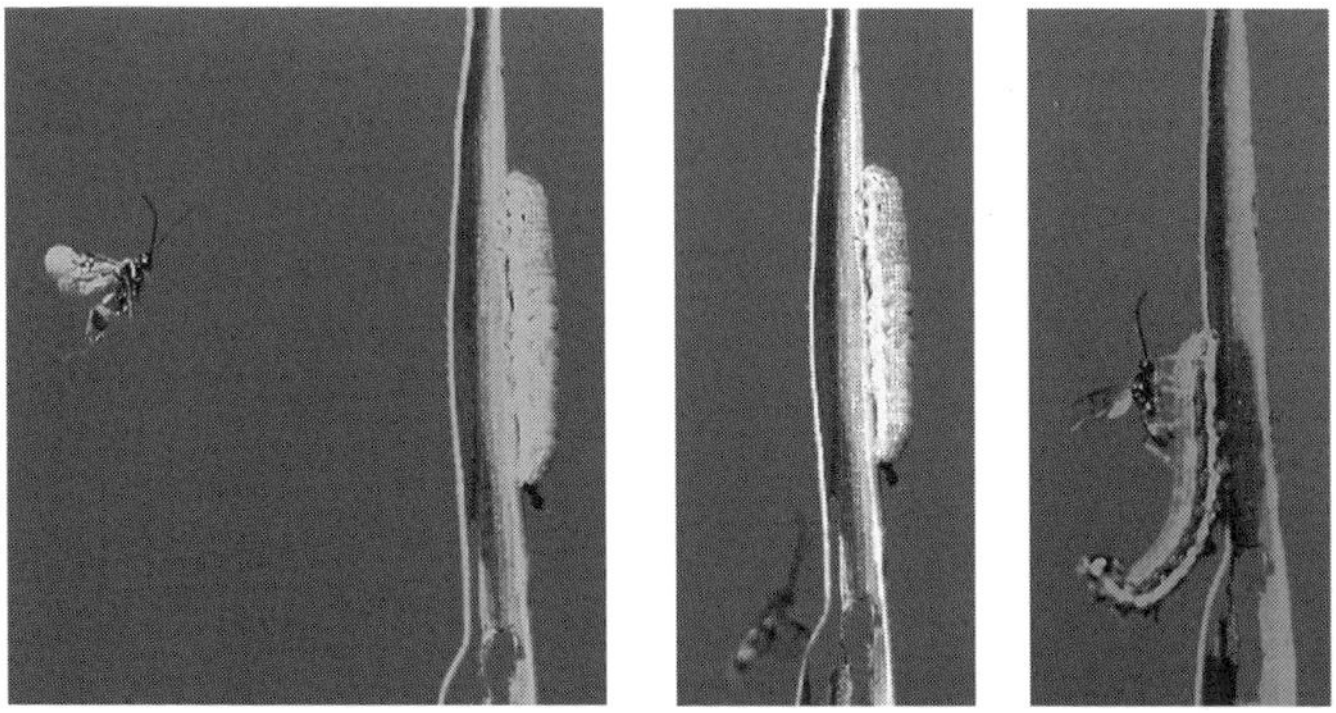

図 2　HIPV に誘引される寄生蜂（スイス・ニュシャテル大学 T. チューリングス博士提供）

卵が産み付けられただけでも

これ以外でも寄生蜂がＨＩＰＶに誘引される例は数多く報告されている[①]。多くは幼虫に寄生する寄生蜂の三者系である。最近ベルリン自由大学のヒルカー教授らはハバチがマツの葉内に卵を産みこむことで、マツの葉が誘導的に卵に寄生する蜂を誘引する成分を生産し始めるという興味深い相互作用を報告している[②]。卵を産まれただけで反応するとは驚きである。この様な植物の誘導反応は、寄生蜂が寄主を発見する際の効率を高めるので、寄生蜂にとっても有利なものである。すなわち植物と寄生蜂とは「喰う―喰われる」という関係にないが、ＨＩＰＶ情報を介して間接的な相互作用を結んでいる。

ＨＩＰＶの生産は一般的に食害や産卵のあと数時間で開始するが、成分によっては秒単位で生産が起きる場合もある。例えば、葉を手で千切ると青臭いかおり（緑のかおり）が直ちに立ちのぼる。この秒速で生産されるかおりは、お茶のかおりとしてよく知られている「青葉アルコール、青葉アルデヒド」という成分である。次に、この緑のかおりに関する我々の最新の研究成果を紹介しよう。

緑のかおりの効果――遺伝子組み換え植物を利用して

緑のかおりは、緑色植物で普遍的なかおり成分として葉などから通常微量に放出されている。この緑のかおりの生産は傷を受けた場合、劇的に増加する。前述したように、葉をちぎって丸めると青臭いかおりがするのは、誰しも経験があるが、これは傷による急速な緑のかおりの増加が原因である。植物は、なぜ緑のかおりを傷応答としてこのように劇的に増やすのだろうか。幾つかの研究例で、合成した緑の香りを人為的に植物に付加することで、緑の香りの病害虫に対する抵抗性が示されている。しかしながら「自然に」植物が傷害で発生する緑の香りが、実際に病害虫に対する植物の抵抗力を上げているかについては、自然な緑の香りの発生をコントロールすることができないため、これまで明確な解答が得られていなかった。

遺伝子を組み換えて調べる

緑のかおりの生態的な機能を明らかにするために、アブラナ科のモデル植物であるシロイヌナズナを用いてその解明を行った。具体的には、緑のかおり生成の鍵となる酵素ヒドロペルオキシドリアーゼ（HPL）遺伝子の組み換えを行うことによって緑のかおりの生成量を向上させたときと減少させたときの、害虫（モンシロチョウ幼虫）と植物病原菌（灰色カビ病菌）に対する抵抗力の変化を解析した。

ピーマンのHPLをシロイヌナズナに遺伝子組み換え法を使って導入することで、モンシロチョウ幼虫の食害、灰色カビ病菌の感染の際に誘導的に生成する緑のかおりの量は、遺伝子を組み換えていない野生型に比べて増加した。さて、この遺伝子組み換え植物では、モンシロチョウ幼虫の天敵であるアオムシコマユバチに対する誘引性が野生型に比べて高まり、その結果モンシロチョウ幼虫の寄生による死亡率も高まることがわかった。さらにこの組み換え植物では、灰色カビ病菌の生育が阻害されることも見いだした。寄生率の増加と灰色カビ病菌に対する抵抗性の向上は、緑のかおりの成分の一つである（Z）-3-ヘキセナール量の組み換えによる増加で説明できた。

（Z）-3-ヘキセナールの生成量を抑制するためにHPLの活性を抑制する遺伝子を組み換えによって導入した場合に、モンシロチョウ幼虫の天敵アオムシコマユバチに対する誘引性が野生型に比べて弱まり、灰色カビ病菌に対する抵抗性も野生型に比べて低下した。（Z）-3-ヘキセナールの強化と抑制の二つの遺伝子組み換えによって、自然に植物が生産する緑のかおりの防衛機能を証明することができた。

これらの結果は、植物のかおりの生成を改変することによって、緑のかおりの生態系における機能を解明したものである。[3] また、植物の持つ自然な防衛能力を、緑のかおりの生産を改変することによって強化することが可能であることも示すことができた。植物が持つ害虫や病気ストレスに対する抵抗性を人為的に高めるためのユニークなアプローチにつながるであろう。

植物のかおりの害虫に対する影響

ここで、少し視点を変えて、植物のかおりが食植性昆虫に及ぼす影響について見てみる。注目するのは、トウモロコシとそれを食害するアワヨトウである。アワヨトウ幼虫は昼間隠れており、夜間に葉を摂食する夜行性のイモムシである。数年前のことである。アワヨトウとその寄生蜂（カリヤサムライコマユバチ）を用いた実験を行っていた研究員がある日面白いことを言った。

「人工飼料でアワヨトウを飼っていると、昼夜別なく飼料を食べているように思えます。夜行性なのに不思議ですね。」

筆者とアワヨトウは二〇年来の付き合いである。当然そういう行動を人口飼料でとることは「知って」はいた。ところが、それを「不思議だ」と思ったことは一度たりとも無かった。しかし、不思議だと言われればなるほど不思議である。それがきっかけとなり、光ではなく植物（トウモロコシ）のかおりがアワヨトウ幼虫の夜行性を決める要因であることがわかってきた[4]。

実際に調べてみた

植物がない状態で、人工飼料でアワヨトウを飼育する実験をしてみた。隠れ場としてろ紙を蛇腹状に折りたたんだものを入れておく。そうすると、明るかろうが暗かろうが約半分のアワヨトウが摂食し、半分がろ紙の隙間に隠れていた。やはり光は隠れる行動に無関係である。ところが、そこに健全植物のかおりを流すと、とたんに昼間は隠れており、夜は隠れ場所から出てきて摂食するようになった。健全なトウモロコシからのかおりは微量である。最新の分析機器でもなかなか検出できないくらいである。それらがアワヨトウの夜行性に影響を与える。アワヨトウはごく微量の昼のトウモロコシのかおりと夜のかおりを嗅ぎ分けて、夜行性を決定している。アワヨトウ被害株のかおりを流すとさらに顕著な効果をもたらした。被害株からはＨＩＰＶが生産されており、その結果であろう（図3）。

従来の生物の日周性の研究では、光や湿度が与える影響に注目が集まってきている。植物のかおりが光や温度以上に日周性に重要であることは、植物のかおりの新たな一面を浮き彫りにする驚きで

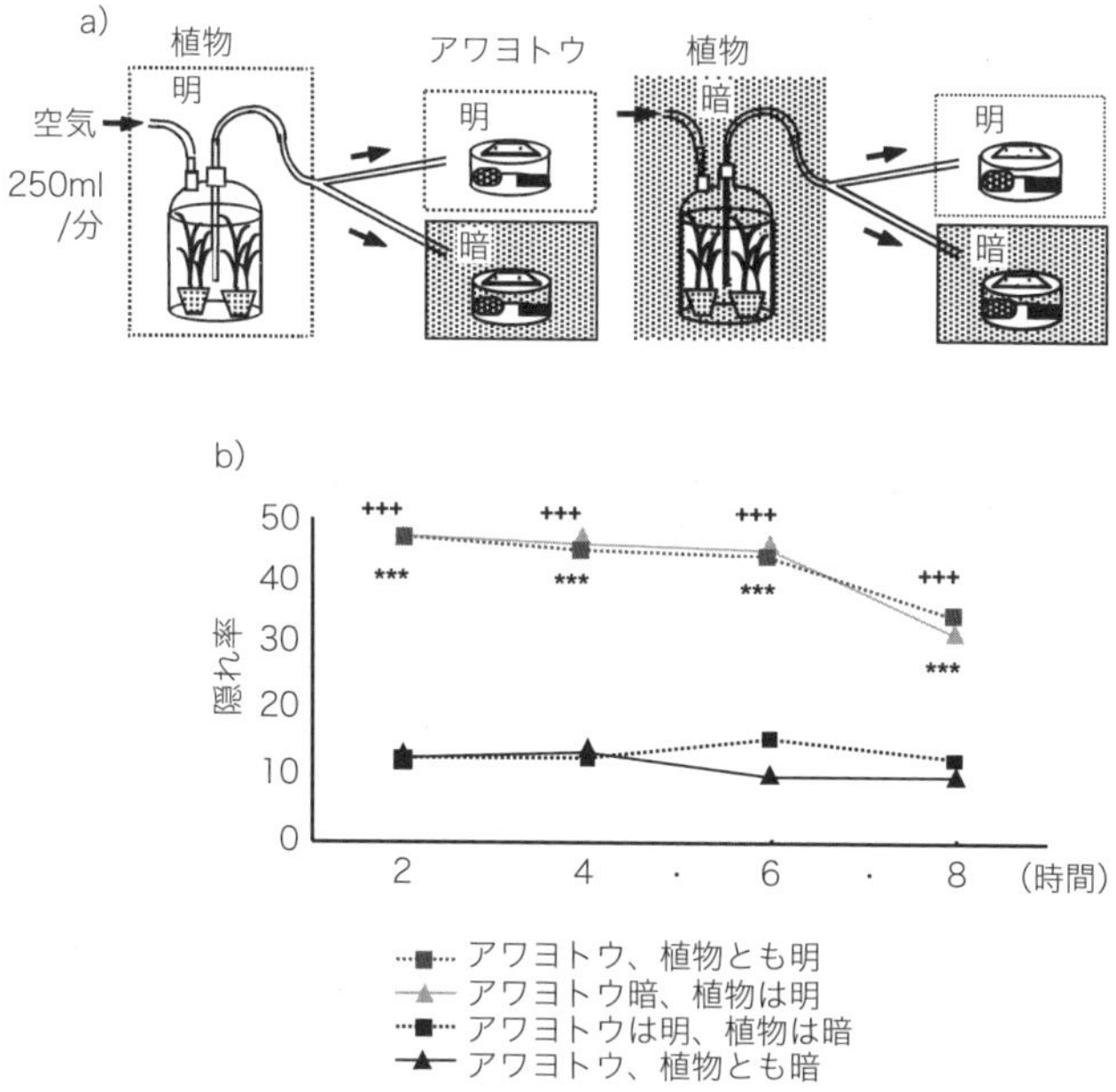

図 3　アワヨトウの夜行性は植物由来のかおりに左右されている

a) 実験装置　明条件あるいは暗条件下の植物の放出するかおりを，明条件あるいは暗条件のアワヨトウ幼虫に暴露する.

b) アワヨトウの隠れ率の推移．アワヨトウが明条件であっても暗条件であっても明条件の植物のかおりの受容でほとんどのアワヨトウが隠れる．同様にアワヨトウの明暗条件に関係なく暗条件の植物のかおりの受容でほとんどのアワヨトウが隠れない.

あった。

では、なぜ光ではなく植物のかおりを利用するのだろうか？　アワヨトウ幼虫の天敵（寄生蜂）であるカリヤサムライコマユバチは昼行性であり、植物が昼間に出すＨＩＰＶを手がかりに寄主幼虫を探索する。アワヨトウはそのような危険な時間帯（日中）のかおりを避けて、夜間のかおりを手がかりにアワヨトウは摂食するようになったと現在考えている。

害虫の成虫の産卵選好性に影響する報告もある。タバコは *Heliothis virescens* という蛾の幼虫の食害を受けるとＨＩＰＶを放出する。このＨＩＰＶは昼間と夜間で異なる。*Heliothis virescens* の雌成虫は夜行性で夜間に植物体上に産卵するが、夜間被害株から特異的に放出される揮発性成分に対し忌避性を示す[4]。その様な場所は天敵の高密度空間になるため、産卵を避けていると考えられる。

植物のかおりの植物に対する影響――植物間の会話

「植物と昆虫が会話する」といえば、「うーん、ほんまかいな」と思うかもしれない。しかし「例えば花と花粉媒介者などは、花のかおりで会話しているととらえることが出来るでしょう（本書、形の章、第1節参照）」と言えばそれなりに納得できるかもしれない。しかしさらに「植物と植物が会話している」などというと、これはどうも完全に眉唾モノ、えせ科学と言われそうだが、決してそうではない。「葉っぱのフレディー」(レオ・バスカーリア作　童話屋)に出てくる二枚の葉っぱ、フレディーとダニエルような哲学的な会話は無理かもしれないが、葉と葉の情報通信は、自然界で成立していることがわかってきた。

むしろ「立ち聞き」

害虫被害植物の隣に未被害の植物が生育していた場合を考える。この未被害株は、遅かれ早かれ被害株上で増殖した害虫や被害株を食い尽くした害虫の次の攻撃のターゲットになる。この未被害の株は何もせず害虫に攻撃されるのをただ待っているだけなのだろうか。それとも来るべき害虫の攻撃に備えて防衛を開始しているのだろうか。この回答は単に植物をじっと見ていても明らかにすることができない。植物の防衛は、その細胞内で静かに進行しているからだ。

そこでＨＩＰＶに曝された未被害株の遺伝子発現をシロイヌナズナという植物で調べてみた。シロイヌナズナは全ゲノムが解読されたアブラナ科の植物で、分子生物学的な解析には欠かせない植物である。

コナガ幼虫の食害を受けたシロイヌナズナ株からは、コナガ幼虫の天敵を誘引するＨＩＰＶが放出される。これに曝された健全シロイヌナズナが持つ防衛の遺伝子の中の代表的なものをいくつか見てみると、それらが活性化していることがわかった。匂いに曝されない場合には、そのような活性化は起きない。ＨＩＰＶを受容したのち、防衛の準備に取りかかっていると考えることができる結果である。さらにこれらの結果は、葉と葉の間で、ＨＩＰＶのような「かおり」を会した会話が成立していることを示している（図４）。これは「立ち聞き」と呼んだほうがよいのかもしれない。

植物のかおりが媒介する生物間相互作用ネットワークと階層性

食う食われる関係（食物網）にＨＩＰＶ情報をやり取りする関係（かおりの情報ネットワーク）を重ね合わせると生態系の生物間相互作用に理解はさらに深まる。情報としてのＨＩＰＶはタバコの煙のごとく、被害株より大気中に放出された後、空高く霧散するものではない。分子量が一〇〇〜一五〇の精油成分は、むしろ粘性を持った、ある目に見えないかおり構造を作って生態系空間を一過的に間仕切ると考えられる。ドライアイスの煙のようなイメージが正解である。その間仕切りには情報としての特異性が内包されており、その特異性のふるいにかけられて生物群集は住み込んでいく。たと

図 4　立ち聞きする植物　被害株由来のかおりの受容で健全株は前もって防衛の準備をする.

えば図5では仮想的な豆畑で三種の害虫が食害した場合であるが、それぞれの害虫に対する特異的な天敵を誘引するＨＩＰＶを放出する。その構造の中に天敵は誘引され、同種の害虫は時間的空間的に忌避するという形での生物群集の住み込み方が規定される。

さらにこの情報構造に影響を与えるネットワークが植物間のコミュニケーションである。植物は植食者の攻撃を受ける前から、隣接する被害株からのＨＩＰＶ情報で攻撃を察知し防衛の遺伝子を活性化する。図5の未被害株（害虫が乗っていない株）でも、ＨＩＰＶを受容することで、様々な遺伝子の活性化が想定される。我々の眼から見るとまったく変わって見えないが、植食者にとってはＨＩＰＶを受容した株とそうでない株では、資源としての価値（利用可能性）が大きく異なっている。植物の遺伝子の視点で見れば、ＨＩＰＶで活性化される遺伝子（群）のダイナミクスは植物間の遺伝子発現ネットワークとして捉えることができる。その総体が、被害株のかおりを受容した健全株における直接防衛と間接防衛のプライミング（準備体操）を誘導する。プライミングは情報ネットワークに影響し、最終的に食物網構造に影響を与えるだろう。(1)食物網、(2)情報ネットワーク、(3)植物遺伝子ネットワークに分けて整理し生態系の相互作用を考えることは、これまでになかった視点である。このような視点が多様な生物が共存する生態系の維持促進機構の理解を深めるのではないかと期待している。

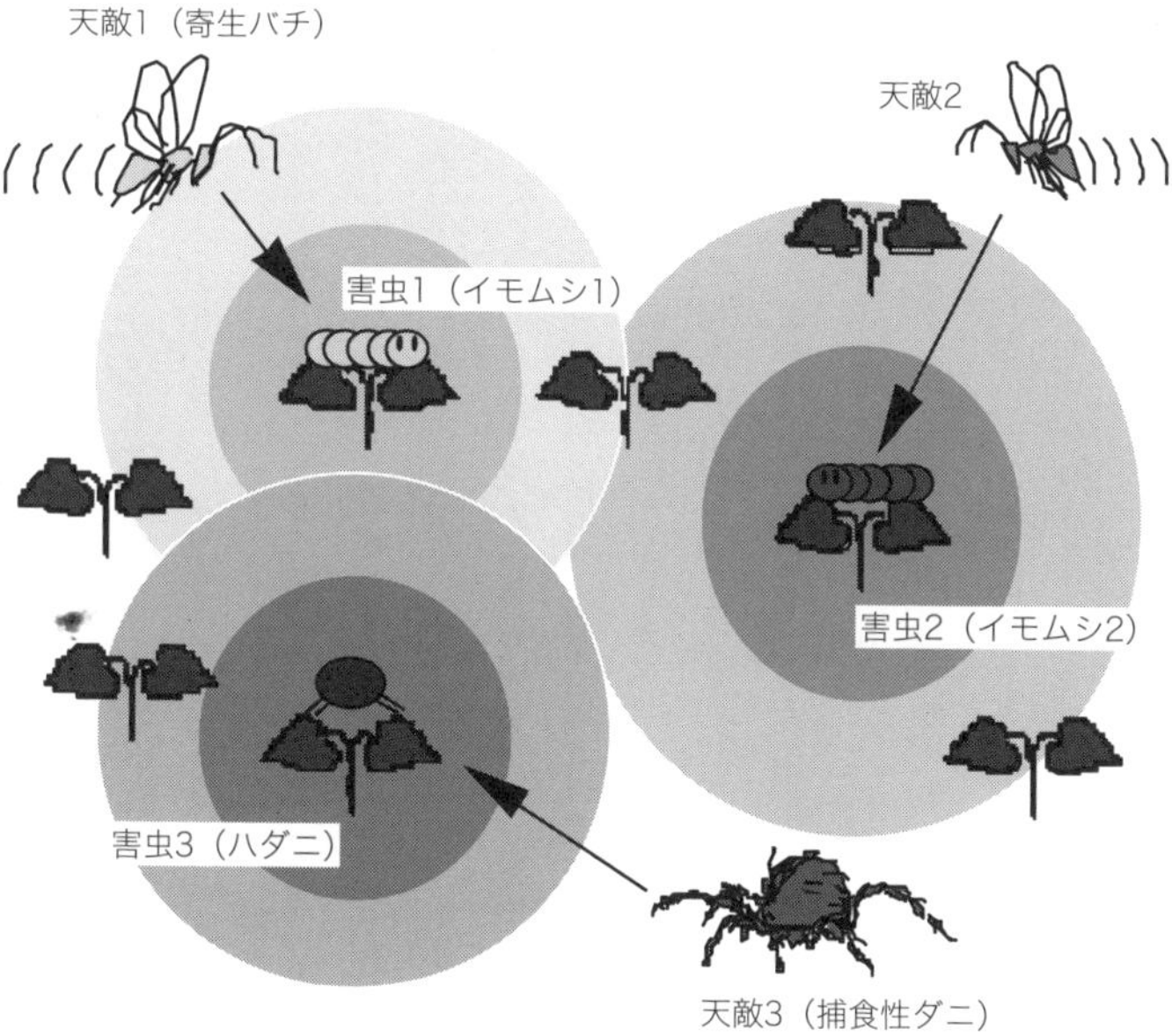

図5　仮想的なマメ畑におけるHIPVの構造と，それがもたらす生物間相互作用ネットワーク　同じマメでも異なった害虫の食害を受けると，異なったブレンドのかおりを放出し，それぞれの天敵を誘引する．害虫もその様なかおりに対して忌避する。またその香りを受容した健全植物でも，防衛の準備を始める．

コラム2　五万匹のテントウムシにマークをつける

ヤマトアザミテントウは名前の通りアザミの葉を食べるテントウムシだ。テントウムシの多くはアブラムシやカイガラムシなどを食べるので、ベジタリアンはちょっと変わり者である。体の大きさは六〜七ミリ、背中には二八個の斑紋がある。かつては、この背中の斑紋にちなんで、コブオオニジュウヤホシテントウと呼ばれていた。このテントウムシの背中にマークをつけることから、研究者の第一歩を踏み出した。研究の目的は、テントウムシの集団（個体群という）の数がどのような仕組みで決まるかを明らかにすることだ。しかし、個体群というまとまりであっても、みながみな同じではない。雄もいれば雌もいる。体の小さいものや大きいものもいる。早く生まれたものや遅く生まれたものもいる。このような違いによってそれぞれ異なる行動を見せる。このため、一匹一匹を区別して、行動を個体ごとに調べることにした。もっとも安上がりな方法が、個体ごとに違ったマークをつけて区別することである。ではどうやって？一〇色のラッカーペイントを用意して、テントウムシの背中の四隅に四つの点を打つ（イラスト参照）。半分に折った割りばしの一端に虫ピンを差し込み、虫ピンの頭をペイントの入った小瓶にわずかに浸して、手早くマークをつける。でないとすぐに乾いてしまい、うまくつかない。点は背中の位置によって、それぞれ千、百、十、一の位に対応している。たとえば、白を一番、黄色を二番としよう。「白・白・黄・黄」なら一一二二、「白・黄・白・黄」なら一二一二という背番号ができあがる。

マークしたテントウムシは、その場でアザミの葉の上にそっと返してあげる。その後は、捕まえることはしない。何番のテントウムシがいつどこで何をしていたかを記録するだけだ。一般に昆虫は分散能力に長けており、マークをしてもすぐに視界から消え去ってしまい、せっかくのマーキングも徒労に終わる。ところが、このテントウムシは動かない。マーキングに持ってこいの材料だ。だからといって、

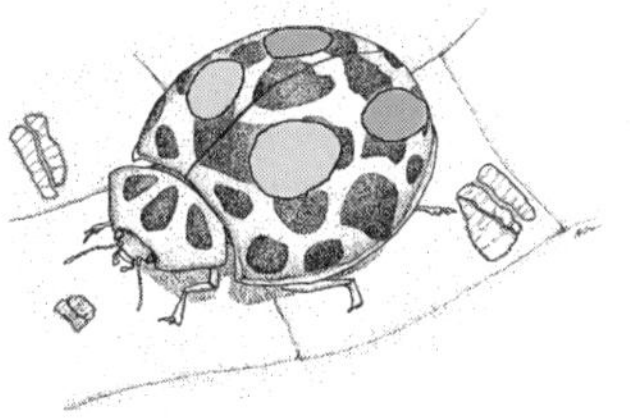

石ではない。その証拠に、生涯に三メートルほどは動くことがこの調査でわかった。

ヤマトアザミテントウの成虫は春の初めに越冬から覚め、アザミにやって来る。滋賀県の山間部にある朽木村では、渓流沿いに育つカガノアザミしか食べない。これはマーキング調査にうってつけだ。渓流を行ったり来たりすることで、彼らを探しつくすことができるからだ。春先にマーキングを始めてから二週間も経つと、ほとんどのテントウムシにはマークがついている。個体の一生を通して、どこでアザミの葉を食べ、どこで交尾をして、どこで卵を産むか、

手に取るようにわかる。渓流沿いの全てのアザミにも番号をつけたので、何番のテントウムシが何番のアザミのどこでいつ何をしているかを、四月から一一月までほぼ毎日、朝から晩まで調べつくした。このような調査を六〜七年も続けると、目を閉じていても川の中を歩けるようになる。石の位置が少しずれているだけでも気にかかる。川面の上をわたる風の気配で次の日の天気がわかる。人間の感性は留まるところを知らない。テントウムシの生きる世界と交差した。

ヤマトアザミテントウについては、すべてを知りたいと思った。今年の今日は、去年の今日ではなく、ましてや来年の今日でもない。地球の歴史の中でただ一度の出来事である。そこに立ち会わなければ、永遠に出会えないだろう。そのチャンスを逃すのは、一生の不覚である。雨の日も風の日も、テントウムシに会いに行く。雨の日には記録を書き写す紙が濡れてしまい使い物にならない。そこで大きめのビニール袋に入れて、その中に手を突っ込んでは記録した。土砂降りの時はビニール袋の中にも容赦なく雨が入り込んで、記録用紙をボロボロにしてしまう。さらに雷が追い討ちをかける。仕方なくビニール袋にテープレコーダーを入れて、テントウムシの番号を録音した。後で再生してみると、聞こえるのは雷鳴ばかりだった。台風の時はいつもの渓流はどこにもない。怒濤のように水が轟音を立てて目の前を流れて行く。見慣れた景色が一変した。意を決して、流されそうになりながらやっとの思いで対岸にたどりつく。アザミの根元に潜んでいるテントウムシに出会ったときは、未知の世界に足を踏み入れたと思った。真夜中にもしばしば彼らに会いに行った。テントウムシはアザミの上でじっとしている。しかし、そのまわりではゴミムシなど天敵が忙しげに歩き回っていた。昼とは全く異なる世界だ。

このような調査を重ね、おおよそ五万匹のテントウムシにマークした。これは論理で説明できるものではない。まさに大阪人の意地であり、ギネスブックものだ。日本ではあまり知られていないが、国外では「クレージーな研究者」として少しは名が通っている。それが自分でも結構気にいっている。彼らの世界を垣間見たいというその思いが、五万匹ものテントウムシのマークを可能にしたのだ。それから一〇年後、ドングリをひたすら一〇万個拾い集め、その中で暮らしている虫をすべて調べ上げた。しかし、そろそろ紙面もつきたようだ。この話はまた別の機会に披露しよう。

（大串隆之）

より深く学ぶために――読書案内

第1節

鷲谷いづみ・大串隆之（編）（1993）『動物と植物の利用しあう関係』平凡社

植物は一方的に動物に利用されるのではない。植物もまた生存や繁殖のために動物を利用している。このような植物と動物のさまざまな「利用しあう関係」について広く紹介した解説書。

ハーストン、N・G（1996）『野外実験生態学入門』蒼樹書房

生物間相互作用を明らかにするためには、観察だけでなく野外での操作実験が必要である。本書は野外での実験方法と得られた結果の解釈について、さまざまな実例に沿ってわかりやすく解説している。野外での操作実験を計画する際にたいへん役に立つ好著。

佐藤宏明・山本智子・安田弘法（編）（2001）『群集生態学の現在』京都大学学術出版会

最近の群集生態学におけるさまざまな理論と実証研究を一七章で紹介した専門書。生物群集に興味のある方に勧めたい。

大串隆之（編）（2003）『生物多様性科学のすすめ――生態学からのアプローチ』丸善

生態学研究センターで行われている研究を紹介しながら、生物多様性がどのように作られ、どのように維持されているかを分かりやすく解説した啓蒙書。

第2節

巌佐庸（1998）『数理生物学入門』共立出版

数理生態学の様々な手法を網羅的に紹介しつつ、それらが生物のさまざまな特性を明らかにする上でいかに有効かを示している。個体群動態理論から進化理論まで、幅広い内容を含んでいる。

寺本英（1997）『数理生態学』（川崎廣吉ほか編）朝倉書店

著者は、日本の数理生態学の創始者の一人である。個体群動態理論に焦点を絞った内容であるが、その問題の奥深さ

とそれに迫る数理的手法の幅広さを読み取ることができる。

宮下直・野田隆史（2003）『群集生態学』東京大学出版会

実証研究者によって執筆された教科書。必ずしも理論的研究に的をしぼったものではないが、生物の多様性がどのように理解できるのかを理論も含めて広く紹介している。

鷲谷いづみ・矢原徹一（1996）『保全生態学入門』文一総合出版

生物多様性保全のあり方を理解するために、その背景となる多様性のメカニズムにまで踏み込んで紹介している教科書。進化的な視点なども含めながら、理論的な内容まで幅広く紹介している。

第3節

高林純示（2007）『虫と草木のネットワーク』東方出版

手前味噌だが、生物間相互作用のネットワークに関して、できるだけデータフリーでわかりやすく説明した参考書。

ペルト、ジャン＝マリー（1997）『植物たちの秘密の言葉』工作舎

植物の生産する化学物質の様々な機能について、わかりやすく紹介している。図表がないのが残念。

深海浩（1992）『生物たちの不思議な物語』化学同人

出版年はやや古いが、内容は古びておらず、今読んでも新鮮。図表なども多用してよみやすい。

III

分子の章

分子解析生態学がとき明かす生物多様性のメカニズム

分子が解き明かす生物多様性

生物多様性の研究を行なう「生態学」という学問は、基本的には生物の単位で「個体」以上のサイズを扱う。したがって、一般的なイメージでは、生態学とは「生き物」そのものを扱う学問である。しかし、研究手法ということになると、必ずしも生物個体そのものを扱うことに限らない。本章では、「分子の目」から見た生物多様性の研究について解説する。特に、ここでは「遺伝子解析」と「安定同位体解析」の二つをピックアップして、これらの手法の解説を行ない、京都大学生態学研究センターでどのような研究が行われているかを紹介する。

生物は分子情報として、その体の中に刻印情報（フィンガープリント）を持っている。その一つは、DNAの形をした遺伝情報である。これは、生物の進化を通して得られた歴史の産物であり、まさに生物多様性の歴史情報というべきものである。一方、遺伝情報を用いて体を作るにあたって、生物はアミノ酸を合成しタンパクを作る。この時、環境情報としての元素の安定同位体比が生物体に刻印され、地球生命圏の物質循環のなかに生物の活動の情報が蓄積されていく。このように、ダイナミックな歴史と環境の刻印情報をもとに生物多様性に迫っていく分子解析生態研究の一端を述べる。

〈遺伝子解析研究〉

分子生物学技術のめざましい進歩によって、分子（遺伝子DNA）レベルでの研究は生化学、生理学、発生学のみならず、生態学分野においても、たいへん有効な方法として取り入れられてきている。

DNAは遺伝情報の担い手であり、また生物約三五億年の歴史を刻み込んだ分子化石とも言える。DNAの分析によって多様な生き物の類縁関係や、個体が生活や生態系で果す機能性分子(タンパク質)について、優れて確度の高い情報を得ることができる。さらに生物の環境への適応や環境変動にたいする応答を、分子生態学的視点から解明することができる。ここでは社会性昆虫ミツバチを支える体内時計遺伝子の構造とその発現調節機構の研究や、魚類の視物質(オプシン)遺伝子の適応進化と環境との関係についての研究を紹介する。

〈安定同位体解析研究〉

元素に「安定同位体」が存在することは、「化学」分野で教えられるが、この安定同位体が生物学の研究や環境問題の解明に役に立つことはあまり知られていない。ここでは、元素の安定同位体の存在比つまり「安定同位体比」が、生態系のしくみを理解するのにどのように役に立つかを考えていきたい。身近な例を示すと、私たちの体も植物や他の動物と同じく炭素や窒素などの元素でできていることには変わりがなく、毎日食べている食事に含まれる元素の「安定同位体比」を反映することになる。この意味で、私たちも生態系の食物連鎖のなかに位置づけられる。同じように、地球上の生物多様性のなかで、生き物はすべて自然界の「物質循環」としてつながっている。このつながりの理解は、私たちが決して自然と切り離されて生きていくことが出来ないことを実感することにつながる。このように、元素の安定同位体から見た物質の循環と生物多様性を扱う研究を紹介する。

[陀安一郎・清水　勇]

第1節……ミツバチのリズムと時計遺伝子

清水　勇

生物はお互いに、空間と時間のすみ分けをしながら、巧みに生活している。「すみ分け」は、生物多様性の創出と維持メカニズムの一つであるが、ここでは「時間的すみ分け」の生理的な基盤である概日時計が、社会性昆虫のミツバチでどのように動いているかを、分子レベルの話しを含めて述べてみたい。そこでまず生物の概日リズムとそれを支配する概日時計について概説しておこう。

地球は、一日二四時間の周期で自転する天球で、深海や洞窟のような光のささない特殊な環境を除いて、地球の表面には昼と夜が生じる。日が昇り明るくなって温度が上がるとチョウが飛び、日が沈むと今度はガの出番となる。生物は行動や生理現象において環境サイクルに応じた周期性を表すが、それは生物にとって環境の変化を予測するための重要なはたらきをしている。

歴史的に概日リズムを最初に報告したのは、フランスの天文学者のJ・J・ドメランであった。彼はオジギソウの仲間のミモザの葉の上下運動が、野外の明暗サイクルのもとだけでなく暗黒中でも何日も続くことを観察し、フランス王立科学アカデミー誌に短い論文を発表した。一八世紀初頭のことである。その後、C・ダーウインも、同様な植物の葉の上下運動を「種の起原」の中で記述しているが、この方面の研究は何故か遅々として進まなかった。生物時計が科学的研究対象として扱われ始めたのは、二〇世紀も後半を過ぎてからで、E・ビュニング、J・アショフ、C・ピッテンドリックら、この分野の天才的な碩学達が体内時計やリズムの様々な法則を発見・体系化してこの分野の基礎を築いた。

藍藻のようなバクテリアから人を含めた高等動物まで、多くの生物は、昼夜の二四時間サイクルに合わせて動く体内時計を備えており、これは光や温度などの周期のない恒常的な条件で、約二四時間の継続性のリズムを示すので、概日リズム（circadian rhythm）と呼ばれている。概日時計の他の重要な性質は、環境サイクルに同期できること、約二四時間の周期が温度の影響をほとんど受けないことや、光パルス刺激によってリズムの位相が変化する事などである。

概日時計の機能として、まず考えられることは、個体レベルでは予測と準備ということである。これにより、環境に頼らず主体的時間（体内時計）に従って、日々身体の体制を生理的に準備しておくことができる。さらに生態的な機能として同時性と異時性の調節的発現ということが考えられる。同時性とは生理的あるいは行動的イベントを、その種にとってもっとも最適な時刻に符合させることで、種の存続の基盤となっている。例えば、ショウジョウバエ（*Drosophila*）の羽化は体内時計に支配されて早朝におこる。囲蛹殻から成虫が脱出し、翅を伸展して成虫の体制を整えるのに、ハエは最適な温度・湿度の環境に合わせている。ちなみにショウジョウバエの学名 *Drosophila* は「朝露を好むもの」という意味である。

一方、異時性とは種間の相互作用系にかかわるもので、時間的なすみ分けを意味しており、空間的すみ分けとともに、生物多様性の創出・維持メカニズムにかかわっている。たとえば昼行性や夜行性などに見られる時間的すみ分けで、これは同所的に生息している動物が活動時間帯をずらすことによって、他種と時間的に共存する現象である。この他、概日時計は鳥の渡り行動で発揮される太陽コンパス、後で述べるミツバチの時間記憶や、昆虫や植物の休眠現象などにも関係している。

ミツバチの生活

ミツバチは真社会性昆虫で、繁殖期には一匹の女王蜂を中心に数千〜数万匹ほどの働き蜂と数百匹の雄蜂が、ひとつのコロニーを形成している（図1）。C・D・ミッチナー（1969）の定義によると、社会性のもっとも進化した「真社会性」とは、共同保育、世代の重複、繁殖的分業の三つの特徴を備えたものであるが、ミツバチはこの条件を全て備えており、コロニー内でそれぞれ仕事が異なるカー

図1　ニホンミツバチの巣盤とコロニー.

ストを分化させて、お互いに巧妙な情報伝達を行い、集団による効率的な生活を営んでいる。動物行動学でノーベル賞を受賞したフォン・フリッシュの発見による採餌バチの8の字ダンスは、巣盤上でダンスにより巣の仲間に餌場のありかを知らせる方法であるが、これは最も良く知られたミツバチの情報伝達法である。最近になって彼らが複雑な社会を維持するために、体内時計を巧妙に利用していることが分かってきている。

ミツバチは九種類が世界に分布している。日本ではトウヨウミツバチの一亜種と位置付けられるニホンミツバチ（*Apis cerama japonica*）と養蜂用のセイヨウミツバチ（*A. mellifera*）が野外で観察される。ニホンミツバチは「北限のトウヨウミツバチ」と呼ばれ、日本固有のミツバチで、明治の初めから導入されたセイヨウミツバチとの資源競争に破れ、地域によっては、この種の野外における維持さえも懸念されていた。しかし、ここ十数年来、ニホンミツバチのコロニー群が全国の都市や市街地でも見られるようになり、その「復活」が喧伝されている。復活の原因については、養蜂業の衰退やスズメバチの増加による資源競争者であるセイヨウミツバチの減少とか、都市部の温暖化が原因と言われている。このミツバチはキンリョウヘンというシンビジュウムの一種に誘引されたり、スズメバチを集団で熱殺したりするといった、セイヨウミツバチでみられない特異な行動生態を示す。

ミツバチの婚姻飛翔リズム

ミツバチは春の繁殖期になると、巣から処女女王蜂と雄蜂が決まった時刻に婚姻のために飛び出していく。女王蜂は特定の場所で、他のコロニーのオスと出会い、複数回交尾を遂げ、またもとの巣に帰り、そこで産卵を繰り返してコロニーを拡大する。

熱帯のボルネオ島には同所的に生息する数種類のミツバチがいる。彼らは体内時計に支配された女王蜂と雄蜂の婚姻飛翔の時刻を、それぞれお互いにずらすことにより、種間交雑がおこらないようにする賢い仕組みを作っている（図2①）。この場合は、同種の女王蜂と雄蜂の婚姻飛翔に関しては同時性がみられ、種間については異時性が、それぞれ生殖隔離による生物多様性の維持に機能していることになる。同所的に生息するよく似た生物が時間的なすみ分けをして、交配を避けて多様性を維持している例は他にも多い。

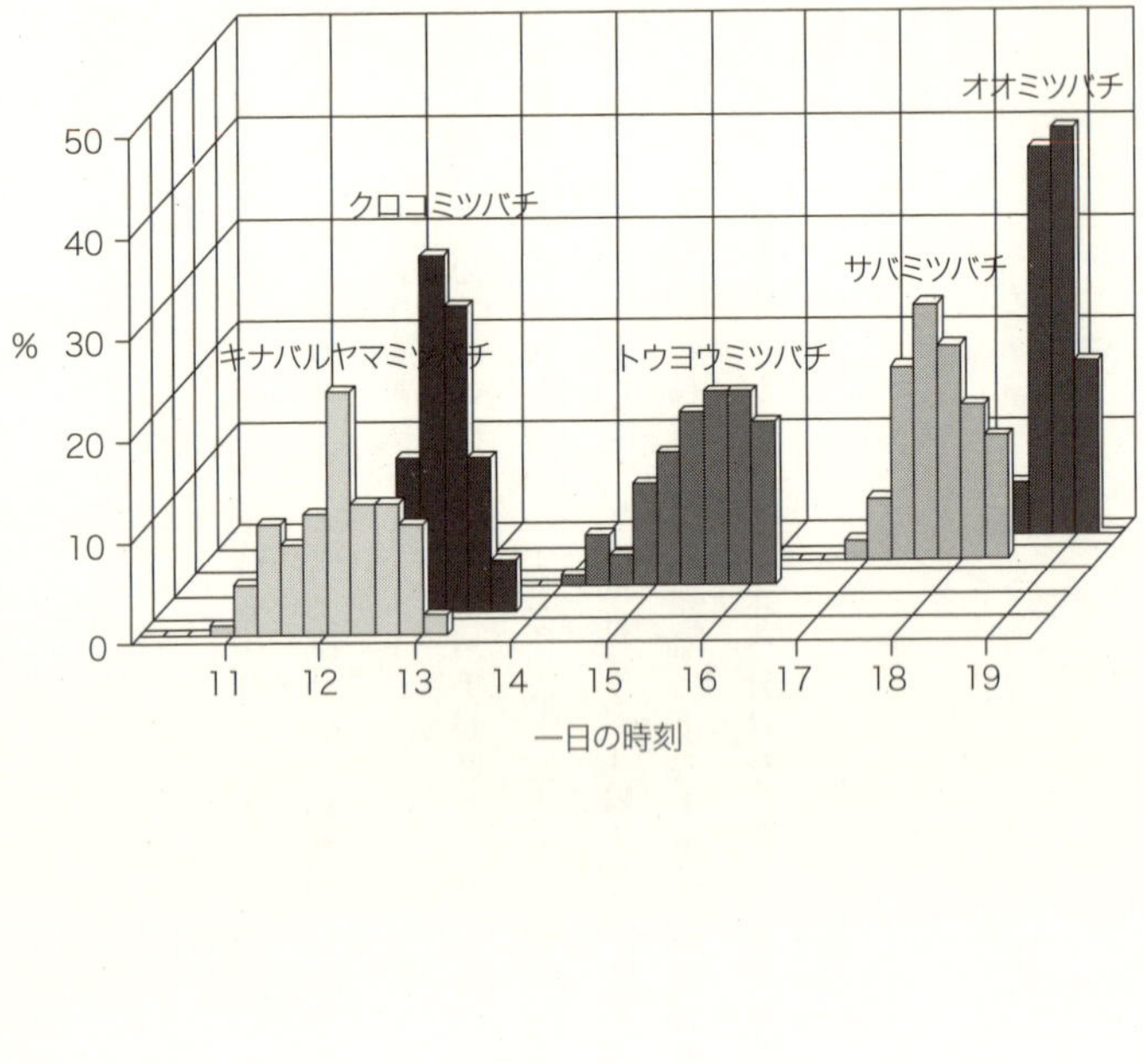

図 2　ボルネオ島サバにおける 5 種のミツバチ雄の婚姻飛翔の時間帯．山岳地に生息するキナバルヤマミツバチ（*Apis nulucnsis*）を除くと，それぞれ時間的に飛翔時間の隔離をしていることがわかる．縦軸は 4 日間の各ミツバチのオスの飛翔回数にたいする 1 時間あたりのパーセントを表す．N. ケニガーら[1]（1996）を改写して描く．

ミツバチの時間感覚と体内時計

ミツバチが時間感覚を持っていることを報告したのは、二〇世紀初頭の話であるが、博物学者のA・フォレルであった。朝食の時刻に合わせて、ベランダの食卓のジャムにひかれてミツバチがやってくる。ところが、ジャムを食卓に出さなくてもハチがやってくるのを観て、フォレルはミツバチが朝食の時刻を憶えているのだと考えた。その後、特定の花が花蜜をきまった時刻に分泌するので、その時刻にあわせてミツバチが訪花することがわかり、この時間記憶に内生的な体内時計が関係していることが明らかになった。

このことをダイナミックな実験で明らかにしたのはM・レンナーであった。彼はパリの現地時刻の朝八時〜一〇時の間に砂糖水にくるようにミツバチを訓練した。それからミツバチを一晩のうちにニューヨークに運び、翌日ミツバチがやってくる時刻を調べた。もし内生的リズムが、かかわっておれば訓練された時刻の二四時間後に皿にやってくるはずである。また太陽などの外的な信号情報によるのであれば、以前と同じ現地時刻に、つまり現地の太陽時刻にあわせて来るはずである。はたしてハチはパリでの最後の給餌時刻からきっかり二四時間後にやってきた。

花蜜や花粉のありかを、仲間に知らせる8の字ダンス（waggle dance）にも体内時計がはたらいている。

この定位行動では、巣箱と太陽との角度を、ダンスの8の字の中線方向が、巣盤の垂線と形成する角度で表していることは良く知られている。ダンスをおどる時間は個体ごとに違い、長いものでは二～三時間にわたって踊り続ける。この時、体内時計を利用して太陽の方位の変化に従い、ダンスの角度を次第に変えていることがわかっている（図3）。

このようにダンスや太陽の方角を指標とする太陽コンパスに体内時計が働いていることが明らかになった。これらの行動に体内時計を利用するのは、我々がいつも腕時計を見ながら、その日の予定をこなしているのと同じで「常時参考時計」（continuously consulted clock）と呼ばれている。

●個体レベルの活動リズム

上で述べたような、野外での特殊な行動のもとになっているミツバチの概日リズムの基本的な性質を明らかにする場合、集団では調査が難しいので、集団から離した個体の活動リズムを調べる方法がとられる。ミツバチの働き蜂は羽化して、しばらく内勤につき、幼虫の世話や掃除、餌の運搬などを巣内でおこなう。このあと門番などの役割を経験した後、老熟した成虫は採餌バチとなって、昼間は巣口から盛んに飛び出していく。個体レベルで活動の概日リズムがはっきりでるのは、この時期であ

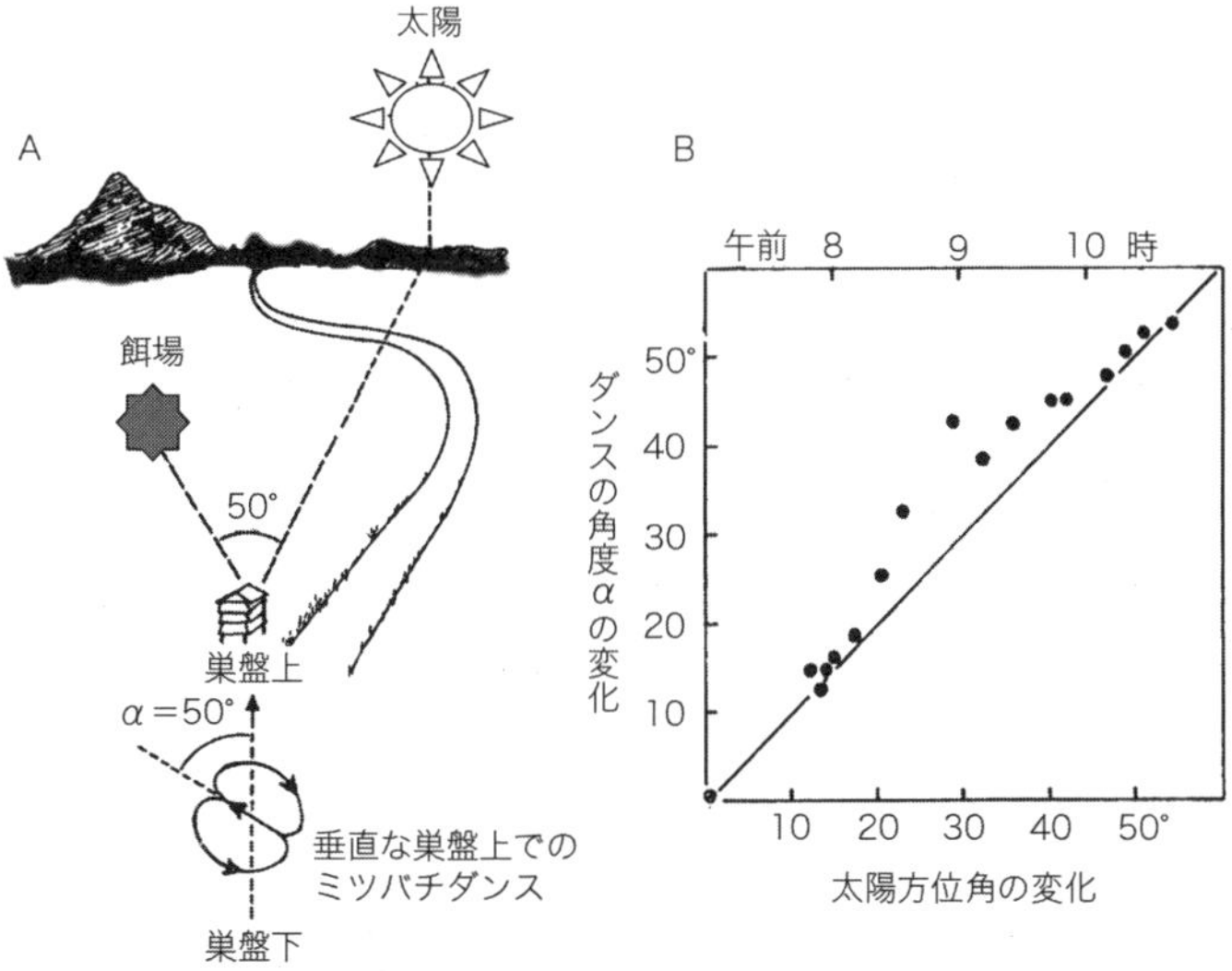

図 3　ミツバチの 8 の字ダンスによる餌場伝達のメカニズム（A）とマラソンダンスにおける時間補正（B）．（A） 比較的遠い餌場を巣の仲間に知らせる手段として，採餌バチは垂直な巣盤上で 8 の字ダンスを踊る．この 8 の字の交差線が垂直な重力の方向となす角度（α）が，巣と餌場を結ぶ線が太陽方位となす角度を表す．（B） 1 匹のハチが踊り続けた 3 時間 40 分の間に行ったダンスの角度の変化と，その間に太陽方位角の変化をプロットしたもの．時間補正によりダンスの角度と方位角は時がたっても，お互いに違わないことを示す．J. ブラディ（1980）を改写して描く．

る。

筆者らはニホンミツバチの採餌バチを巣口で捕らえて一匹ずつ、アクトグラム（actogram）という特殊な装置で活動量を計測した。その結果、全暗あるいは全明では自由継続リズムが見られた。自由継続しているときの周期をτ（タウ）と表現するが、全暗条件ではτは二三・五時間、全明では二四・五時間で、さらに光強度に依存してτが変化することが分かった[2]。

温度も光と同様に昆虫の体内時計の強力な同調因子であることが知られている。三五℃の高温期と二五℃の低温期の一二時間毎の温度サイクルにミツバチをおくと、その活動リズムは同期する。また、その個体を恒温条件下に戻すと、同期していた位相から、全暗恒温条件下で自由継続することから、ミツバチの体内時計も温度サイクルに同調できることが分かる。

生物の体内時計は一般的に温度補償性（temperature compensation）という特性があり、一定の温度範囲でτが一定に保たれている。これは、その日の気温によって時計のペースが変化し、イベントを起こすべきタイミングが変わるのを防ぐ適応的な仕組みである。ミツバチの体内時計でも温度補償性がみられ、温度が変わってもリズムの周期はあまり変化しないことが分かった。この温度補償性は暗条件より明条件でより厳密に見られた。これは昼の活動期に飛翔などにより体温が上昇したりすることにより、時計のペースが変化しないようにする仕組みの存在を示唆している。

全暗条件下で自由継続している概日リズムに短時間の光パルスを与えて、どれだけ位相が変化するかを検定することにより、位相反応応答曲線（phase response curve）が得られる。これは目に見えない体内時計の針が、どの位相にあるかを調べる唯一の方法である。ミツバチの位相反応応答を調べると、主観的昼の後半や主観的夜の前半に光パルスを与えると位相後退を、主観的夜の後半に与えると位相前進が見られた[2]。

概日リズムを示す体内時計を、環境に同期させる因子として光や温度のような振幅を持ったサイクルが必要である。しかしセイヨウミツバチやニホンミツバチのように樹洞の閉鎖空間に営巣する場合は、巣の中心部はほとんど光もささず、温度も一定で比較的安定している。巣盤の中心部で働く、羽化して間もない若い働き蜂がリズム性を示さないのは、このような環境の特性も一つの原因である。一方、外勤の採餌バチは活動リズムを示すようになるが、彼等はその前に門番バチになって、巣の周辺部で活動し、洞穴動物がするように、朝夕に巣口で光サンプリングを行うことにより、次第に体内時計を環境に合わせて、動かし始めるものと考えられている。

採餌バチは昼の活動期に、すばやく運動を起こせるように体温を約三五℃に上昇させ、夜の休止期には室温に落としている（図4）。この体温の変動は活動リズムに合わせて自由継続することが分かっている。巣内の温度環境は、育児域のある中心部では一日でそれほど変化はないが、周辺部ではかなりの振幅が見られ、この部分の温度変化は、気温の変化と採餌バチ集団の体温変動が関与していると考えられる。すなわちミツバチは体温を上げ下げして、自ら巣内の環境に温度サイクルを作り、時計

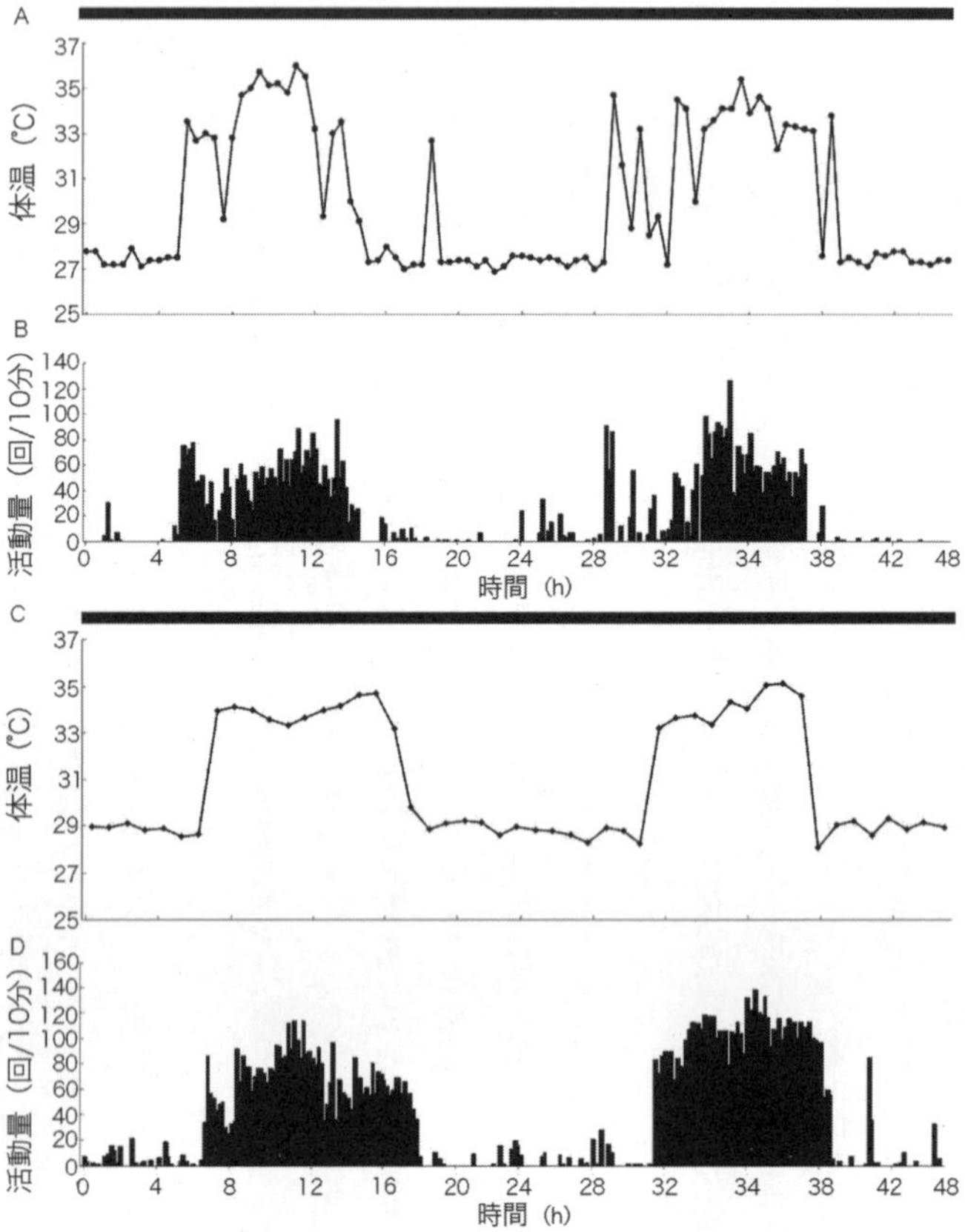

図 4　ミツバチの体温変化と活動の日周リズム．ニホンミツバチ（上図 A,B）とセイヨウミツバチ（下図 C,D）の体温変動（A,C）と活動リズム（B,D）の自由継続リズム．単離した採餌バチで自然条件から全暗条件（28℃）に移して観察した．体温変化と活動のリズムがほぼ一致して進行することが分かる．

の動きの安定性を維持する仕組みを持っていると思われる。

ミツバチの集団でのリズム

以上は、コロニー集団から切り離した個体レベルでの概日リズムの特性を述べたものである。しかしミツバチのような社会性昆虫の生活の特色は、単独性の昆虫とは比較にならない高密度性である。このことが、コロニーの仲間で物理化学的な相互作用を引き起こし、単独個体では見られない行動や生理的な状態を引き起こす。たとえてみれば結晶中の原子は原子間の相互作用のために、単独で存在する原子の示す物理化学的な特性と異なっているのと同じである。

特殊な人工気象装置（シンバイオトロン）の中に巣箱を持ち込み、巣口に検出装置をセットして、ミツバチの出入りの活動を記録した（図5）。それによると明暗サイクル下では活動はチェンバー内で与えた光に同調し、明期にのみ見られた。バイオトロンでの照明条件を途中で変えて全明条件にすると、コロニー全体のリズムは二四時間より長い周期で自由継続することが観察された。このことは個体レベルでのリズムが統合されて、コロニーレベルでも同じような周期でリズムが発現できることを示している。

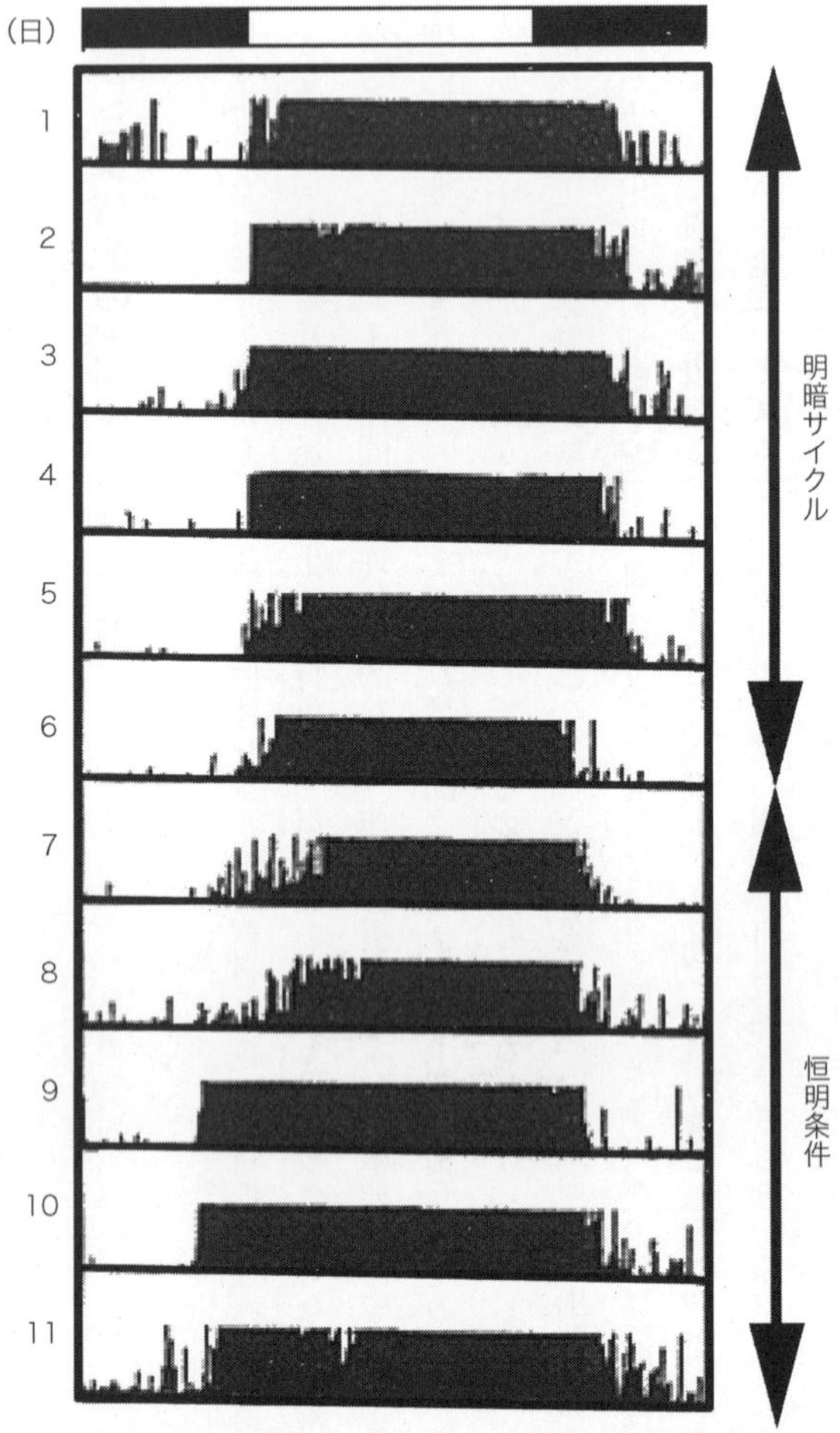

図 5　ミツバチの集団での概日リズム．バイオトロンにニホンミツバチの巣箱を持ち込み，巣口に計数器（アクトグラフ）を装着してハチの出入りを測った．6 日目まで明暗 12:12 のサイクルで飼育し，7 日目から全明（LL）条件で飼育した．明暗のサイクルがない条件でも，概日的に巣からの出入りがあることがわかる．

集団リズムは集団間の相互作用によって影響をうける。約五〇四の二集団を穴のあいた壁越しに接触させると、相互に同調が起こる。これは行動リズムでみた実験によっても観察されている。同調を引き起こす要因として、接触給餌や集団が生みだす温度あるいは化学的な刺激の可能性が考えられている。

人のような動物は、みずから自分の意志で光環境を制御できる。人間以外でも動物を訓練すると、スイッチを切ったり入れたりさせる自己選択による明暗サイクル実験を行うことができる。たとえば哺乳類のツパイを暗室内で、飼育箱の照明をみずから点滅させるように訓練すると、行動において概日リズムが認められる。ミツバチの集団でも、このような明暗の選択をさせて、リズムの周期がどのように変わるかを調べた人がいる。その結果、集団で、そのような選択をさせると、個体のときよりも有意に周期が短いことが分かった。また個体では全暗条件で周期が一番短く（二二・七時間）、全明条件では二四・三時間であった（図6[3]）。

この実験の場合、暗所といっても入り口から光りがさすので、完全な暗黒になっているわけではない。暗箱からの出入りはおそらく採餌活動のリズムを表しているもと思えるが、個体と集団で周期に差があるということは、個体間相互作用が時計の動きに影響していることを示している。実際にこのような集団から個体を単離してリズムを調べると、統御されて一定の範囲にあった活動帯は、個体ごとに分散してしまう。すなわち、個体ごとの時計のバラツキを集団になることによって押さえている

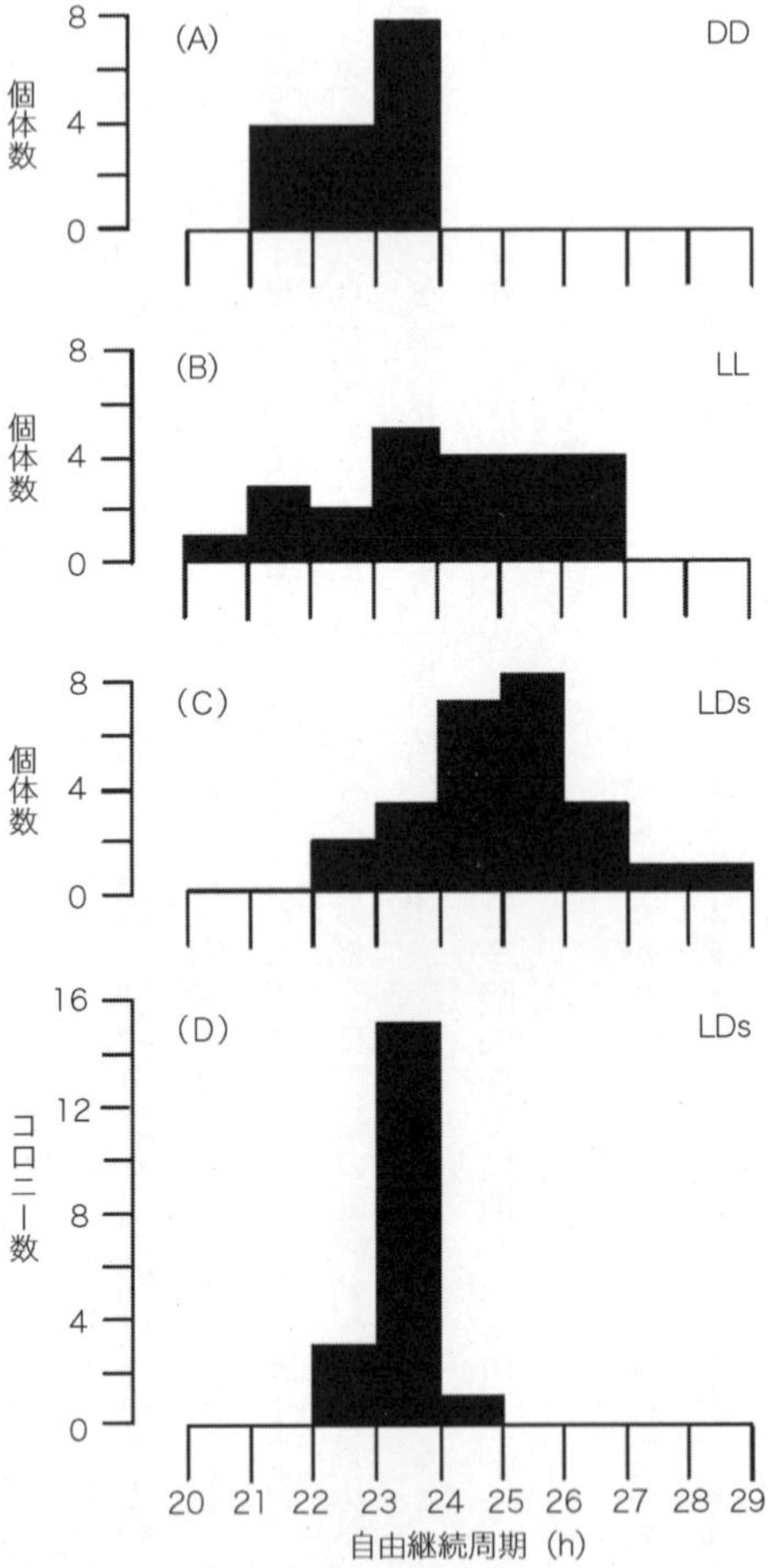

図 6　個体と集団レベルでの活動に関する自由継続リズム．（A）（B）（C）はそれぞれ全暗（DD），全明（LL）および明暗選択条件（LDs）下で，単離個体の自由継続周期（τ）を測定した．（D）は集団のワーカーのτを明暗選択条件でみたもの．B. フリッシュと N. ケニガー[(3)] (1994) を改写して描く．

ことになる。

ミツバチの社会を統合・維持するメカニズムについては、いわばＮＨＫの時報が日本社会の時間を統合しているように、コロニー全体の行動や状態を、中央集権的に支配する物がいるというヒエラルキー説がある。ミツバチコロニーでヒエラルキー的な統御をするものがいると仮定すると、それは直感的に言って女王蜂であろう。女王蜂が出す一種のフェロモンがコロニーの秩序を維持しているが、女王蜂をコロニーから突然取り除くと、いままで整然と巣内の仕事をしていた働き蜂たちが、ザワザワと騒乱状態になる。

実際に集団のリズム制御に女王蜂の存在が関係していることを示唆する実験がある。セイヨウミツバチの巣箱全体の酸素消費量（代謝活性）を計ると、全暗条件で自由継続する概日性リズムがみられる。巣の条件を変えてリズムの位相をずらした二つのコロニーの女王蜂を入れ替かえると、入れ替えた女王蜂の位相に合わせて集団のリズムを示す。女王蜂のかわりに働き蜂を入れても影響ないので、女王蜂が出すなんらかの刺激が関係しているらしい。

時計遺伝子とは

体内時計による概日リズム生成機構は、特殊な細胞内でおこる生化学的プロセスであることが明らかになっている。そのプロセスに関わるタンパク質をコードする遺伝子を時計遺伝子（clock gene）という。時計遺伝子の一つピリオド *period*（*per*）は、R・コノプカとS・ベンザー（1971）がキイロショウジョウバエを材料に世界で初めて同定したものである。当時は時計を支配する遺伝子を同定することなど、とても可能とは思われていなかった時代である。いまではキイロショウジョウバエは分子生物学のモデル材料として、その全遺伝子が解明され多くの有用な突然変異体や遺伝子組み換え体が研究に利用され、概日時計を遺伝子と分子レベルで研究する優れた実験材料となっている。

概日振動は体内のごく限られた細胞内で、時計遺伝子とそのタンパク産物のフィードバック機構によって発生する。この振動が基になって、下流にある多数の遺伝子を振動させ、生理的には内分泌から活動、睡眠覚醒にいたる多様な現象として表出される。

分子レベルでは、動物のほとんどの概日的なリズム現象に *per* 遺伝子が関与している。概日時計の振動機構は、一種のフィードバックループに組み込まれた、*per* 遺伝子の周期的発現に基づくと説明されている（図７）。ショウジョウバエでは転写を活性化する時計遺伝子産物（転写と翻訳などのプロセスを経て細胞内で作られる蛋白質）CLOCK（CLK）とCYCLE（CYC）のヘテロ二量体（種類の違うタンパク質が弱い化学結合によりくっついた物）が、*per*と別の時計遺伝子の*timeless*（*tim*）の上流域にある遺伝子のE-box（CACGTG）と呼ばれる調節領域に結合し、これら遺伝子の転写を活性化する（図7a）。これは昼の後半から夜の前半にかけておこり、この転写で生成したmRNAから翻訳されたタンパク質のPERIOD（PER）とTIMELESS（TIM）は、夜の後半に細胞質から核に移行する。そして核内でPERとTIMの二量体はCLKとCYCの二量体に作用して、その転写活性能を抑制する。この抑制によりPERタンパクとTIMタンパクが減少する。その結果、しばらくすると、またCLKとCYCによる転写の活性化が起こり、PERとTIMの合成が盛んになる。以下同様に、このようなフィードバックサイクルが、約二四時間の周期で繰り返されるわけである。

ところが二一世紀に入って、これ以外にもう一つのフィードバック系が共役していることが分かってきた。そこではCLKは*vri*遺伝子上流のE-boxに作用し、VRIが生じる。この産物は、CLKの転写を抑制する。この二つのフィードバックループが巧みにカップリングしてリズムが生み出される。またリズムを同調する光受容にフラビンタンパクのCRYPTOCHROME（CRY）という分子が関わっていることも分かっている。

ショウジョウバエ以外の動物で概日リズムの分子的メカニズムがよく分かっているのはマウスである。これの詳しい研究の結果、この種の時計の分子部品はハエのそれと少し違っていることが分かっ

a）ショウジョウバエ型

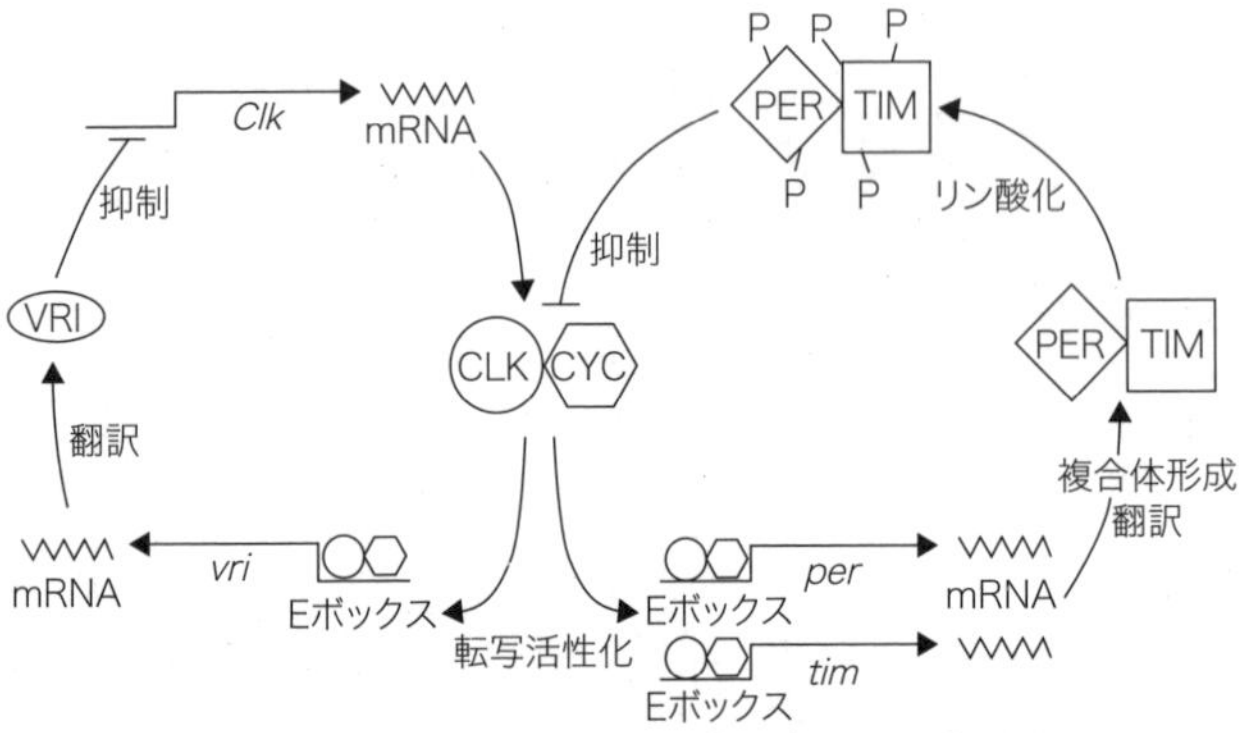

b）ミツバチ、マウス型

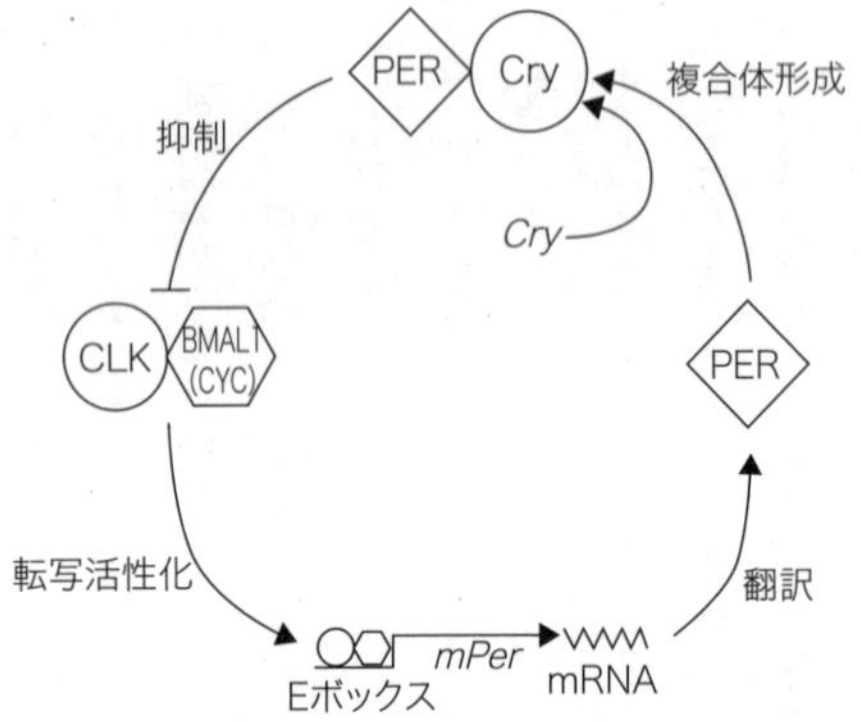

図 7　ショウジョウバエ型とマウス・ミツバチ型の概日時計の分子機構の模式図.

た。例えばPERIODは三種類あり、これと二量体を形成するのはCRYである。*cry* mRNAは*per* mRNAと同じ位相で概日的に振動する。フィードバックループによる時計システムを作っている点ではハエと同じであるが、部品の使い方が違っている(図7b)。

ミツバチの時計遺伝子の特色

筆者らはニホンミツバチで*per*のcDNA(mRNAから逆転写酵素で合成した相補的DNA)をクローニングし、少なくとも二種類のスプライシングバリアント(mRNAを作るときに編集の仕組みで種類の違うmRNAができ、その結果一一二四アミノ酸と一一一六アミノ酸の翻訳産物ができる)が存在することを明らかにした[4]。脳内でこれの*per* mRNA量は日周変動を示し、昼と夜でその割合が異なった。また脳と筋肉での*per* mRNA量の変動パターンは一八〇度、位相が逆転していた。この事実はPERがフィードバックループの一員であることを示しており、それぞれのバリアント産物が、組織毎に違った生理的役割を備えていることを示唆している。ミツバチの活動量、筋肉の温度変化サイクルといった現象に、この遺伝子の発現がどのように係わっているのかは、今後の興味ある研究課題である。

イリノイ大学のG・ロビンソンらもセイヨウミツバチを用いて、活動リズムを示す採餌バチと示さない若齢バチの脳内 *per* mRNA を比較すると、いずれも昼低く夜高いパターンを示すが、全般として採餌バチのレベルの方が数倍高いことを見いだした。社会的環境のような要因が、脳内の *per* mRNA のレベルに影響していると考えられている。

昆虫の中でも、双翅目のショウジョウバエと膜翅目のミツバチは比較的近縁であるので、これらの時計の分子的機構はあまり違わないものと考えられていた。しかし、ミツバチのゲノム計画が進み、ほぼ全遺伝子配列が明らかになり、これをもとにハエの時計遺伝子と相同の遺伝子を調べた結果などから、不思議なことにミツバチの分子時計は、ハエよりも哺乳類のマウス型に近いことが最近の研究で明らかになった[5]。昆虫の祖先種は、どうやらショウジョウバエ型と哺乳類（マウス）型の二種類の時計遺伝子セットを備えていたようだが、二手に分かれて進化し、理由はよく分からないが、ミツバチはマウス型のセットを備えたようである（図7b）。

*

ミツバチのリズムを支配する概日時計が、その生活や行動において巧妙に利用されていることが理解できたと思う。ミツバチの全遺伝子を解読するミツバチゲノムプロジェクトを背景とした時計の分子レベルの研究は、他の動物の時計機構と同様にフィードバックループの存在を示唆している。ミツバチの主時計が、体のどの部位に存在するかといった研究は現在も進行中であるが、脳の特殊な細胞（群）が舞台であろうと推定されている。また筋肉のような組織でも*per*が発現し、そのレベルが振動しているので、末梢組織にも振動体が存在している可能性がある。時計の「針」としての行動と、そういった時計細胞からの情報が、どのように連動しているのかも、まだよくわかっていない。ミツバチは、時間—空間—記憶—行動が関わる「意識の進化」の優れた研究材料として今後もますます注目されるであろう。

第2節　魚類の多様性とオプシン遺伝子

源　利文・清水　勇

地球上には、およそ三万種の魚類が生息するといわれている。彼らは海、川そして湖と、あらゆる水域にその生息環境を拡大させ、適応してきた。彼らが適応しなければならない環境因子の一つに光がある。

例としてバイカル湖における水中の光が、深度毎にどのように変化するかを調査したグラフを図1に示す。地点Aはバイカル湖の南湖盆、セレンガ川の河口付近の水深三〇メートル程度の地点で、水の濁度は高い。一方の地点Bは地点Aから一〇キロメートルほど沖に出た地点で、透明度は非常に高い。どちらの調査点も水面に降り注ぐ光のスペクトルは同じであるが、水中の光スペクトルには大きな違いがあることがわかる。地点Aにおいては、既に水深二・五メートルで、ピークとなる波長域でも表層の三分の一程度の光しか存在せず、光波長のピークも五八〇ナノメートル付近と長波長よりに偏っている。これに対して地点Bでは、より多くの光が深層まで透過しており、波長ピークは五〇〇

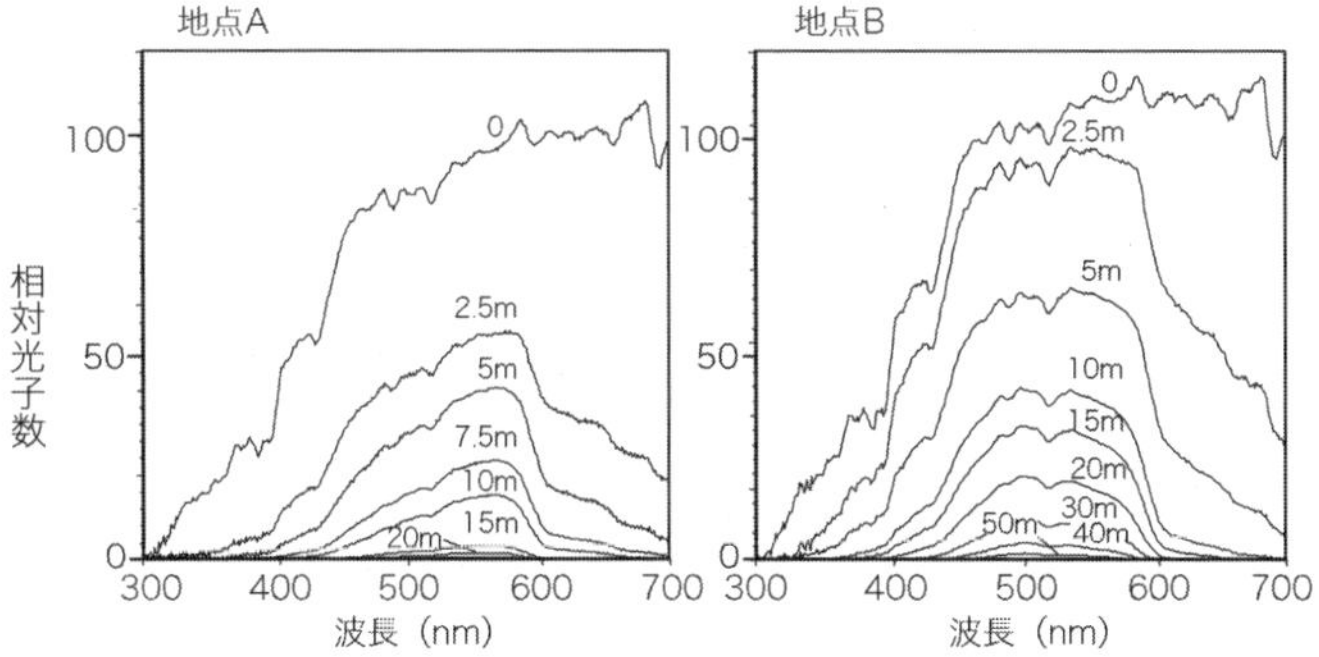

図1　バイカル湖の２地点における環境光スペクトル．各深度において真上から降り注ぐ光のスペクトルを，分光スペクトルメーターを用いて測定した．地点Ａはセレンゲ川の河口付近．地点Ｂは地点Ａから10kmほど沖合の地点．

ナノメートル付近である。同じ湖の、ほんの一〇キロメートルほどしか離れていない二点の間であるが、その光環境には大きな違いがあることがわかる。淡水か海水か、富栄養か貧栄養かなどの条件により光の透過特性が異なるうえ、深さに応じて光の全体量も波長スペクトルも変化する。地球上の水域は、それぞれ独自の光環境を示すので、動物や植物は生存のために、様々な光環境に適応する能力が要求されてきた。

実際、魚類は多様な光環境にうまく適応してきた。たとえば表層に暮らす魚は、広いレンジの光を識別できる優れた色覚（color vision）を持ち、深海魚の多くは、わずかに存在するごく微量な光を検出できるよう特殊化した目を持つ。生涯に海と川を行き来するウナギやサケの仲間など、その環境の変化に応じて視覚システムを変化させるものもいる。

このように、視覚の多様化は魚類の生息域拡大および各生息域の光環境への適応に大きく貢献しており、その種としての多様性を生み出す原動力にもなったと考えられる。この項目では、魚類の多様性を生み出し維持する機構としての視物質（visual pigment）遺伝子の役割を、バイカル湖のカジカ類やアフリカ古代湖のシクリッド（スズキ目カワスズメ科）、そして私たちが研究を進めてきたアユを例にとって具体的に解説したい。

魚類の視覚システム

視物質遺伝子の話に入る前に、魚類の視覚システムについて概説しておこう。魚類の目の構造は、基本的にヒトと同じである（図2）。光は目の角膜やレンズを通って網膜に届く。網膜上には視細胞と呼ばれる、光を感受するための細胞が並んでいる。視細胞には明暗識別に関わる桿体細胞（rod cell）と、色覚に関わる錐体細胞（cone cell）の二種類があり、錐体細胞はさらに短錐体、長錐体など形状の異なるいくつかのタイプに分けられる。各タイプの錐体細胞にはそれぞれ異なる視物質が存在し、それぞれ異なる波長の光を感受している。

魚類を含む脊椎動物は、錐体視細胞が役割を分担することで色覚を獲得した。視細胞の中で光を直接受容するのは視物質と呼ばれる複合体である。視物質はビタミンAの誘導体であるレチナール（retinal）と膜タンパク質であるオプシン（opsin）が結合してできている。光は発色団のレチナールでとらえられるが、どのような波長の光をとらえるかは、レチナールの種類とオプシンのアミノ酸配列によって変化する。たとえるならレチナールがアンテナであり、オプシンがチューナーとしての役割を担う。

魚類が用いるレチナールには、ビタミンA_1の誘導体であるA_1レチナールと、ビタミンA_2の誘導体で

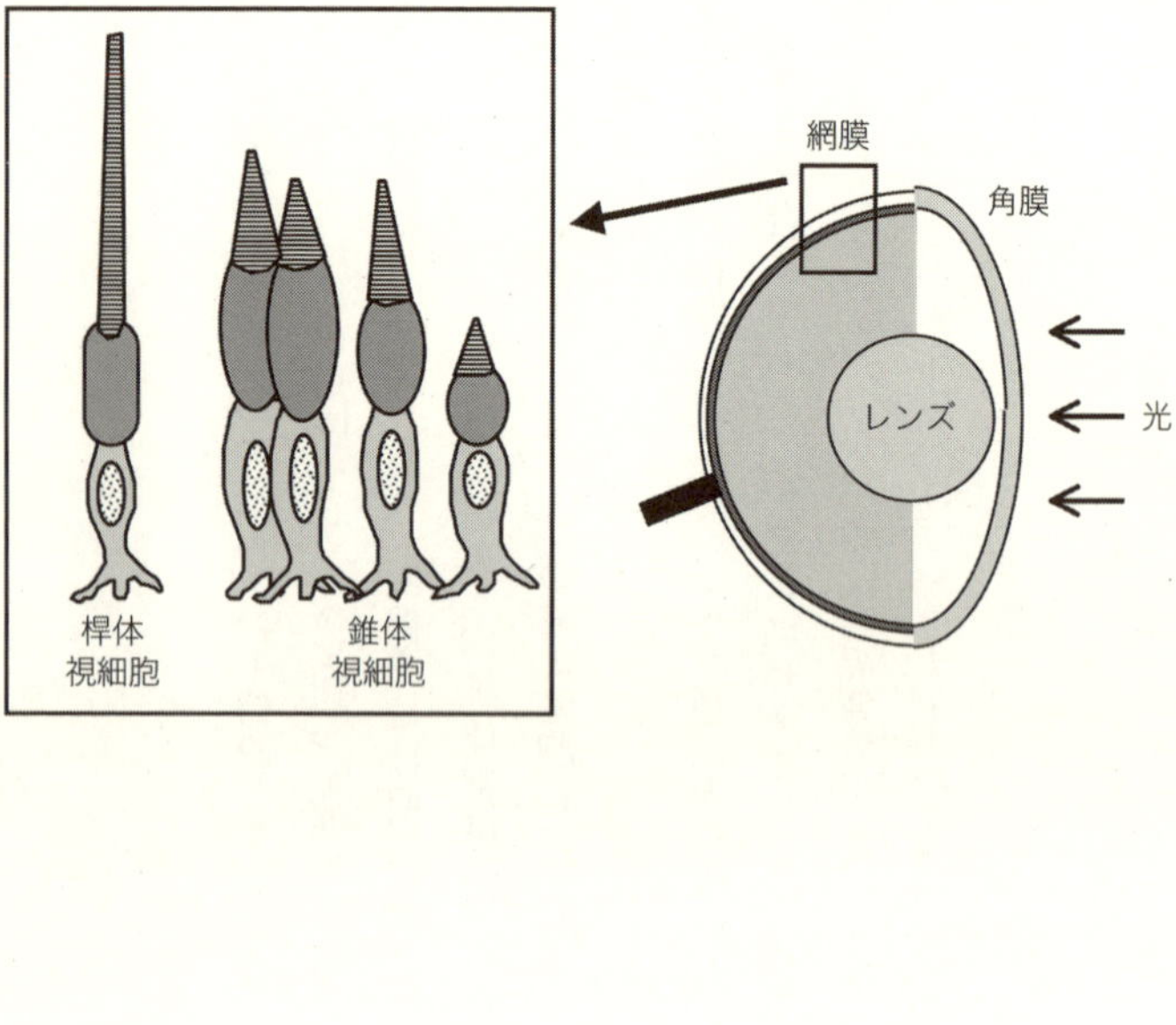

図 2　魚類の目の模式図．角膜，レンズを通った光は網膜上の視細胞で感受される．視細胞には桿体視細胞と，複数種類の錐体視細胞があり，網膜上に整然と並んでいる．

あるA_2レチナールの二種類があり、A_1レチナールを用いた場合、吸収極大波長（視物質が最も良く吸収する波長）はA_2レチナールを用いた場合より短波長側（紫、青色側）にシフトする。一方視物質のタンパク質部分であるオプシンは、約三五〇アミノ酸から成る膜タンパク質であり、細胞膜を七回貫通する構造を取る（図3）。オプシンのアミノ酸配列の置換は、視物質の吸収特性に変化を与え、たった一つの置換で一〇〜一五ナノメートルもの吸収極大の変化がおこるアミノ酸残基もある。魚類はこのような視覚システムを巧みに使い、多様な光環境に適応している。

魚類の視覚適応機構

魚類が、進化の過程であるいは個体発生の過程で、その視覚を変化させる手段としては、主に「レチナールの種類を変える」、「オプシンのアミノ酸配列を変化させる」、「使用（発現）するオプシンの種類と組み合わせを変化させる」、の三つの方法がある。ここでは、これらの三種類の方法について簡単に説明しよう。

まず、「レチナールの種類を変える」方法であるが、先に述べたように魚類の使うレチナールにはA_1レチナールとA_2レチナールがあり、それぞれ吸収波長が異なる。海水魚はほぼすべてA_1レチナール

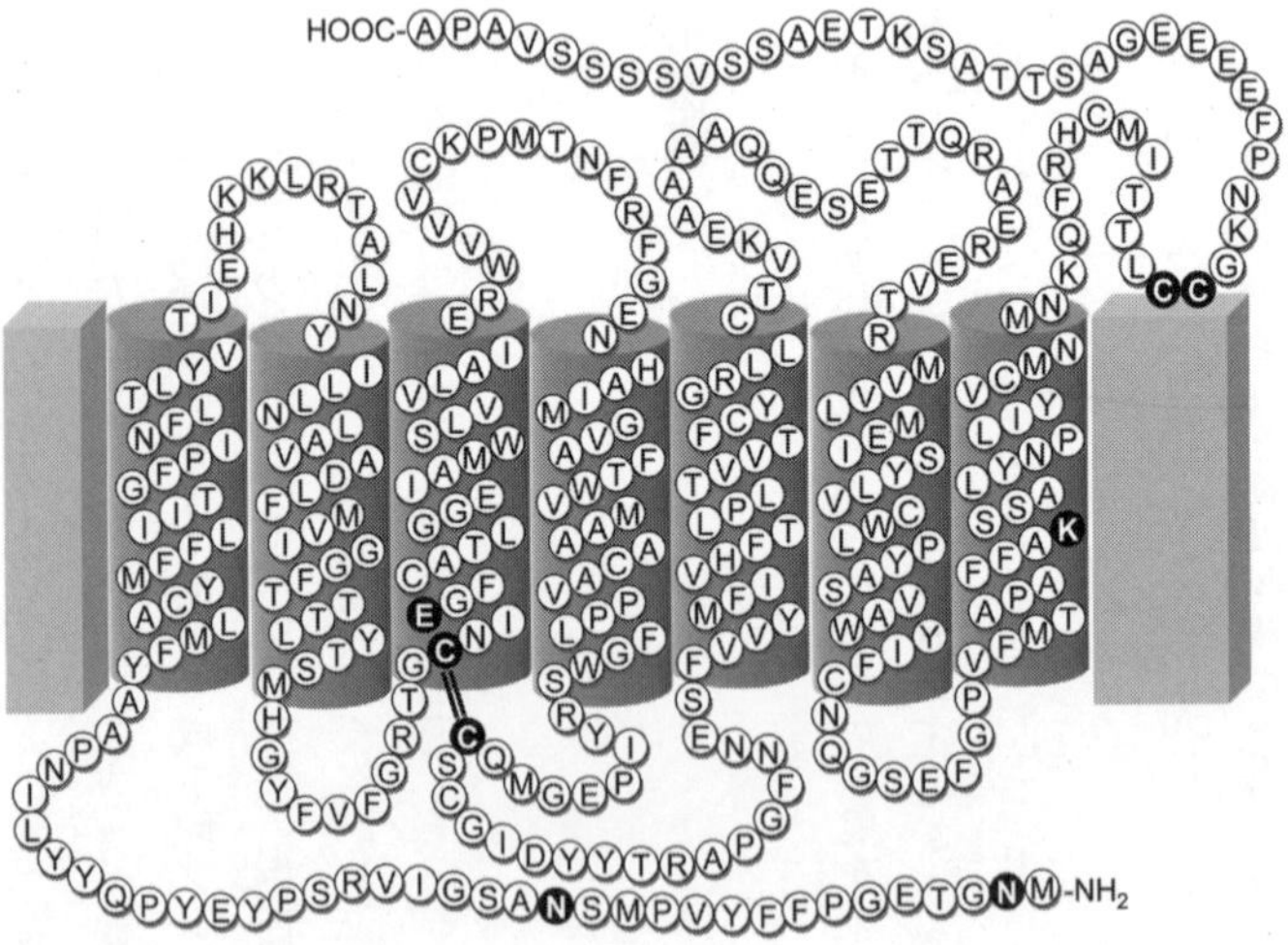

図 3　アユのロドプシンタンパク質の模式図．オプシンは細胞膜を 7 回貫通する膜タンパク質である．アルファベットはひとつひとつのアミノ酸残基を示し，白抜きはオプシンとしての機能に特に重要なアミノ酸残基を示す．

のみを用い、A_2レチナールは淡水魚や、淡水と海水を往き来する魚類、汽水性の魚類に見られる。昔からよく知られているのはサケ類の例で、海ではA_1レチナールが多く、その桿体細胞は約五〇三ナノメートルに吸収極大を持つ視物質で占められるのに対して、川に遡上するとA_2レチナールの割合が増え、最終的には桿体細胞では約九〇%が五二七ナノメートル付近に吸収極大を持つ視物質へと換わる。ウナギ類でも川から海へと降る際に、これと逆の現象が起きることが知られている。この現象は、淡水域よりも海のほうがより短波長の光が豊富であることと対応していると考えられる。また、純粋に淡水域だけで生活をするウグイの仲間やオイカワなどでも、レチナールの割合が季節によって変動することが明らかになっている。このようなレチナールの交換による吸収波長の変化が魚類の視覚適応の一翼を担っていると考えられる。

オプシンのアミノ酸配列や使用パターンについて述べる前に、オプシン遺伝子の分子進化について簡単に解説しておこう。魚類の視物質には桿体視物質と錐体視物質がある。それぞれの視物質のタンパク質部分は桿体オプシンおよび錐体オプシンであり、錐体オプシンには主に赤、緑、青および紫外線を受容する四種類のオプシンがある。もともと一種類の錐体様の祖先オプシンから遺伝子重複によって四種類の錐体オプシンが生み出され、さらに緑受容オプシンの遺伝子重複により桿体オプシンがうまれたと考えられている。後で詳しく述べるが、魚種によってはさらに多くのオプシンを持つものもいる。たとえばウナギ類は二種類の桿体オプシンを持つことが知られる。また、メダカは八種類の錐体オプシンを持つことが報告され、筆者らが研究したアユでも、少なくとも五種類の錐体オプシンの存在が明らかになっている。

次に、「オプシンのアミノ酸配列を変化させる」という方法であるが、魚類の視物質は近紫外光から赤色光までの吸収極大を持ち、これらの吸収特性を決定するのは、オプシンタンパク質のアミノ酸配列である。たとえば、ウシの桿体オプシンの八三番目や二九二番目に対応するアミノ酸の置換は、それぞれ一〇ナノメートル、一五ナノメートルの波長シフトをもたらすことなどが知られている。つまり、脊椎動物の視覚システムでは、少数のアミノ酸を置換することで波長感受性を変化させることができ、それを利用して光環境に適応的に進化してきたと考えられるケースが知られている。

最後に、「オプシンの使用パターンを変化させる」方法についてである。上述のように魚類の中はそのゲノム中に多くのオプシン遺伝子を持つ。それぞれの吸収波長は異なっていることが多く、それらのオプシンを環境に応じて使い分けていると考えられる例も報告されている。以下ではこれらのオプシンの変化やオプシンの使い分けが種分化の一因となったと考えられる例を具体的に述べていこう。

バイカルカジカの棲み分けと視覚適応

シベリアのバイカル湖は世界最古の淡水湖であり、その水深は最も深いところでは一六〇〇メートルにもなる。透明度の高い、世界で最も美しい湖の一つである（図4）。ここには世界で唯一の淡水アザラシであるバイカルアザラシをはじめ、様々な固有種が生息している。なかでも魚類のカジカ類は深度ごとに、多くの種が棲み分けていることで知られる。

カジカ類は正確にはカサゴ目カジカ亜目の総称であり、その最大の特徴は鰾（うきぶくろ）がないことである。世界には約六〇〇種のカジカがいるといわれ、その多くは海洋性であるが、バイカル湖を含み淡水域に分布する種もある。バイカル湖には約三〇種のカジカ（cottoid fish）が生息し、そのほとんどがバイカル湖の固有種である。彼らの多くは底生生活者であるが一部遊泳生活を行う種もいる。バイカルカジカは浅所—深所、底生—遊泳と、水中の様々な空間に棲み分けを行うことで成功を収めた魚類である。

私たちはバイカル湖において湖中の光環境を知るべく、深度毎の環境光スペクトルを測定した（図1）。その結果、水深が深く透明度の高いところでは、深くなるにつれ青〜緑色付近の比較的短波長の光が多く、流入河川の河口付近など水深が浅く透明度の低いところでは緑〜赤色付近の比較的長波

図 4　夏のバイカル湖．湖上より南湖盆の西岸，リストビアンカ付近を望む．

長の光に富むことがわかった。水面近くから深く進むにつれて、そこに存在する光は次第に短波長側へとシフトしていくということである。バイカルカジカは、このような光環境を持つバイカル湖において、水面近く(水深一～五メートル)から水深一〇〇〇メートル以上のごく深いところまでに幅広く分布している。このような分布域の拡大には光環境への適応が必要であると考えられ、J・K・バウメーカー(Bowmaker)らによって、その分子的機構の研究が進められてきた[1]。

彼らは、様々な環境に生息するカジカ類から代表として一一種を用い、その桿体視物質の吸収波長を調べた。すると、その生息環境と視物質の吸収波長の間には明らかな関連が見られた。桿体視物質の吸収極大波長は五つのグループに分けられ、それは生息域が表層付近から深くなるにつれ五一六、五〇五、四九五、四九〇、四八四ナノメートルへと段階的に短波長側にシフトしたのである。先に述べたとおり多くの淡水魚で視物質の吸収極大は、用いるレチナールの種類によって変化するが、バイカルカジカはA_1レチナールのみを用いることが知られており、ここで見られた吸収波長の変化はオプシンのアミノ酸配列の変化によるものと考えられる。

そこで、分子生物学的な手法を用いてオプシンのアミノ酸配列が調べられ、比較された。その結果吸収波長の変化はオプシンの八三、二九二、二六一番目のたった三箇所のアミノ酸変異だけで説明された(図5)。また、オプシン遺伝子の分子系統樹からは一一種の共通祖先は五〇五ナノメートルに吸収極大を持つ桿体オプシンを持ち、各グループの吸収波長は、それぞれ一つのアミノ酸変異によって変化したものであると結論づけられた。さらにバウメーカーらは桿体オプシンのみならず、青色受容の錐体オプシンについても同様の研究を行い、やはり水深が増すにつれて短波長にシフトする傾向を発見した[2]。

この現象を最も単純に説明するなら、バイカルカジカはオプシン遺伝子のわずかな変異を用いて、深くなるにつれて青くなる光環境に適応したといえる。ただし、青色受容の錐体視物質に関していえば、深層に住むカジカ類の吸収極大は約四三〇ナノメートルであるが、その付近に降り注ぐ光のピークはそれより長波長である。つまり、単純に環境光の波長に近づくというだけでは説明がつかない。この事実に対しては、以下の様な説明がなされている。光の非常に乏しい環境では光シグナルに対してノイズの割合が増えると考えられる。視物質のノイズは吸収極大が短波長になるほど減少するため、深層に生活する種ほど短波長よりの視物質を持つことでノイズを減少させているのである。いずれにしてもその環境にもっとも適した視物質を獲得したことが生息域拡大の大きな要因となったのであろう。

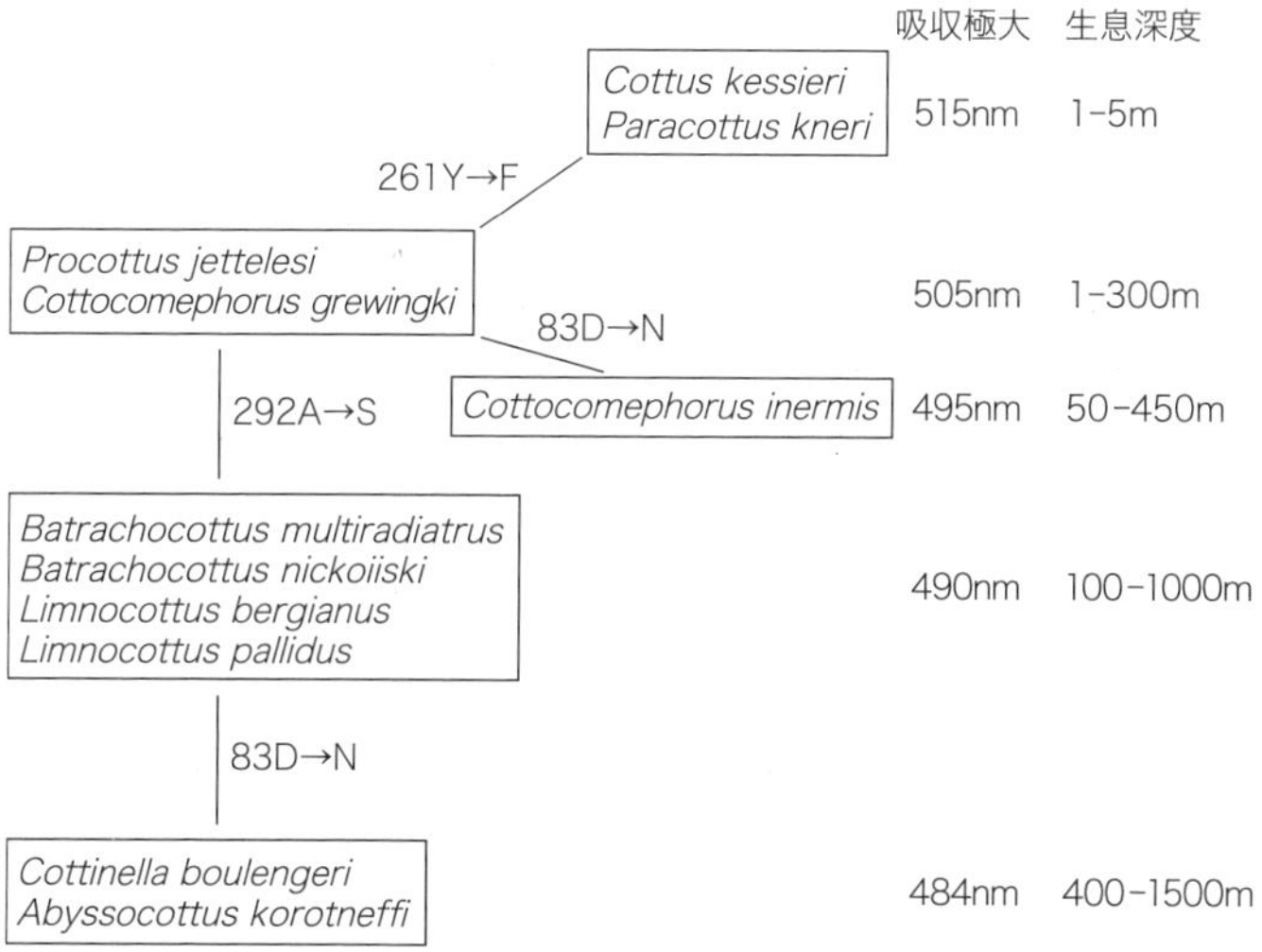

図 5　バイカルカジカの生息深度と桿体オプシンの吸収極大波長の関係．261Y → F は，261 番目のアミノ酸残基が Y（チロシン）から F（フェニルアラニン）に置換したことを示す．各グループ間の吸収極大の違いは，それぞれ一つのアミノ酸残基の置換によることが，遺伝子解析によって明らかになった．アミノ酸の省略記号は以下の通り，A: アラニン，D: アスパラギン酸，N: アスパラギン，S: セリン．ハント（Hunt）ら [1]（1996）に基づいて描く．

アフリカ古代湖におけるシクリッドの爆発的種分化と視覚の進化

アフリカ大陸の東側には南北に走る大地溝帯が存在する。この巨大な大地の裂け目に水がたまり、ヴィクトリア湖、タンガニイカ湖、マラウイ湖に代表される湖沼が生まれ、それらはアフリカ古代湖とも呼ばれている。アフリカ古代湖にはバイカル湖同様に多様な生物が生息し、その多くが固有種である。ここで成功をおさめ繁殖しているのは、カワスズメ科の魚類で、総称してシクリッド（cichlid）と呼ばれている。彼らはバイカルカジカと同様に短期間に爆発的な種分化を遂げ、驚くほど多くの種が生まれた。たとえば、マラウイ湖では約一五〇万年の間に一〇〇〇種のシクリッドが出現したといわれている。シクリッドの雄は非常に多彩な模様を示し、彼らの爆発的な種分化は雄の模様に対する雌の選好性による性選択の結果であるとする説が有力である。カラフルな模様を選ぶためには模様を識別しうる視覚が必要であると考えられ、シクリッドの模様と視覚システムの関係は種の形成の観点から重要で、研究が進んでいる。

シクリッドの多くの種において、色覚を担う錐体細胞は三種類ある。古くから研究されてきたプロクロミス属シクリッドの三種類の錐体細胞は、それぞれ赤―緑―青の三色を担当すると報告されている。K・L・カールトン（Carleton）らはマラウイ湖のムブナと呼ばれる岩場に生息するシクリッドのうち、マトリアクリマ属のシクリッドが紫外線（UV）感受性の錐体細胞を持つことを発見した。この事実に興味を持った彼らは、さらに対象を広げて研究をすすめた。[3] シクリッドは一般に藻類食であるが、マトリアクリマ属のシクリッドはプランクトン類も採餌する。そこで、同じムブナでもほとんどプランクトンを採餌しないラベオトロフェウス属のシクリッドや、砂場性のシクリッドであるディミディオクロミス属の魚、シクリッドと近縁で世界中に分布するティラピアなどを用いて比較研究を行った。その結果、どの種もゲノム中には赤、緑、UV感受性オプシン遺伝子を、それぞれ少なくとも一種類、青色感受性オプシン遺伝子を少なくとも二種類持ち、合計で少なくとも五種類の錐体オプシン遺伝子を持つことが明らかになった。

三種類しか錐体細胞を持たないシクリッドやティラピアは、五種類以上のオプシンをどのように使っているのであろうか？　実際、その答えは興味深いものであった。岩場性のムブナはその食物の違いにかかわらず特殊なパターン、すなわち緑—青—UVの視覚システムを持ち、一方砂場性のシクリッドやティラピアは、これまでによく知られている赤—緑—青のパターンであった。つまり、彼らは少なくとも五種類の視物質から必要に応じて、三種類を選んで利用しているのである（図6）。系統解析の結果などとあわせると、おそらくは砂場性で赤—緑—青のパターンを持つことが、祖先的な性質であり、その中から赤色の代わりにUVを知覚できる種（ムブナ）が誕生した。UV感受能は明るい岩場における捕食、定位、コミュニケーションなどで優位性を与えたのであろう。また、この新

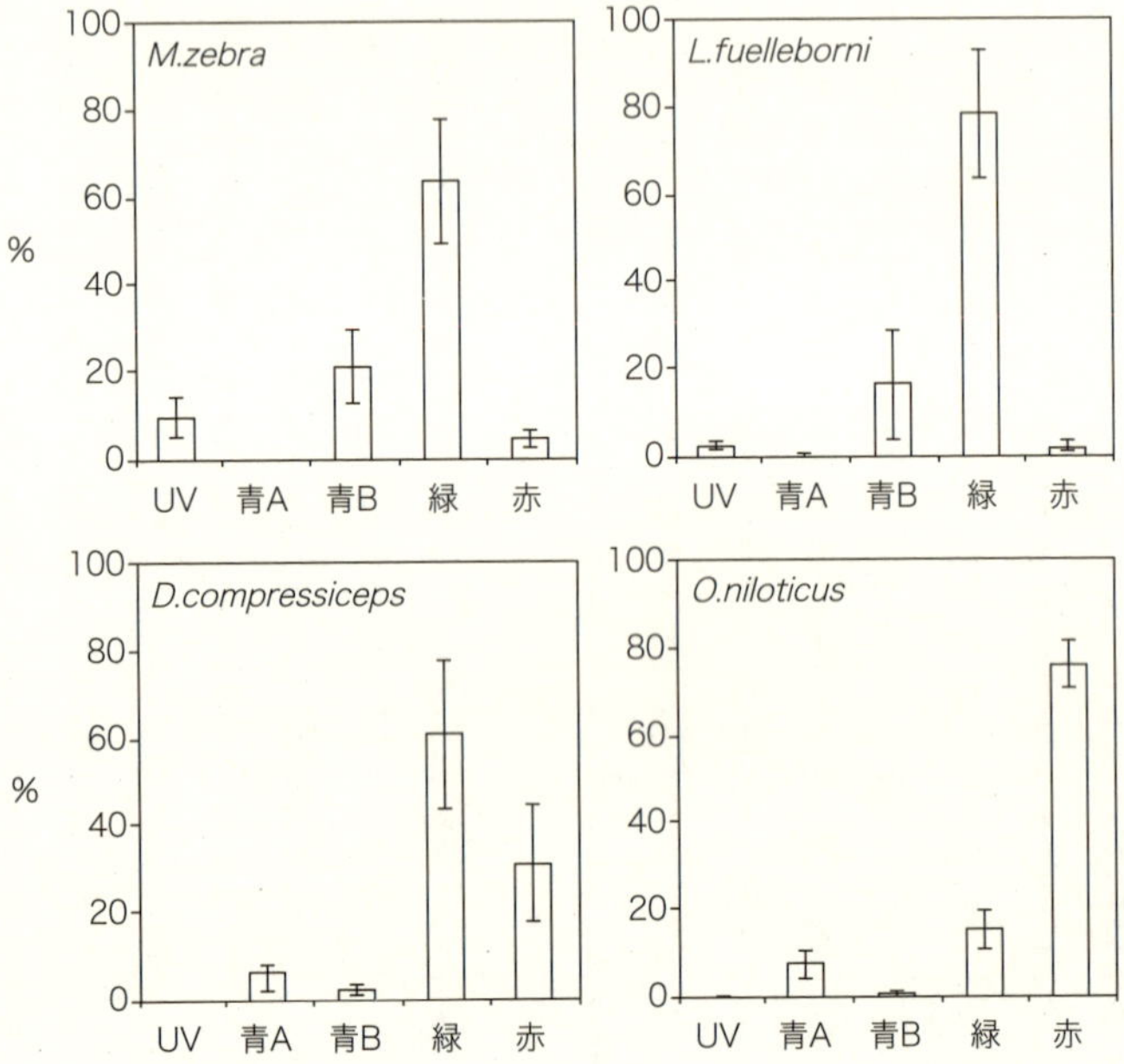

図 6　マラウイ湖シクリッドおよび近縁種の錐体視細胞における各オプシン遺伝子の発現量の割合．ムブナの *M. zebra* や *L. fuelleborni* では緑－青－UV オプシン遺伝子を主に利用しているのに対し，砂場性のシクリッド *D. compressiceps* や近縁種のティラピア *O. niloticus* では赤－緑－青のオプシン遺伝子を利用している．K・L・カールトンとT・D・コッヘル[3] (2001)に基づいて描く．

たな視覚システムは、ムブナに青―黄色の識別能を与えたと考えられる。実際に雄のムブナの模様は、UVを反射する青色と黄色のパターンが多く、色覚の変化と体色の変化が平行して起きた可能性が強く示唆される。

ここでは、色覚と体色が平行して進化しつつあると考えられる、もう一つのケースを、ヴィクトリア湖のシクリッドを例に解説しよう。上述の通りシクリッドは様々な体色を示し、その多様性は種内においても見られる。たとえば、ネオクロミス属の魚は同種であっても、その生息域によって雄の婚姻色が異なり、黄色や赤色の明るい婚姻色を示す個体や、ほぼ黒一色の個体などが存在する。岡田典弘教授（東京工業大学）らの研究グループは、ヴィクトリア湖のシクリッドについて、生息環境―婚姻色―オプシン遺伝子の関係を解析し、興味深い結果を報告している。[4]それによると、ネオクロミス・グリーンウッディーという種は、透明度の高い水域では比較的「地味」な婚姻色の個体が多く、その赤色受容視物質の吸収極大は、やや短波長よりであるのに対して、透明度の低い水域においては赤や黄色といった「派手」な個体が多く、赤色受容視物質はより長波長よりである。近縁の他の種においても（視物質の波長特異性は検証されていないものの）透明度―婚姻色―視物質変異の間に相関関係が観察されている。

この現象は、以下のように説明される。まずヴィクトリア湖の水は緑や青と言った短波長の光を良く吸収する。すなわちヴィクトリア湖においては透明度の低いところほど比較的長波長の光が比較的多いことになる（図1の地点Aに近いと考えて良い）。そのような環境で赤や黄色といった「派手」な雄は、より目立ち、生殖チャンスを拡大すると考えられる。一方、雌の立場から見てもより長波長の光にチューニングした視物質を持っている方が有利である。こうして、より「派手」な婚姻色と、より長波長を知覚できる視物質遺伝子は透明度の低い水域の集団中に固定されることになる。

現時点ではこれらの「色違い」の魚たちは自然条件でも交雑可能と考えられるが、時が経てばこれらの魚達は地理的な隔離と「視覚的な生殖隔離」により交雑不能になり、新たな「種」の誕生となるであろう。ここでも、体色の変化と視物質の変化は種の創出つまり多様性の創出に働きうると考えられる。他種あるいは他の水域の魚種においても、視物質の波長吸収特性やその遺伝子頻度と環境や体色との関係が詳細に調べられれば、このような現象が多様性創出の一つのメカニズムとして一般的であることが裏付けられるであろう。

ここまでのアフリカ古代湖における爆発的な種分化と視覚の関係を簡単にまとめてみよう。アフリカ古代湖の成立した時に周辺水域から取り残されたシクリッドの祖先種達は、豊かな湖の中で分布域を広げていった。当時の彼らの色覚は赤―緑―青の三色系だったと予想され、おそらくは雄の体色もそれほど派手ではなかったであろう。彼らが分布域を広げる中、マラウイ湖では明るい岩場に住み着いたシクリッドの中から色覚を緑―青―UVへと変化させた種（UV感受能を獲得した種）が現れ、それによって得られた様々な優位性により彼らは岩場で大いに繁栄した。一方のヴィクトリア湖では場所により透明度が異なり、その結果最適な「赤」の波長も異なっていた。一部のシクリッドは赤オプシンの吸収波長を変化させ、変化させなかった種が入り込めない水域へと分布域を広げていった。雌の視覚が変化したことにより、雌の好むパターンも変わり、これまでとは違うタイプの雄が最も「もてる」ようになることで、視覚の変化とカラーパターンの変化が平行して起こるランナウエイ(runaway)があったという説がある。

このようなことの繰り返しで様々な、カラーパターンのシクリッドが生まれ、年月を経るうちに、それぞれが別種となり、結果的に爆発的な種の増加を起こした要因の一つであると考えられる。これらの湖の中でもヴィクトリア湖は成立してから、まだ一万二千年程度しか経っておらず、未だ爆発的な種分化の途上にあると予想される。進化を直接観察できるこのすばらしいフィールドで、分子解析を利用した研究が盛んにすすめられており、その結果は多様性創出(種分化)機構の解明に寄与するものと期待されている。

アユの生活とその視覚

最後に、私たちがこれまで行ってきたアユの視覚に関する研究の内容を紹介したい。アユ(*Plecoglossus*

altivelis）はキュウリウオ目に属し（キュウリウオ目をサケ目の一部とする説もある）、海と川を往き来する両側回遊性の魚である。アユの系統的な位置づけに関しては古くから議論があり、以前は独立したアユ科であるとされていたが、現在ではワカサギやシシャモなどが属するキュウリウオ科の一員であるとするのが一般的である。私たちの行った分子系統学的な解析の結果も、アユがキュウリウオ科の一員であるとする説と矛盾しなかった。

秋に河口付近で生まれたアユは稚魚の時代を海で過ごし、春先に群を成して河川へと遡上する。河川の中流域まで上がったアユは櫛状歯と呼ばれる特殊化した歯を使って岩にこびりついた藻類をこそげ取って食べる。この時期になると、群れの中で強いアユは藻類の豊富な場所を独占しようと縄張りを形成する。夏の風物詩であるアユの友釣りは、縄張りを作るアユの習性を利用した釣法である。そして秋になると婚姻色を示し、いわゆる落ちアユとして川を下り河口付近に産卵して、その短い生涯を閉じる。このような一般的なアユを両側性の「海アユ」と呼ぶ。一方、琵琶湖とその流入河川には淡水域に取り残された陸封型のアユが生息している。琵琶湖のアユはさらに、川に上がることなく一生を湖で過ごす「コアユ」と、湖と川を往き来する「オオアユ」の二種類にわかれる。レチナール組成を分析した結果、「海アユ」におけるレチナールの組成変化と同様の変化が「オオアユ」においても見られ、かれらは視覚的にも琵琶湖を「海」と見立てて生活しているようである。

私たちはアユにおける視物質遺伝子の探索を網羅的に行い、アユの目や脳から、桿体オプシンと五種類の錐体オプシンの他に非視覚系光受容に関わると考えられるＶＡオプシンとエクソロドプシンのクローニングに成功した。[5][6][7] 五種類の錐体オプシンには、ＵＶを受容するオプシンと緑色を受容するオプシンが、それぞれ二つ含まれていた。ＵＶを受容するオプシンを二種類持つ種の存在は初めての発見である。これらの五種類の錐体オプシンと、ゲノム中に存在する可能性のある青色受容オプシンをあわせると、アユは少なくとも六色のオプシンを持つことになる。アユはこの六色からどの色を選択しているのであろうか？　そこで、各錐体オプシンがどの視細胞で発現しているのかを調べたところ、四種類の錐体細胞に、それぞれ赤、緑、緑、ＵＶを受容すると推定されるオプシンが主として発現していた。アユと同様四種類の錐体細胞を持つ他の魚類、メダカやゼブラフィッシュ、カレイでは赤―緑―青―ＵＶの四色が主であると考えられており、系統的に離れたこれらの魚類が同じようなパターンを示すことから、このパターンは魚類一般に共通すると考えられていた。しかし、アユの場合は別の種類の細胞で二種類の緑オプシンを利用している。このことはアユの生活と何らかの関係があるのであろうか？　これについては二つの仮説を考えている。（１）二つの「緑オプシン」のうち一方が変異によって吸収波長を短波長側にシフトさせ、実際には「青オプシン」として機能しており、アユの色覚は、一般的な魚類と同様の赤―緑―青―ＵＶの四色系である。（２）二つの緑オプシンはいずれも緑色を担当し、アユの色覚系はこれまで知られていない赤―緑―緑―ＵＶの四色系である。これらの仮説を検証するためには実際にオプシンの吸収波長を測定する必要があるが、私たち今後の課題

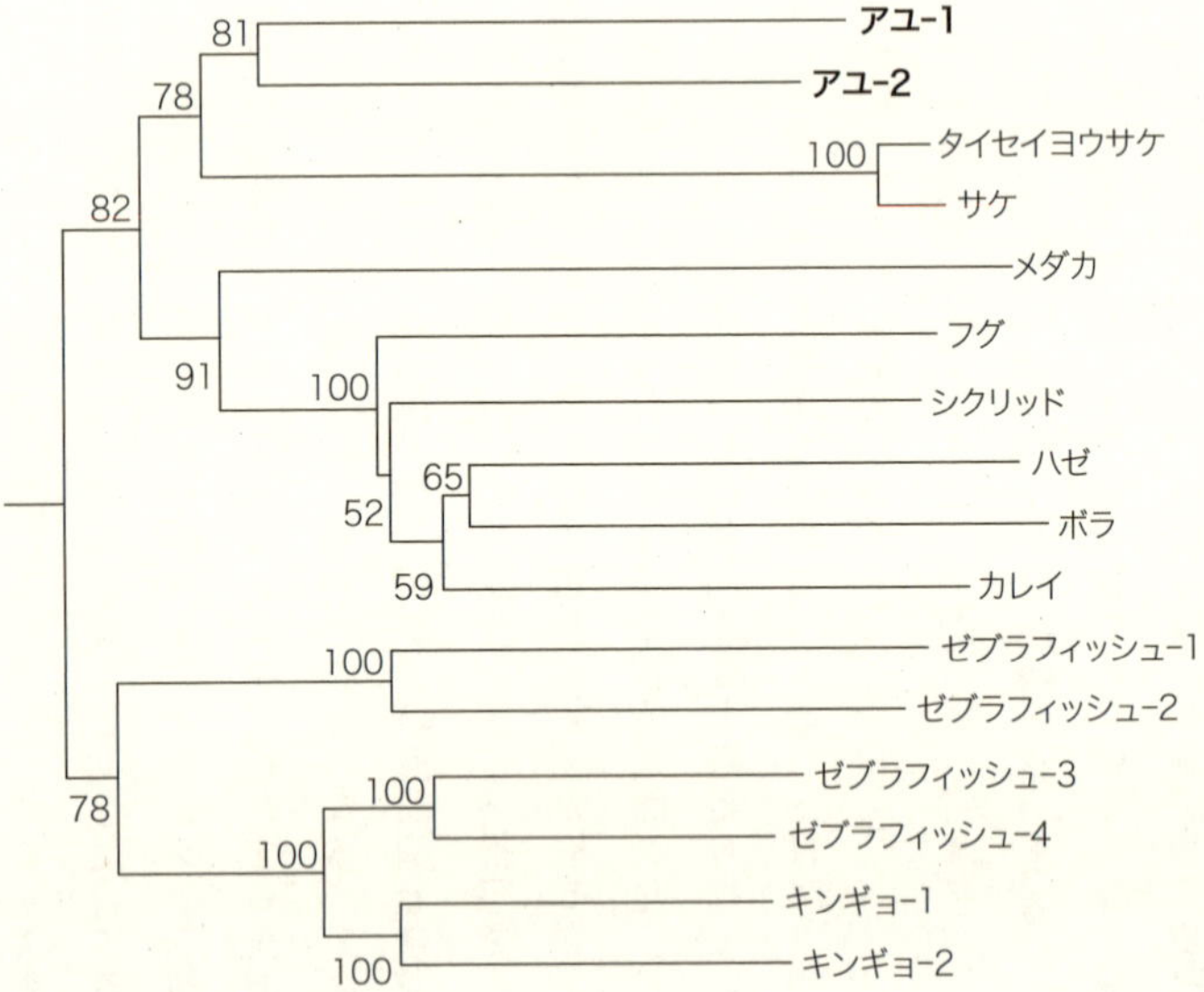

図 7　魚類の緑オプシンの分子系統樹．キンギョやゼブラフィッシュでの遺伝子重複とアユの遺伝子重複はそれぞれ独立に起きたことを示唆している．源と清水[7]（2005）に基づいて描く．

となっている。（2）の仮説の様に二つの緑色受容体をもっているとすれば、彼らは緑色の中でも細かな色の違いを検出できる可能性がある。ひょっとすると彼らは水中で様々な石の上の藻類をその微妙な色の違いで、見分けているのかもしれない。

このような複数のオプシン遺伝子の進化の過程を推定するため、分子系統樹を作成したところ、アユの二種類のUV受容オプシンはサケ目系統が分かれた後に遺伝子重複により現れたと考えられた。また、他の魚類でも複数の緑オプシンの存在はよく知られていたが、アユにおける二種類の緑オプシンは他の魚類における緑オプシンの重複とは独立の遺伝子重複によって生まれたと予想された（図7）。オプシン遺伝子の重複の結果生まれた複数のオプシンは、それぞれ異なる吸収波長を示す場合が多い。系統的に離れた種間で独立にオプシンの重複が観察されることから、魚類は一般に使用している色の種類以上の視物質遺伝子をゲノム中に用意しており、その発現パターンを自らの光環境に合わせて調整することで、光環境に適応していると思える。選択の組み合わせや、色の微調整といった視覚的な可塑性が、多様な魚類の形成・維持の重要な役割を担っていると私たちは考えている。

＊

ある生物の形や行動などの性質は、その設計図である遺伝子情報によって決められている。生物多様性の創出・維持とは遺伝子多様性の創出・維持と言い換えることもできる。そういう意味で遺伝子からの研究は、生物多様性の創出・維持機構の重要な知見をもたらすことが期待される。筆者らは視覚に関わるオプシン遺伝子の研究を通して、視覚の変化が多様性をもたらすメカニズムを探っており、本稿ではオプシン遺伝子の分子進化が多様性の創出に重要な役割を果たしたと考えられる例を紹介した。無論、多様性創出機構は視覚の問題だけで説明することはできない。たとえば、バイカルカジカが深部へと生息域を拡大させるためには、光環境に最適化するだけではなく、その水圧に耐えられる体の仕組みを備える必要がある。しかし、その過程で光に対する適応が重要な役割を担ったことは間違いないであろう。視覚研究以外でも生物多様性の創出・維持機構を探る上で、分子解析的手法は、今後も有用なものとなるであろう。

第3節 あなたの同位体はいくつ？
——同位体でわかる生物のつながり

陀安一郎

本節では、「同位体」を使った生態学についてのお話をするのであるが、まず私たちの日々の暮らしから考えてみたい。私たち人間が生きていくためには、食べ物を食べなければいけない。言うまでもないことだが、私たちの体は食べ物によって作られている。私たちが食べる食事は、野菜や果実などの植物、キノコなどの菌類、肉や魚などの動物といったように幅広い。しかし、これらはすべて植物が太陽エネルギーを用いて光合成した産物を出発点としている。キノコは、植物体を分解して体を作るので、もちろん植物体由来といえる。牧草などの飼料を食べた家畜が肉になり、魚は植物プランクトンや付着藻類を起点とする食物連鎖につながっている。つまり、私たちの体はもとをただせば、

二酸化炭素→植物→（動物）→人間

という経路をたどっていることが分かる。では、どのような物質が流れているのであろうか？　生物

の体を構成する元素は、バクテリアからカビ・キノコ、植物、動物、もちろん私たち人間も含めてほぼ共通であり、水素（H）、炭素（C）、窒素（N）、酸素（O）、リン（P）、イオウ（S）といった元素に加え、カルシウムやマグネシウムといったミネラル類で構成される。私たちは、食事からこれらの元素を取り入れているので、私たちも生態系の食物連鎖のなかに位置づけられることになる。同じように、地球上の生き物はすべて自然界の「物質循環」としてつながっている。この節では、このつながりを理解する一つの手段として、「安定同位体」と「放射性同位体」を用いた研究を紹介する。

安定同位体比とは何だろう？

地球上には一〇〇を越える元素が存在するが、それぞれの元素に「同位体」が存在することを、「化学」分野で教えられる。ただ、この「同位体」が生物学の研究や環境問題の解明に役に立つことはあまり知られていない。同位体とは、元素の性質を示す「陽子」の数は同じだが、「中性子」の数が異なるため、全体の重さ（＝質量数）が異なる原子を指す。多くのものは不安定であり時間が経つと崩壊するので、放射性同位体と呼ばれる（放射性同位体については、この節の後半で述べる）。しかし、この同位体の一部には安定に存在するものがある。それを安定同位体と呼ぶ（図1）。生元素のうち、水素（H）、炭素（C）、窒素（N）、酸素（O）、イオウ（S）といった安定同位体が生態学の研究でよく用いられる。これらの安定同位体の存在量は、生物の体のみならず吸収・排出される化学成分としても測定することができるため、物質の起源・生成機構や食物網内での各種動物の位置付けなどに関する情報を与える。残念ながらリン（P）には安定同位体がないため、重要な元素であるにもかかわらず安定同位体手法は用いることが出来ない。

ここでは、生態学でよく用いられる炭素と窒素の安定同位体について解説してみよう。地球上の炭素には、軽い方の同位体^{12}Cが約九八・八九％に対し重い方の同位体^{13}Cが約一・一一％、窒素には軽い方の同位体^{14}Nが約九九・六三％に対し重い方の同位体^{15}Nが約〇・三七％存在する。ところで、この同位体の存在比率は、詳しく見てみると生物間でわずかに異なっている。たとえば、コメの炭素同位体含量は、^{12}Cが約九八・九二四％、^{13}Cが約一・〇七六％であるが、それに対して、トウモロコシの炭素同位体含量は^{12}Cが約九八・九〇八％、^{13}Cが約一・〇九二％である。しかし、これでは桁が多すぎて差が分かりにくい。そこで、安定同位体に関しては、このわずかな変化を拡大してわかりやすく表現するために、測定試料の同位体の存在比を、各元素について決めた標準物質（スタンダード）の同位体の存在比からのずれとして千分率で表す。すなわち炭素同位体比は、

$$\delta^{13}C_{測定試料} = \left([^{13}C/^{12}C]_{測定試料} / [^{13}C/^{12}C]_{標準物質} - 1\right) \times 1000$$ （単位は‰、パーミル）

で定義される（$\delta^{13}C$は「デルタ一三シー」と読む）。これは相対的な表現法なので、標準物質は皆が

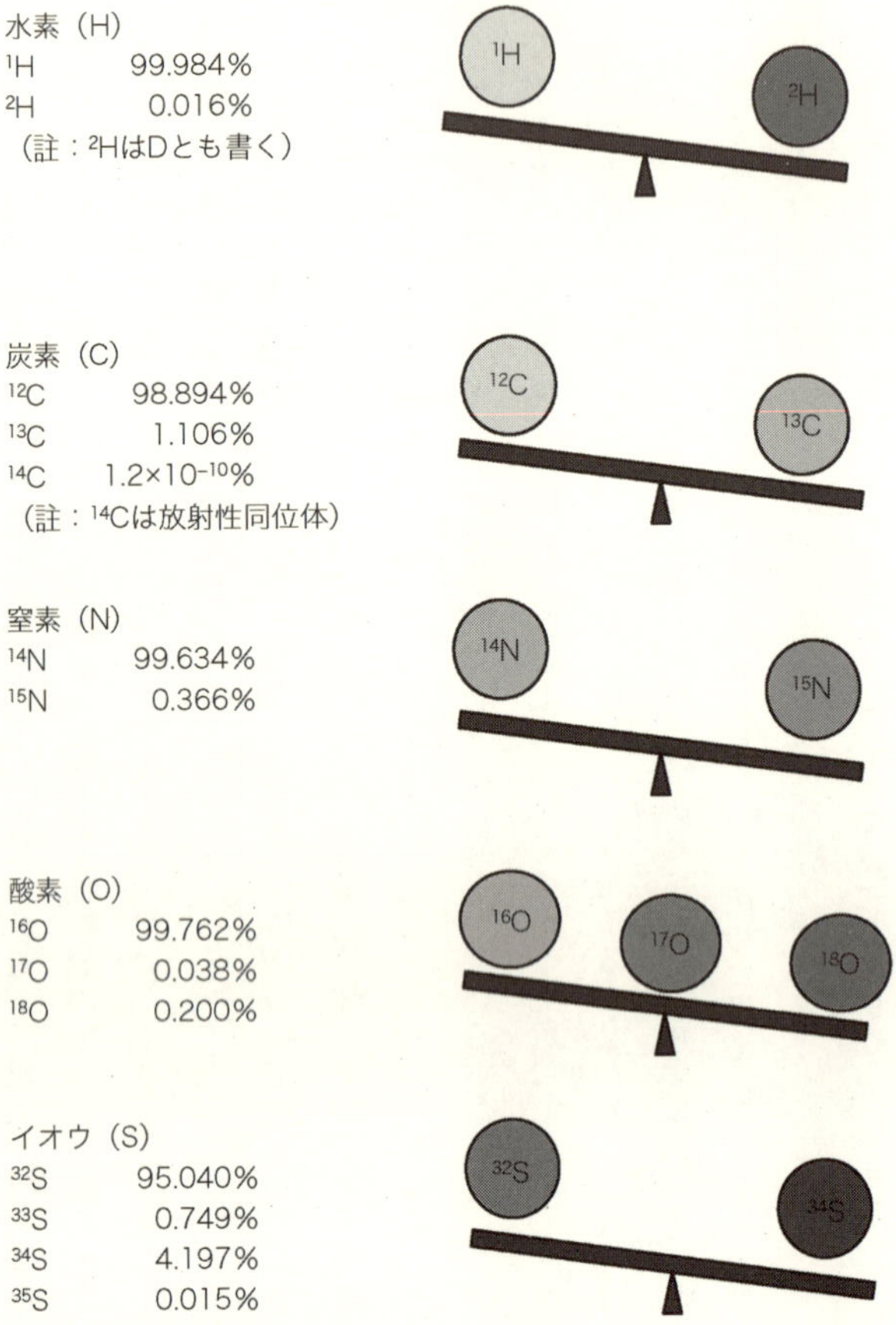

図 1　「生元素」の安定同位体のイメージ．各元素に関して，標準物質として定められている物質の同位体存在割合を Coplen et al.[(1)] に従って示す．ただし，^{14}C に関しては，現在の CO_2 中に含まれている濃度を示す．

同じものを使えば何でもよいが、慣習として炭素については矢石という化石（PDB:Peedee Belemnite）を用いることになっている。この単位を用いると、先ほど例として示したコメは$\delta^{13}C = -27$‰、トウモロコシは$\delta^{13}C = -12$‰となって、比較的わかりやすい数字になる。

窒素同位体比に関しても同様に、

$$\delta^{15}N_{\text{測定試料}} = ([{}^{15}N/{}^{14}N]_{\text{測定試料}}/[{}^{15}N/{}^{14}N]_{\text{標準物質}} - 1) \times 1000\ (‰)$$

となる。窒素の標準物質には空中窒素（N_2）が用いられる。

みんなの同位体比、私の同位体比

さて、「物質循環」と「安定同位体比」の説明が終わったところで、これらの関係について考えてみよう。私たちの体を作る元となっているのは、毎日の食事である。つまり、私たちの体の主成分であるタンパク質は、食事に含まれるタンパク質中のアミノ酸の炭素や窒素を元に作られる。他の動物も同じように、餌となる植物や動物の炭素や窒素を利用してその体が作られている。ところで、日頃の食事といっても、毎日同じものを食べるのではなかろう。昨日の晩ご飯は何であったろうか？ では一昨日は？ 日によって肉を食べることもあれば、魚を食べることもあるので、「あなたの体は、何を元に作られているのか？」と聞かれても、自信を持って「ほとんど魚」と答えられる人はないと思う。また、魚好きな人であっても、実際に体のどれだけの部分が魚由来なのかということは容易には判断できない。

そこで、炭素・窒素の安定同位体比を用いた研究手法を紹介する。生物の安定同位体比は、小さな生物の場合は体全体を用い、大きな生物の場合は体の一部分を用いて測定する場合が多い。また、鳥の場合は羽、ほ乳類であれば体毛を用いれば、生物を傷つけることなく試料が得られる。ところで、ある生物の体の炭素・窒素同位体比は、餌となる生物の炭素・窒素同位体比に比べ、ある決まった値だけ高くなることが分かっている。この値を「濃縮係数」という。一般的には、炭素の濃縮係数が約〇・八‰、窒素の濃縮係数が約三・四‰という値を用いる場合が多い。この意味を解説してみよう。横軸に炭素同位体比、縦軸に窒素同位体比をとったグラフを書いてみると図2のようになる。餌aのみを食べる動物Aと、餌bのみを食べる動物Cの体の同位体比は、それぞれの餌の炭素同位体比に「炭素の濃縮係数」〇・八‰、窒素同位体比に「窒素の濃縮係数」三・四‰を足した値となる。一方、二種類の餌aとbを半分ずつ食べる動物Bは、動物Aと動物Cの同位体比を平均した値に等しくなる。このように、生物の炭素と窒素の安定同位体比を測定すると、その生物と餌種の間の捕食・被食関係を量的に表すことが可能となる。さらに、生態系を構成する様々な生物の安定同位体比を測定することによって、それらの生物間の複雑な捕食・被食関係をつなぎ合わせることができる（図3）。図3

図 2

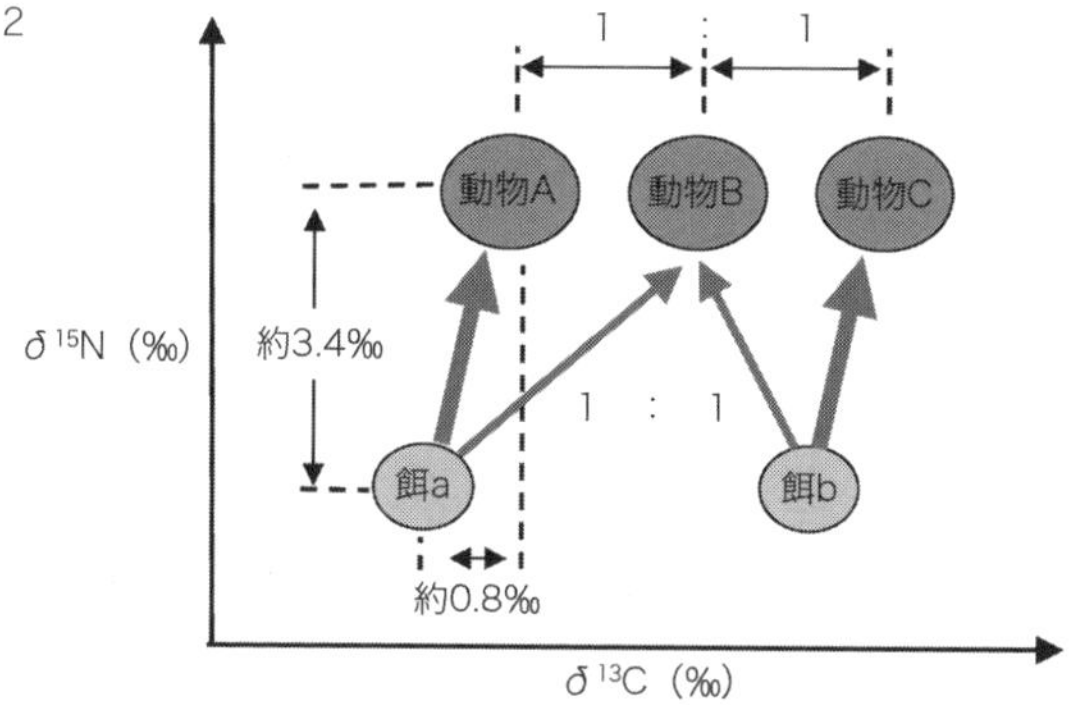

図 3

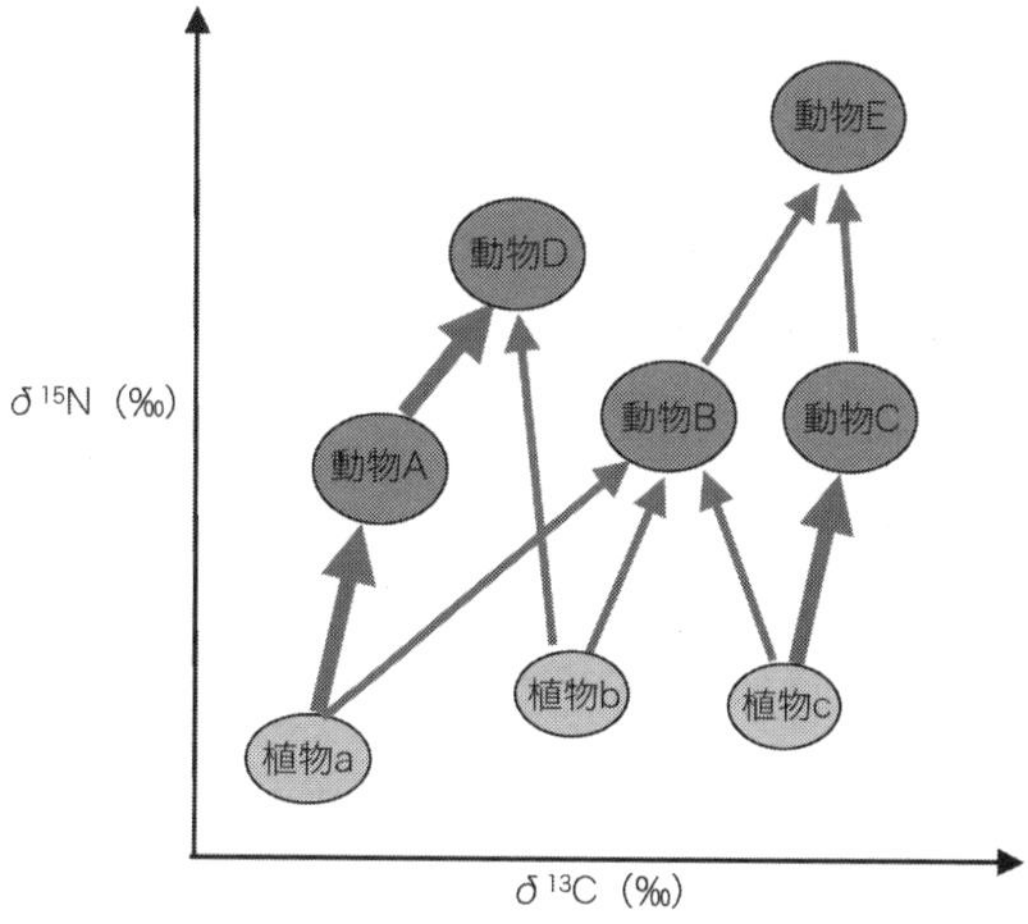

図 2　炭素同位体比を横軸に，窒素同位体比を縦軸に取った図．動物 A は餌 a だけ，動物 C は餌 b だけを食べているので，それぞれの餌に比べて炭素同位体比が約 0.8‰，窒素同位体比が約 3.4‰高くなっている．一方，動物 B は餌 a と餌 b を半分ずつ食べているため，それぞれの同位体比から平均分だけ同位体比が上昇している．

図 3　生態系に見られる食物網構造の，炭素・窒素安定同位体比マップの例．生物同士による「食う・食われる」の関係を矢印でつなぐと，食物網上の生物の位置がプロットされる．これは，人間についても当てはまる．

のように、たいていの場合、一種の生物は複数の餌種を捕食する。時には、肉食性の動物が植物性の餌を食べることもあるだろう。したがって、これら食う者と食われる者の関係は単純な直鎖状ではなく、複雑な網目状を呈している場合が多い。このような捕食・被食関係をその形状に見立てて「食物網」と呼ぶ。この食物網の形状は、個々の生態系にとって固有のものではない。例えば、生態系の構成種が変化したり、ある生物の現存量が変化したり、あるいは、捕食者の餌選択性が変化したりすることによって、食物網は変化しうる。したがって、様々な時期に採集された生物を分析することによって、食物網が変化する様子を調べることも可能となる。

人間の場合も、これと同じ手法をとることにより、「日頃の食生活」を明らかにすることができる。現代の人間の場合は、採集するのが簡単な髪の毛を用いることが多い。ただ、髪の毛の場合は、上記に示した体の部分の濃縮係数とは若干異なるという報告がある。たとえばMinagawa[2]による推定値を用いると、炭素の濃縮係数を約二・五‰、窒素の濃縮係数が約四・一‰と読み替えて、図2と図3を見ていただければよい。この手法は、遺跡などから骨や毛髪が出土すれば、昔の人類についても応用できる。骨の場合は、コラーゲンというタンパク質を抽出する手法がよく用いられ、その場合の炭素の濃縮係数は約二・八‰、窒素の濃縮係数は約五・三‰と読み替えることが必要になる[3]。濃縮係数が部位によって異なっている理由は、主にアミノ酸組成やその代謝過程によると考えられている。これらの事実を元にして、国別の人々の髪の毛の炭素・窒素安定同位体比の違いを調べた例を図4に示す。

炭素同位体比が低いオランダでは、主にC_3植物である牧草や小麦由来の食べ物を利用していることが反映され、反対に炭素同位体比の高い米国やブラジルではC_4植物（トウモロコシ）由来の食べ物を利用していることが分かる。[4] 直接トウモロコシを食べなくとも、トウモロコシを餌にした家畜を利用すれば、C_4起源の炭素同位体比は明確である。一方、窒素同位体比に着目すれば、インドの菜食主義者のように植物を直接食べれば$δ^{15}N$値が低くなるのに対し、動物など栄養段階の高い食料を食べる方が高い$δ^{15}N$値をもつことになる。食用になる魚は、通常さらに栄養段階の高い大型魚が多いため、植物プランクトン→動物プランクトン→小型魚→中型魚→大型魚の経路で$δ^{15}N$値が高くなると考えられる。図4で、日本の$δ^{15}N$値が高い理由はそこだと考えられる。[5] しかしながら、これに二〇〇六年度の安定同位体実習で測定したデータを加えてみると、幾分$δ^{13}C$値も$δ^{15}N$値も低い値がでている。この二〇年で値が変わったのであろうか地域差なのか、考えてみるのも興味あることである。

同様な手法を縄文人の食性を推定するために用いた例を図5に示す。ここでは、北海道北黄金貝塚から出土した縄文人の食性を明らかにするために、候補となる食べ物の炭素・窒素同位体比を比較のために記入してある。[6] この例では、ほとんどの人が海産物起源の食事をしていたことがわかる。

図4

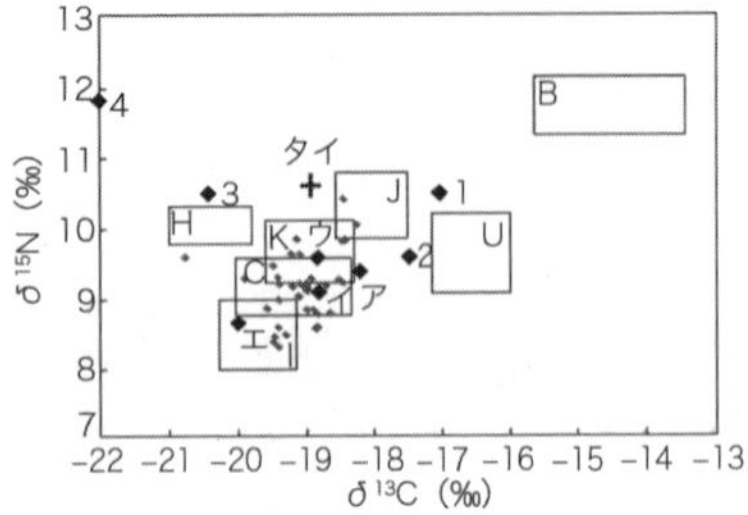

図5

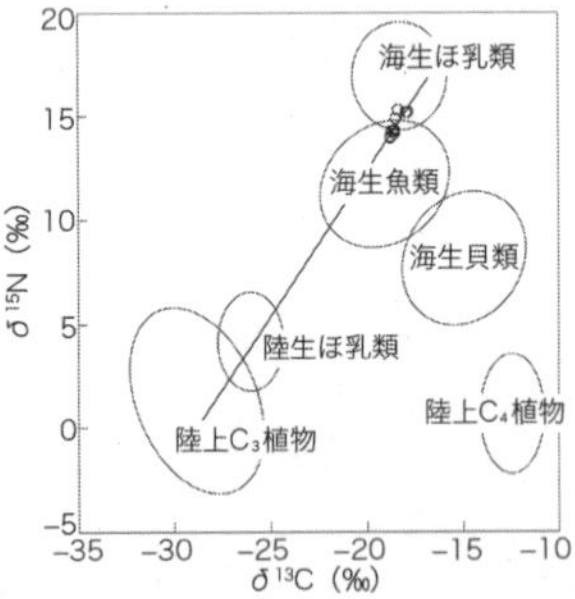

図4　各国の人々の髪の毛の安定同位体比（南川ほか[4]を元にした和田[5]）に，2006年度京都大学生態学研究センター「安定同位体実習」のデータ（◆）を追加した図．（和田[5]による原図の注釈　◆ア：琵琶湖周辺の29歳の男性（当時の陀安一郎），◆イ：淀川下流60歳男性，◆ウ：上流4歳男性，◆エ：上流60歳男性，◆1，◆2：アメリカ在住の日本人，◆3：スウェーデン在住の日本人，◆4：130年前の江戸の人，＋：タイ・ナラチワ州付近，B：ブラジル，U：アメリカ，J：日本，K：韓国，C：中国，H：オランダ，I：インドの菜食主義者）

図5　縄文人の食性を推定するために食べ物の候補の炭素・窒素同位体比をプロットした例（Yoneda et al.[6]を改変）．直線は陸上 C_3 植物と海産ホ乳類を結んだ線であり，両者を合わせて食べるとこの線上に近い値になるはずである．丸印が骨コラーゲンより濃縮係数を引いて計算された，北海道北黄金貝塚より出土した縄文人の食事の推定値であり，明らかに海産物起源の食事を示す．

【注意】人間の髪の毛の同位体比（図4）は，図5の食べ物の候補の同位体比から，濃縮係数（$\delta^{13}C$ で約2.5‰，$\delta^{15}N$ で約4.1‰[2]）分だけ高くなるので，髪の毛の同位体比から食べ物の推定を行なうためには，その分を引いて図5を見る必要がある．

安定同位体比で分かる生き物の住む環境

さて、このように食う食われる関係である食物網構造によって、炭素・窒素の安定同位体比が決まるということを学んだが、本節のはじめで説明したように食物網の起点は植物の光合成である。そもそも植物の安定同位体比は何で決まるのであろうか。これを考えるのに必要な、化学物質の安定同位体比に関するルールを簡単に解説する。化学反応が起きるときに質量数という「重さ」が反応にかかわることがわかっている。簡単にいうと、「軽い」原子の方が「重い」原子よりも早く反応する。これを「同位体効果」と呼ぶ。

これを用いて、まず炭素同位体比について考える。大気中二酸化炭素（CO_2）の現在の同位体比は約マイナス八‰であるが、植物の安定同位体比はCO_2を固定する時の光合成の経路によって決まる。陸上植物である樹木や多くの草本はC_3植物と呼ばれるが、この光合成経路は大きな同位体効果を持つため、「軽い」炭素が選択的に固定され植物体の$\delta^{13}C$は平均マイナス二七‰（マイナス三〇‰～マイナス二五‰程度）の値をもつ。一方、熱帯草原などに多いイネ科草本はC_4植物と呼ばれるが、この光合成経路は見掛け上同位体効果が小さいので、大気中CO_2の値に近い平均マイナス一二‰（マイナス一四‰～マイナス九‰程度）の値を持つ。なじみ深いところでいうと、ススキ、サトウキビ、トウモロコシなどがC_4植物である。水域生態系は少し複雑である。水域生態系の主要な生産者は、沖合を浮遊する植物プランクトンと沿岸で付着生活を送る底生藻類である。これらはいずれも水中に溶けている二酸化炭素（無機態炭素）から光のエネルギーを利用して炭素を固定する。このとき同位体効果が起きて、植物の体の同位体比は、反応の元の二酸化炭素の炭素同位体比より低くなる。そのため、沖合で暮らす植物プランクトンの炭素同位体比は通常マイナス二五〜マイナス二〇‰程度になる。一方、沿岸の石の表面などで付着生活を送る底生藻類は密集して暮らすことが多い。そこで光合成が活発に行われると、近傍の二酸化炭素が不足して、反応で残っている「重い」二酸化炭素も利用するようになる。そして、活発に光合成する緑藻類ではマイナス一〇‰程度にまで上昇する。これらのように、炭素同位体比は生態系によって大きく変動する一方、図2・図3のように捕食関係では大きく変化しないため、炭素源の推定に用いられる

一方、窒素同位体比（$\delta^{15}N$）は、森林や草原・水系の窒素循環によって変わるが、雨水起源や窒素固定由来の窒素が卓越する生態系では、栄養塩の$\delta^{15}N$は雨水や空中窒素の値と大きく異ならない。人為由来の排水は一般に$\delta^{15}N$が高いため、人口密度の高い地域の河川水において栄養塩の$\delta^{15}N$は高くなる傾向がある。それを利用する木本・草本・植物プランクトンの$\delta^{15}N$は、栄養塩の$\delta^{15}N$値と取り込みの際の同位体効果を反映するが、通常の状態では植物の$\delta^{15}N$値は栄養塩の$\delta^{15}N$値を反映する。さらに富栄養化した生態系では、植物プランクトンや付着藻類が多量に生産され、有機物が

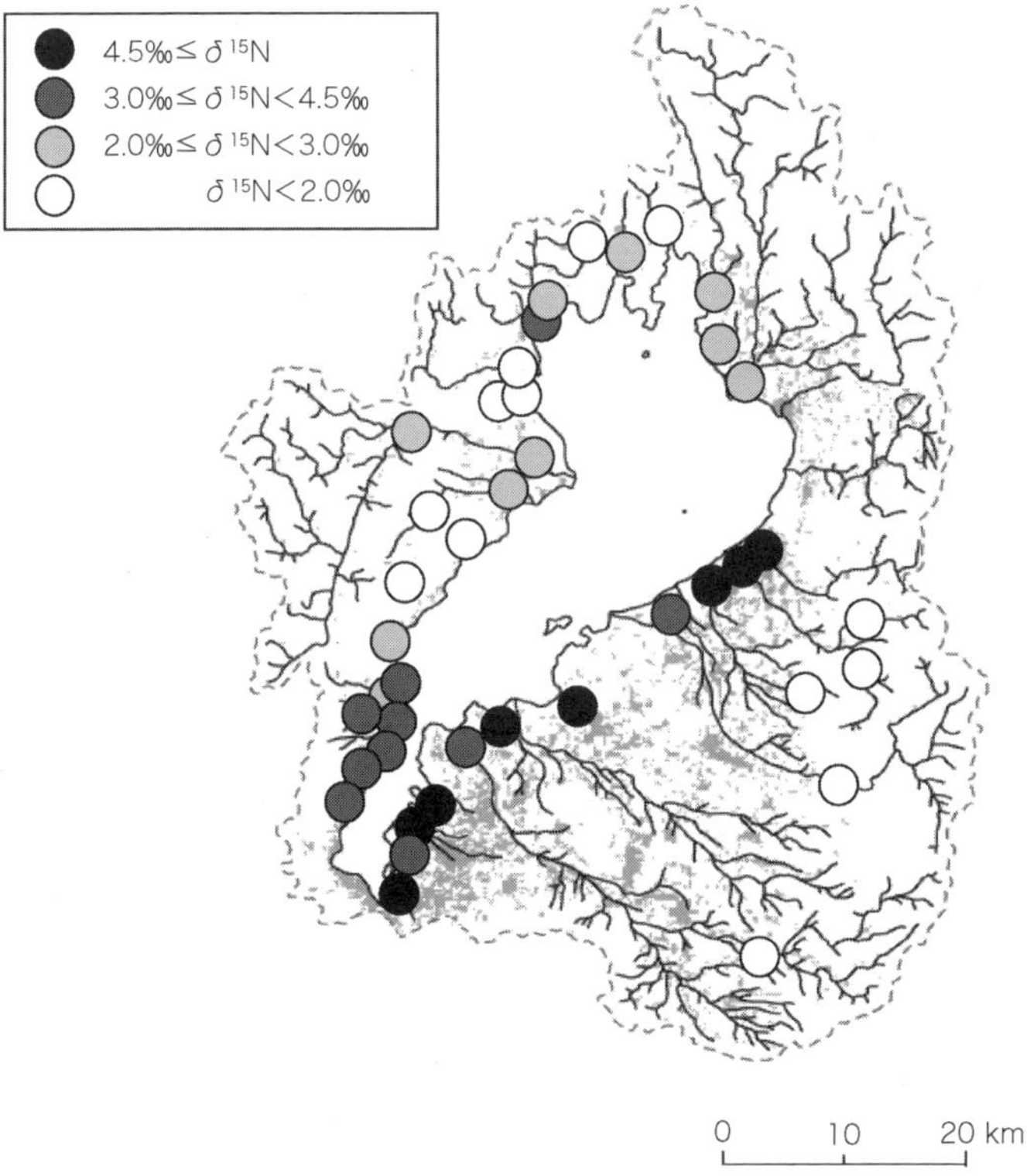

図 6　琵琶湖集水域の河川における 2003 年 6 月にに採集された河床堆積物 (25 μm ～ 500 μm) の $\delta^{15}N$ 値（兵藤ほか，総合地球環境学研究所 P3-1 谷内プロジェクト，未公表資料）

底にたまる。この有機物が分解されるときには多量の酸素が使われ、嫌気的な（酸素がなくなる）状態になる。こうなると、有機物中の窒素分は脱窒という反応をおこす。脱窒とは、窒素分の一部が亜酸化窒素（N_2O）や分子状窒素（N_2）などになり空気中に飛んでいくことことを指す。このとき、前述した同位体効果がおこり、「軽い」窒素が空中に飛んでいく分だけ残った窒素分の安定同位体比が上昇することになる。図6に琵琶湖集水域の河川に溜まっている堆積物の$\delta^{15}N$値を示す。$\delta^{15}N$上昇の実態の解明は簡単ではないが、人口密度の高い湖東・湖南地域の河口域において、堆積物の$\delta^{15}N$値は高い傾向がみてとれる。

安定同位体比で分かる生き物の暮らし

ここで、安定同位体からみた水域と陸域と生態系の例を示してみよう。

京都大学生態学研究センターでは、夏に「陸水学実習」（「琵琶湖実習」または「木曽実習」）とともに、「安定同位体実習」を行なっている。これは京都大学理学部の授業の一環であると同時に、「公募実習」として全国から学生を募集して行なっている。近年は、この「陸水学実習」と「安定同位体実習」を連携させている。次に述べる話は二〇〇六年度の実習で行なったものである。

木曽川の支流にあたる黒川は、京都大学理学部の木曽生物学実験所から近い河川で、古くから河川の研究や実習が行われてきた。この黒川で二〇〇六年八月に実習を行なった。上流河川の一次生産（動物の餌となる炭素源）は、まわりの森林から供給される落葉と、河川中の礫表面などに付着している藻類の二つに大きく分けられる。落葉は森林（陸上C_3植物）から供給されるので、その炭素同位体比は大きく変動しないと考えられるが、実際この時もC_3植物の典型的な値に含まれた（$\delta^{13}C$=-28‰）。一方、この時の河川の付着藻類の$\delta^{13}C$値も、あまり変わらない値（$\delta^{13}C$=-26‰）であった。窒素同位体比（$\delta^{15}N$）は、タニガワカゲロウ属（写真）やウエノヒラタカゲロウのような藻類食者（一次消費者）から、スズキクラカワゲラ（写真）やヘビトンボなどの捕食者（二次消費者）、アマゴなどの高次消費者になるにつれて上昇していった（図7）。この図と、図2・図3で示した「安定同位体比からみた食物網構造のルール」と見比べてもらおう。一次消費者や二次消費者の$\delta^{13}C$値は、一次生産者（落葉と付着藻類）の$\delta^{13}C$値に比べてかなり高く、これらだけの炭素源では説明できないことが分かる。河川の付着藻類の$\delta^{13}C$値は時間・空間的に変動することが知られているので、これはおそらく実際に水生昆虫群集の餌になった付着藻類は、採集されたものと時間・空間的に異なっていたと考えられる。

陸上生態系の例として、皆さんにはあまりなじみがないかも知れないが、土壌にすむ動物について考えてみよう。土壌動物のなかで、身近な例でいうとミミズなどが含まれる「腐植食者」は、植物遺

図7

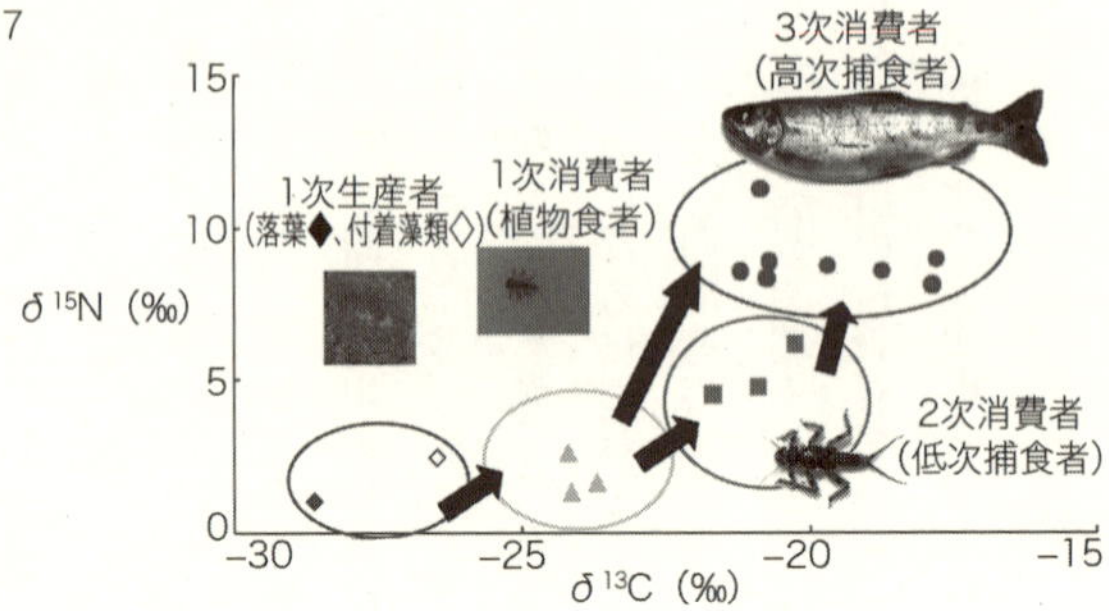

図8

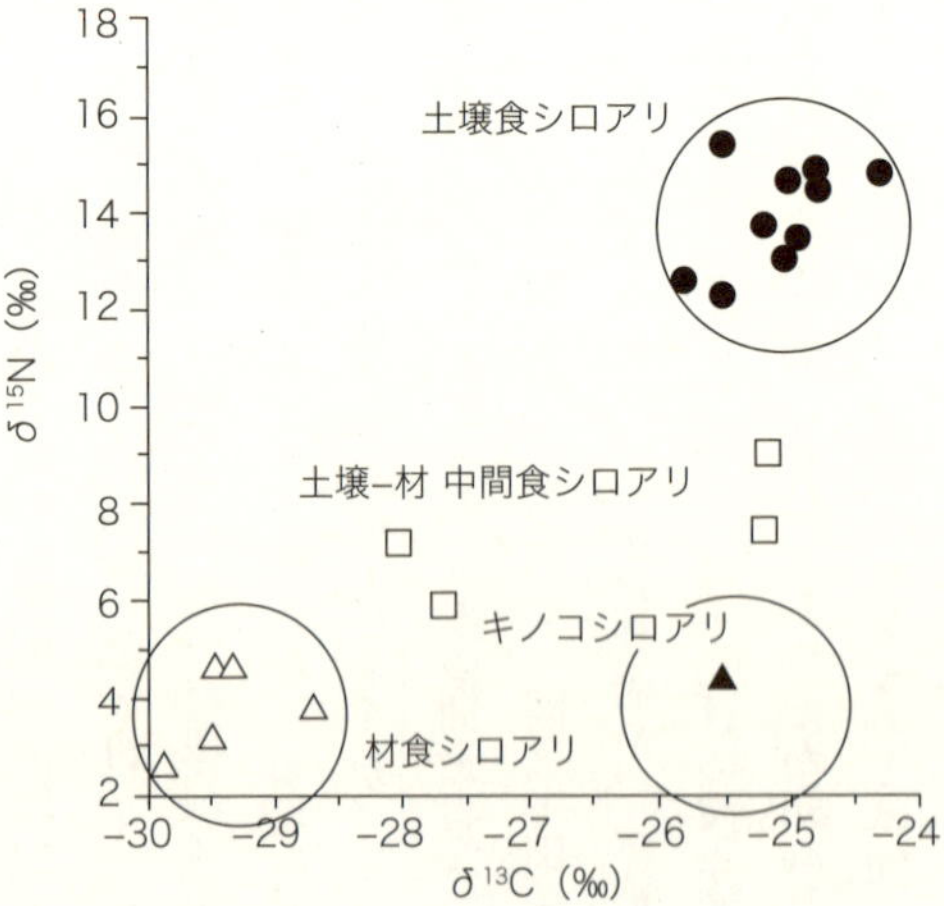

図7　2006年度京都大学生態学研究センター「木曽実習」及び「安定同位体実習」において解析した，木曽川支流黒川の河川生態系に関する炭素・窒素安定同位体解析（原図：京都大学生態学研究センター石川尚人）

図8　森林に生息するシロアリの炭素・窒素同位体比の例．分解を受けていない材を食べるシロアリ（△）では，材とほとんど同じδ^{13}C，δ^{15}Nをもつ．キノコシロアリ（▲）は共生するキノコを栽培し，その分解産物を食べるが，その分解過程でδ^{13}Cのみが増加するために図の右側にいく．土壌食シロアリ（●）は，土壌の分解過程を受けた土壌有機物を食べるため，δ^{13}C，δ^{15}Nともに高くなる．その中間の，土壌−材中間食シロアリ（□）は，その間に位置する（Tayasu[8]を改変）．

体を粉砕・消化し、同化するとともに未消化の分画を排出する。このように、実際に消化されている餌の分画がはっきりしない生物については、同位体などの分析技術が特に力を発揮する。一般に落葉・落枝から腐植、さらに土壌の表層から深層まで、分解の程度に応じて炭素同位体比（δ^{13}C）・窒素同位体比（δ^{15}N）ともに上昇することが知られており、これらは微生物による分解に伴うものであると考えられている。ここで、日本では家屋害虫としてしか見られていないシロアリ（口絵4）について着目してみる。シロアリは多様な体内・体外微生物共生系を持ち、熱帯域を中心として落葉・落枝の分解に大きな寄与をしている。[7] シロアリの食性範囲は広く、分解の進んでいない落葉・落枝・草本を食べるものもいれば、特に熱帯域で分解の進んだ腐植や土壌を食べるものもいる。Tayasu[8] は、これらの食性機能群によって炭素・窒素同位体比が大きく異なることを示し、δ^{15}N の上昇に関する「腐植化系列」という考えを提案した（図8）。その後、これら同位体の上昇は他の土壌動物でも当てはまることが明らかとなり、土壌動物の食性解析法のひとつとなった。

放射性同位体で分かる生き物の時間軸

今まで解説した安定同位体比とは少し異なるが、生き物の暮らす「時間の流れ」も分子解析の手法で分かることを簡単に解説したい。放射性炭素14（^{14}C）は、図1に示したように、自然界に極微量含まれる放射性同位体で、安定同位体とは異なり半減期約五七三〇年で崩壊する。「放射性」という言葉で危険に感じるかも知れないが、高層大気で自然に生成されているものである。この性質を利用し、遺跡から発掘された木片などを用いて遺跡の年代を推定するのに利用されてきた。しかし、ここで注目するのはもっと新しいところの年代である。第二次世界大戦後の冷戦の時期、いくつかの国は大気核実験を行なった。その後、大気中での核実験は禁止になったが、禁止される前に多量の$^{14}CO_2$が放出された。とくに、一九六〇年代始めには現在の^{14}Cレベルの倍近い値（この由来から爆弾炭素（Bomb carbon）という）となった（図9）。ここでは^{14}Cレベルを$\Delta^{14}C$（‰）と表し、一九五〇年を基準（核実験以前の天然大気の^{14}C濃度）として、それよりも測定試料の^{14}C値がどれだけずれるかを、$\delta^{13}C$値で補正した千分率をもって示す（Δは小文字のδと区別するために、「ラージデルタ」と読む）。現在はこのようにして生成した$^{14}CO_2$は海洋や生物に取り込まれて定常状態に近い値になったが、なお少しずつ減少している（図9）。ところで、陸上植物は大気中のCO_2から、この減少曲線に応じた$\Delta^{14}C$値を持つ有機炭素化合物を作る。すなわち、ある年に光合成された炭素が特定され、その後の食物連鎖や物質循環上を流れる炭素の数年〜数十年スケールの「年代」がわかることになる。一つの例を挙げれば、ワインはその年に生産されたブドウから作られるため、その年の$\Delta^{14}C$値をもっており、ラベルを張り替えても年を欺くことはできないことが示されている。[9]

図9

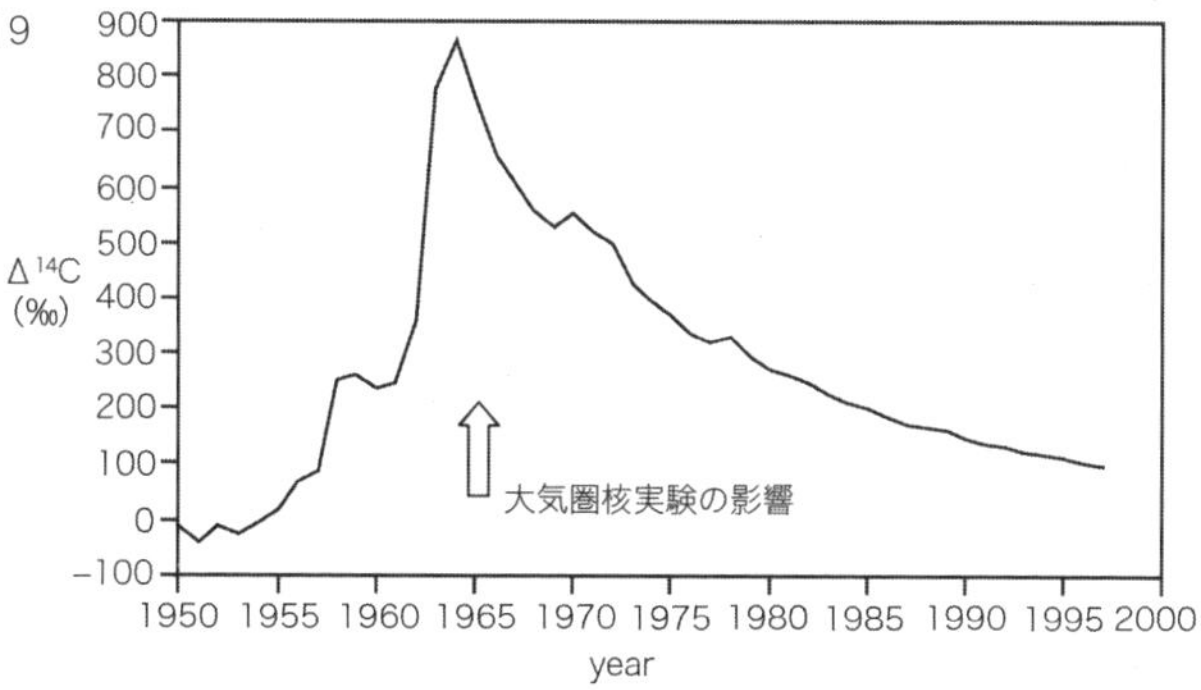

図10

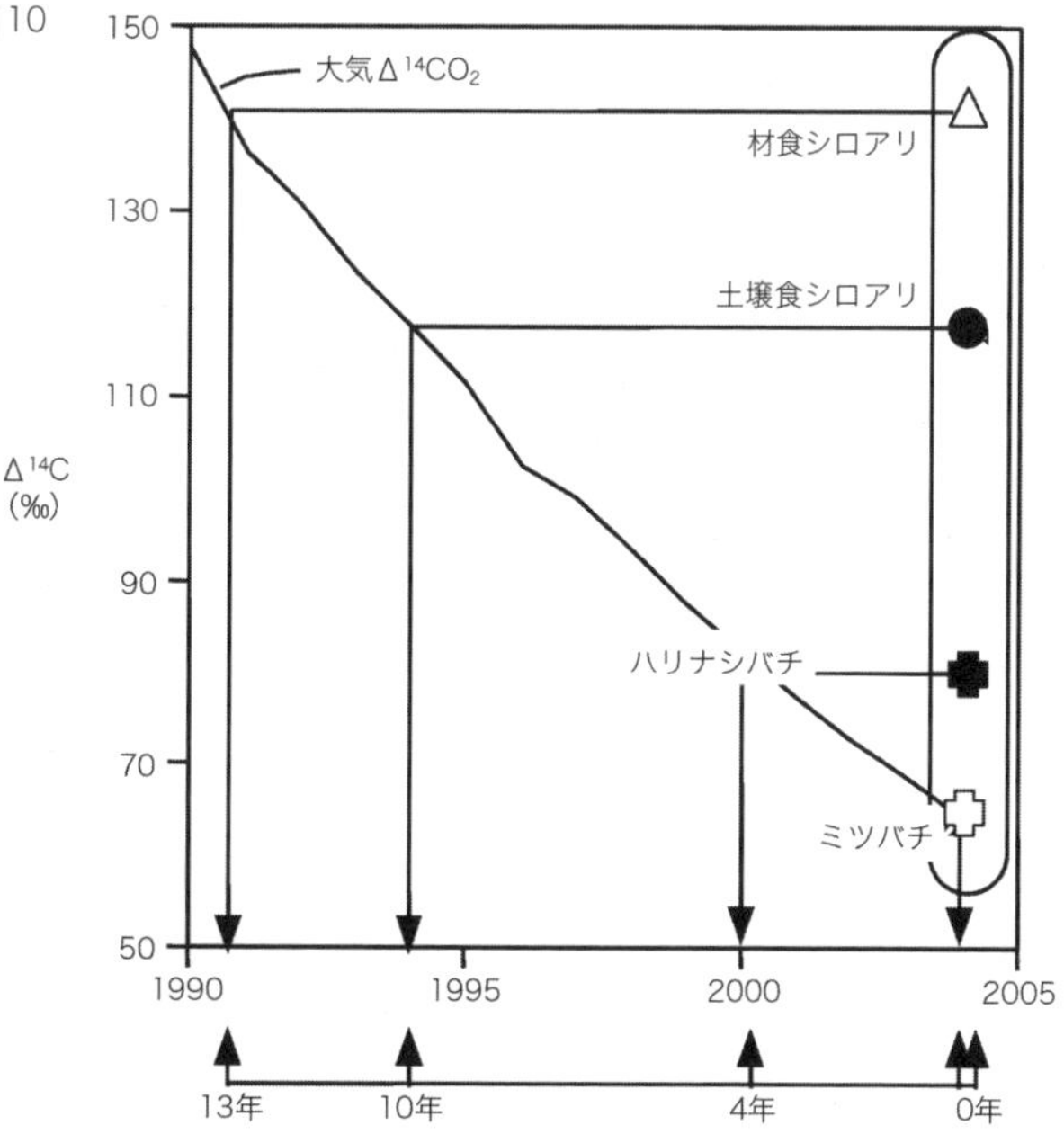

図9　大気中の CO_2 に含まれる ^{14}C の増加・減少曲線.
図10　2004 年に採集した各生物の平均の ^{14}C 値とそれらが利用していた有機物の古さの推定方法（Hyodo et al.[(9)] を改変）.

このように、炭素に年齢が刻まれていることで生態系のなにがわかるであろうか？　近年、二酸化炭素の上昇問題が叫ばれているが、大気のCO_2は植物に固定されたあと生態系にしばらく滞在し、呼吸によってまた大気に戻る。この回転速度は速いものから遅いものまで多様であるが、上記に示した土壌生態系のように、落葉・落枝や土壌などを経由する経路はよく分かっておらず、実証的な研究は多くない。そこで、$\Delta^{14}C$を利用する研究は強力な武器になりうる。[10]例えば、Hyodo et al.[11]は、タイにおけるシロアリの$\Delta^{14}C$を解析し、分解者群集の利用している炭素の循環速度を推定した。その結果、植物が二酸化炭素を固定してから、材食シロアリでは平均約一三年、土壌食シロアリでは平均約一〇年たった「古い炭素」を利用していることがわかった（図10）。土壌食シロアリというからには、古い炭素を利用しているように感じられるが、実際に利用している炭素の平均回転時間はこの程度である。一方、蜜など「新しい炭素」を利用しているミツバチでは当年の、またハリナシバチでは約四年たった光合成産物を利用していることがわかった。今後、上述の安定同位体を用いた食物網研究とあわせることにより、「時間軸食物網構造」ともいうべき研究ができると考えている。

あなたの同位体比はいくつ？

さて、安定同位体比、および放射性同位体を用いた研究を一通り見たところで、あなたの同位体比が気にならないであろうか？ 炭素同位体比は、C_3植物とC_4植物の割合を示すことになり、図4で示したように食生活の「アメリカ大陸起源」指標と考えることもできる。また、窒素同位体比は、「魚食度・肉食度」と「ベジタリアン度」の指標とでもいえようか。試料の準備の仕方は、髪の毛を数本切ってもらうだけである。その後実験室で簡単に洗浄したあとスズ製コンテナにいれ、質量分析計を用いて測定する。こうして自分を生態系の中に配置してやることにより、地球の物質循環の中での自分の位置が明らかになる。あるいは、そこまで大げさな解釈をしなくてもよいかもしれない。私の炭素同位体比は、一九九八年（図4で記載された値）から二〇〇六年にかけて、窒素同位体比はほとんど変化はなかったが、炭素同位体比は約一・三‰低くなった。食生活の変化に関して多少の思い当たる節はあるが、未来の人類学者はこの変化をどう解釈するかと思いを巡らせば興味深い。

＊

本節で概説した安定同位体と放射性同位体を用いた研究は、発展途上の学問分野であり、生物多様性と物質循環の研究に関して広い応用範囲がある。安定同位体比の分析に関しては、現在ではオンライン分析が可能になっている。例えば、京都大学生態学研究センターでは共同利用研究を推進しており、動物なら乾重で一ミリグラム程度あれば一サンプル八分程度で炭素・窒素同位体比が測定できる。以下の安定同位体生態学のウェブページを参照されたい。

http://www.ecology.kyoto-u.ac.jp/~tayasu/SI_lab_j.html

^{14}Cについては、ガラス細工などの多少のテクニックが必要になる。しかし、近年のAMS（加速器質量分析計）の進歩で、動物なら乾重一ミリグラム程度の試料で^{14}C分析が可能になっている。本節を読んで、安定同位体や放射性同位体手法を用いた生態系の研究に、少しでも興味をもっていただければ幸いである。

より深く学ぶために――読書案内

第1節

富岡憲治・沼田英治・井上愼一（2003）『時間生物学の基礎』裳華房
　体内時計を初めて勉強したいと思う人向けに、用語を含めてわかりやすく解説している。内容は分子機構と生理メカニズムが主になっているが、生態学的な意味についても書かれている。

ウォード、R・R（1974）『生物時計の謎――いかにして生物は時を知るか』（長野敬・中村美子訳）講談社
　多面的な生物界のリズム現象を、いろいろの角度から紹介している。この分野の科学史的な話も丁寧に記述している良書である。

シーリー、T・D（1998）『ミツバチの知恵――ミツバチコロニーの社会生理学』（長野敬・松香光夫訳）青土社
　ミツバチの生活や行動を詳細に分析した結果をもとに、彼らが、いかに微妙で数多くのコミュニケーション手法を駆使しているかを表した教科書。

佐々木正己（1999）『ニホンミツバチ――北限の *Apis cerana*』海游舎
　北限の東洋ミツバチといわれるニホンミツバチの生態や生理を、豊富な写真と図版を用いて詳しく解説している。

第2節

ジュイコフス、G・H（1994）『動物は色が見えるか――色覚の進化論的比較動物学』（三星宗雄訳）晃洋書房
　魚類を含めた動物の色覚のメカニズムを分子、細胞、組織や行動のレベルにわたって比較し、その進化の道筋について述べている。

清水勇・源利文（2003）「見える世界が魚を変える――魚類の多様性と視覚適応」『生物多様性科学のすすめ――生態学からのアプローチ』（大串隆之編）丸善株式会社
　環境にたいする魚類の視覚適応の仕組みと、それと連動した種分化のメカニズムについて、生態学の立場で一般向きに解説している。

宮田隆（1996）『眼が語る生物の進化』（岩波科学ライブラリー）岩波書店
生物の生存に重要な眼を形づくる遺伝子の進化をたどりながら、視覚の進化にとどまらず、生物進化のしくみと、それの背景となる遺伝子進化の仕組みを、わかりやすく述べている。

第3節

南川雅男・吉岡崇仁（編）（2006）『生物地球化学』（地球化学講座第5巻）培風館
生物地球化学という題名だが、安定同位体生態学に関して詳しく解説されており、日本語で読める絶好の入門書である。

酒井均・松下幸敬（1996）『安定同位体地球化学』東京大学出版会
主に地球化学の視点から同位体を用いた研究手法について詳しく解説されている。

Fry, Brian（2006）Stable Isotope Ecology. Springer, New York.
「安定同位体生態学」の名前を冠した初めての一般的教科書である。英語の本であるが、彼独自のユーモアあふれる文章で基本から書かれている絶好の入門書といえる。

和田英太郎（2002）『地球生態学』（環境学入門第3巻）岩波書店
地球の歴史から環境研究まで広い視点を持った本であり、安定同位体生態学に関する示唆に富んだ本である。

IV

人間活動の章

身近なところにある生物多様性

生物多様性という言葉は、地球上に存在するあらゆる生物の変異を意味するが、生物学的な意味だけでなく、経済的、あるいは社会的な意味も含まれている。一九九二年にブラジルのリオデジャネイロで開催された国際連合の会議では、世界の環境問題が議論された。そのときに中心になった問題は、地球の温暖化と生物多様性の危機である。なぜこの二つがこれから解決すべき世界的に重要な環境問題なのだろうか。それは、いずれの課題も自然の「恩恵」の配分に関する国際的な不公正の現実に関わっており、国際紛争の火種になりかねないからである。たとえば、地球温暖化は先進国が大量に使用した化石燃料が原因になって生じている。その影響や災害は先進国も途上国も含めて世界中で起きることが予想されている。途上国は何の恩恵も受けずに、災害のリスクだけを負うことになるのである。また、世界の生物資源は途上国から先進国へ安すぎる値段で取り引きされている。これらは自然の恩恵が公正に配分されていない現実を表している。

この章では里山の生物多様性について解説しているが、里山の生物多様性を守ることがなぜ自然の「恩恵」の公正な配分につながるのだろうか。リオデジャネイロの会議では、自然の恩恵の配分に関して、もうひとつ重要なことが指摘された。それは世代間の不公正である。人間は自然からの恩恵がなければ生きて行けないが、資源開発に伴う自然破壊は近年急速に激しくなっている。このままでは近い未来に重要な資源がなくなってしまうかも知れない。現世代の人間が自分のことだけを考えて自然を破壊してしまえば、将来の世代にたいへん困難な事態をもたらすことになってしまう。しかも、将来の世代は今の世代の乱開発を告発することさえできないのである。

祖先から引き継いだ自然の恵みを自分の世代だけで使い尽くさないようにすることが人類の後悔しない道である。しかし、現在の人類の生活を太古の昔に戻すわけには行かない。将来世代が生活水準をおとさず、自然からの恩恵を受け続けられるようにするには、自然の回復力を計算に入れた開発や、人の手による自然環境の管理が必要になる。そのためには、多様な生物が我々の周りにどのように存在しているかを知ること、また、彼らがどのような生活をしているか、つまりそれぞれがどのような働きをしているかを知ることが大事である。しかし、自然界は知れば知るほど分からないことがでてくる。私たちはまだほんの僅かなことしか知らないことを自覚し、そして、完全には理解することはできないからこそ大切にする姿勢が重要である。

［椿　宜高］

第1節 琵琶湖の生物多様性——過去、現在、そして、未来

奥田　昇

琵琶湖って、どんなところ？

皆さんは、琵琶湖に対してどのようなイメージを抱いているだろう？「日本一大きい」「近畿の水がめ」「魚介類の宝庫」——おそらく、ひと昔前なら、皆がそう答えたことだろう。ところが、最近の若者なら、こう答えるに違いない——「汚い」「飲水が不味い」「ブラックバス釣り場」。いったい、琵琶湖はいつ頃から変わり果ててしまったのだろう？そして、どのように変わってしまったのだろう？これらの問いに答えるのは、簡単なようにみえて実は意外と難しい。ある人は、水の汚れ具合から琵琶湖の変化を感じ取るだろう。また、ある人は、琵琶湖に生息する生物の種類や個体数の増減を

異変と感じるかもしれない。あるいは、琵琶湖の周りに造られた道路や建物など、景観の変化を指摘する人もいるだろう。このように、「琵琶湖の変化」と言ったときに皆が思い描くイメージは、百人百様である。これから私は、琵琶湖の生態系の変わりゆく様を皆さんにお伝えする。しかし、生態系の変化を論じるには、まず、主観を捨て去らねばならない。誰もが認知可能な客観的な尺度を用いて議論しないと、話が全く噛み合わなくなるからだ。そこで、私は、「安定同位体分析」という科学のツールを用いて生態系の変化について語ってみたい。

琵琶湖の生物多様性の歴史

琵琶湖を語る第一歩として、まずは、その成り立ちを辿ってみよう。琵琶湖には、世界に数ある湖沼の中で群を抜く特徴が一つある。それは、単に琵琶湖が大きいということではない。琵琶湖は日本でこそ随一の大きさを誇るが、世界を見渡すと百傑にも満たないちっぽけな湖である。そんな琵琶湖を世界屈指の湖ならしめるのは、その成立年代の古さにある。琵琶湖は、断層活動によって生じた深い窪地に水がたまった構造湖と呼ばれる湖である。琵琶湖の起源となる古琵琶湖が誕生したのは、今から四〇〇万年ほど前のことである。[1] 当時の琵琶湖は現在の三重県辺りに存在していたらしい。時が経つにつれて、その形状を変化させながらゆっくりと北上し、約四〇万年前に現在の場所にたどり着いた。通常、湖は河川から流入する土砂などによって埋め尽くされるため、地史的にみると儚い命である。しかし、琵琶湖は、その深さ故、土砂によって埋め尽くされることなく長きにわたって水を湛え続けたというわけだ。

この長命であるという特徴が、琵琶湖の生物多様性を育む上で重要であったと考えられている。現在、琵琶湖で生息が確認されている動植物は千種を優に越える。その内、琵琶湖にしか生息していない固有種は五八種にのぼる。一般に、既存の種から新しい種が分化するには数十万年から数百万年の歳月を要する。これらの固有種が湖内で独自の進化を遂げられたのも、琵琶湖が長い間、他の水系から隔離された状態で存在し続けたためである。

科学から歴史を語る

先ほど述べた琵琶湖誕生の歴史は、有史以前に起こった出来事である。誰かが観察したわけでも、ましてや、古文書に記されているわけでもない。にもかかわらず、あたかも見聞きしたかのように琵琶湖の悠久の歴史を語れたのは、物的証拠に裏打ちされた科学的なデータが存在するからにほかならない。例えば、琵琶湖の誕生と移動の歴史は、地層に刻まれた湖の存在を示す地質学的証拠から知ることができる。また、生物の出現と絶滅の歴史は、地層中に埋没された生物化石の記録として残されている。これらの歴史物語は、科学的な推論によって記述されたものである。科学の世界では、この歴史物語のことを「仮説」と呼ぶ。仮説なので唯一絶対に正しいものではない。過去に起こった出来事を直接確かめる術がない以上、仮説はあくまでも仮説に過ぎない。しかし、数ある仮説の中でもっともらしい仮説が多くの科学者の支持を集め、生き残っていくのである。

例えば、皆さんも一度は恐竜映画を観たことがあるだろう。最近の特撮技術の発達のおかげか、リアルに動く恐竜の映像を眺めると、あたかも本物の恐竜を見ているような錯覚に陥ってしまう。しかし、ちょっと考えてみよう。本物の恐竜の姿は誰も見たことがないし、写真や映像が残っているわけでもない。なのに、我々は、恐竜があのような姿かたちをして動き回っていることに一遍の疑念も抱かない。我々がスクリーン越しに見る恐竜は、古生物学者が化石と現生の近縁と思われる動物を基に復元したイメージ、すなわち、仮説に過ぎないのである。それを我々が何ら疑うことなく信じ込めるのは、過去に集積された膨大な化石という物的証拠によって、専門家の多くが「もっともらしい仮説」だと認め、社会もそれを受け入れたからにほかならない[②]。

このように、世の中で常識と思われていることの多くは、単なる「もっともらしい仮説」に過ぎない。しかし、重要なのは、「もっともらしい仮説」には、たいていの場合、その根拠となる物的証拠、すなわち、「もの」が存在しているということだ。また、現場に残された「もの」は、ただ存在していたことを示すだけでなく、「もの」を取り巻く当時の様々な環境情報をその内部に記録している場合があることを気に留めておいてほしい。

生物標本はタイムマシーン

「もの」が過去に起こった出来事の証拠となる事例は、恐竜化石に限らず、身の回りの至る所にある。例えば、犯罪捜査において、現場に残された物的証拠ほど当時の状況を雄弁に語ってくれるものはないだろう。生態学では、この物的証拠として生物標本が重要な役割を果たすことがしばしばある。

生物標本には、様々な用途がある。例えば、ある生物を種として記載するには、それが他のいかなる種とも異なることを保証するための基準標本を保存しなければならない。基準標本が存在することで、当該の生物がどの種に属するかを同定することが可能となる。また、基準標本であるか否かに関わらず、標本にはたいてい採集日や採集地などの情報が記される。これによって、ある生物が、ある時期、ある場所に生息していたことを示す資料的価値が付与される。もし、ある生物種が絶滅してしまったなら、それは生時の姿を物語る貴重な資料ともなるだろう。これらの用途は、主に、生物標本自体がもつ形としての情報（形態情報）を利用したものである。

生物標本の用途は、これだけにとどまらない。標本となった生物は、採集の直前までその場所に生息していたわけである。水生生物なら、周囲の水や餌を取り込みながら体組織を形成していくので、その体内には、その生息地の環境情報が記録されているはずである。原理的には、着目する環境情報物質に照準を合わせて生物標本組織の化学分析を積み重ねていけば、重奏的に、そして、よりリアルにその生物の生息環境を復元していくことが可能である。恐竜化石が創り出した仮想イメージによって、我々があたかもジュラ紀にタイムスリップしたような錯覚に陥ったのと同様、生物標本から抽出された環境情報によって、その生物が生きていた当時の情景に思いを馳せることもまた不可能ではない。そのような意味において、生物標本はタイムマシーンのようなものと言えよう。

安定同位体比から食歴を探る

ところで、皆さんは、話し相手から自分が直前に食べていたメニューを言い当てられた経験はないだろうか？「さっき、カレー食べた？」とか、「焼き肉屋に行った？」とか。話し相手が食事現場をこっそり目撃したわけでもないのに、食べたものを正確に言い当てられたのは何故だろう？おそらくは、口内や衣服に付着している食べ物の匂い物質を手がかりに推理したに違いない。しかし、いくら鼻が利く人でも、一週間前や一ヶ月前に食べたものを言い当てるのは至難の業だろう。しかし、科学の力を借りれば、比較的長期に亘る食歴を推定することも可能である。

その画期的な方法が、安定同位体分析である。安定同位体分析についてはⅢ分子の章第3節で解説されているので、詳細はそちらに譲ることにする。この分析は、ある物質中に含まれる同位元素の比率を調べるために用いられる。生物の体を構成する酸素、炭素、水素、窒素などの生元素にも安定同位体が存在する。これらの安定同位体比は、生息環境の違いを反映して変化する。特に、炭素と窒素の安定同位体比の変化は、食環境を推定するのに有効である。ある人の体の同位体比とその人が食べているものの同位体比の間には規則的な関係が見られる。炭素同位体比は両者で似通った値を示し、通常、その差は一‰（パーミルは千分率）未満と僅かである（Ⅲ分子の章一七一ページ：図2参照）。一方、人の窒素同位体比は食べ物のそれに比べて三〜四‰高い値を示す。これらの関係は、人が食べ物を摂食・消化した後、自身の体の一部として同化する生化学的プロセスに基づいている。つまり、食べたものの同位体情報はすぐさま消えてしまうのではなく、人の体内に徐々に蓄積されるのである。もし、複数の食べ物を摂取するなら、それらを食べた割合に応じて、食べ物の安定同位体比が混合され、人体に蓄積される（Ⅲ分子の章一七一ページ：図2参照）。したがって、ある人の炭素・窒素安定同位体比とその人が食べたであろうメニューのあらゆる候補について安定同位体比が分かりさえすれば、その人が実際に何をどれだけ食べていたか推定することが可能となる。安定同位体分析を生態学研究に導入した草分け的存在であるフライ博士は、自著の中でこう述べている。"You are what you eat"（あなたの体は自分の食べたものによってできている）[3]

食物網を紐解く

さて、この安定同位体分析を用いると生態系についてどのようなことが分かるだろう？ 生態系は様々な生物とそれらを取り巻く非生物的な環境によって構成されている。例えば、湖沼生態系では、有機物や無機物が生物あるいは非生物のかたちを取りながら水という媒体の中を絶えず廻っている。これを物質循環という。物質循環を駆動する生物プロセスとして、最も重要なのが「食う・食われる」の関係である[4]。

動物は、自ら有機物を生産することができない。そのような生物は餌となる有機物を摂取することで体を築き、子孫を残す。では、その有機物はだれがどのように作り出すかというと、たいていの場合は植物である。植物は、光エネルギーを利用して、水と二酸化炭素と無機栄養塩類から有機物を合成する。植物というと、皆さんは真っ先に草木を想像するだろう。水中なら、水草のようなものをイメージするかもしれない。しかし、湖沼生態系において物質循環を支える重要な植物は、植物プランクトンや底生藻類といった微細藻類である。とても小さいが、増殖速度が速いため、かれらが作り出す有機物の量は莫迦《ばか》にならない。これらの藻類は、動物プランクトンや底生動物に食べられ、さらに、それらは小魚に食べられる。小魚もまた、大型肉食魚の餌食となる運命にある。餌生物は、捕食者の体の一部となり、残りは糞として排出される。運良く食べられずに天命をまっとうした生物は死骸として湖底に沈んでいく。これらの糞や死骸は細菌により分解され、栄養塩類となって再び藻類の増殖に利用される。このように水中に存在する「もの」は「食う・食われる」の関係を通して、有機物や無機物にかたちを変えながら湖の中を循環している。

このような生物の輪廻を食物連鎖という。「食う・食われる」の関係があたかも鎖のようにつながっている様を思い描いてほしい（図1a）。しかし、実際の生態系はそれほど単純ではない。例えば、大型肉食魚が食べる餌生物が一種類しか存在しないということは滅多にない。複数種の小魚を食べたり、エビを食べたり、ときには、動物プランクトンを食べたりするだろう。捕食者がそれぞれ複数の餌種を食べると、この「食う・食われる」の関係は鎖状ではなく、網目状になる（図1b）。この形状に準えて、最近は食物網と呼ぶことが多い。無論、多種多様な生物が存在するからこそ、食物網という概念が成り立ちうるのである。

それでは、この複雑な食物網を紐解くにはどうすればよいだろう？それぞれの動物が採餌している現場を観察するのが最も確かな証拠となるにちがいない。しかし、魚のように湖内を広範に泳ぎまわる動物の採餌行動を追跡するのは容易なことではない。魚を捕まえて胃の中に入っている餌生物を調べてみたらどうだろうか？この方法だと、数時間ないし数日前に食べたものは判るかもしれないが、一週間前や一ヶ月前に食べたものは判らない。ましてや、何をどのくらい食べたかなど皆目検討がつかない。そこで、先ほどの安定同位体分析の話を思い出してほしい。安定同位体分析を用いると、着目する動物の食歴を推定することが可能である。生態系内の個々の種についてこの分析を行うと、炭素および窒素同位体比を軸とした座標平面上に生物同士を「食う・食われる」の関係で結んだ食物網を描くことができる（図2）。

この安定同位体分析によってプロットされた食物網の図から生態系に関する様々な情報を読み取ることができる。例えば、捕食者と餌生物の炭素同位体比が類似した値を取るという一般則に基づいて、捕食者が複数の餌生物をそれぞれどれくらいの割合で利用したか推定することができる[5]。また、捕食者が餌生物を食べると、その窒素同位体比が三～四‰上昇するという規則性から、それぞれの動物の栄養段階を推定することも可能である[6]。図2の例では、食物網の頂点に立つ肉食魚の栄養段階が四から五の間にあることがわかる。

図1

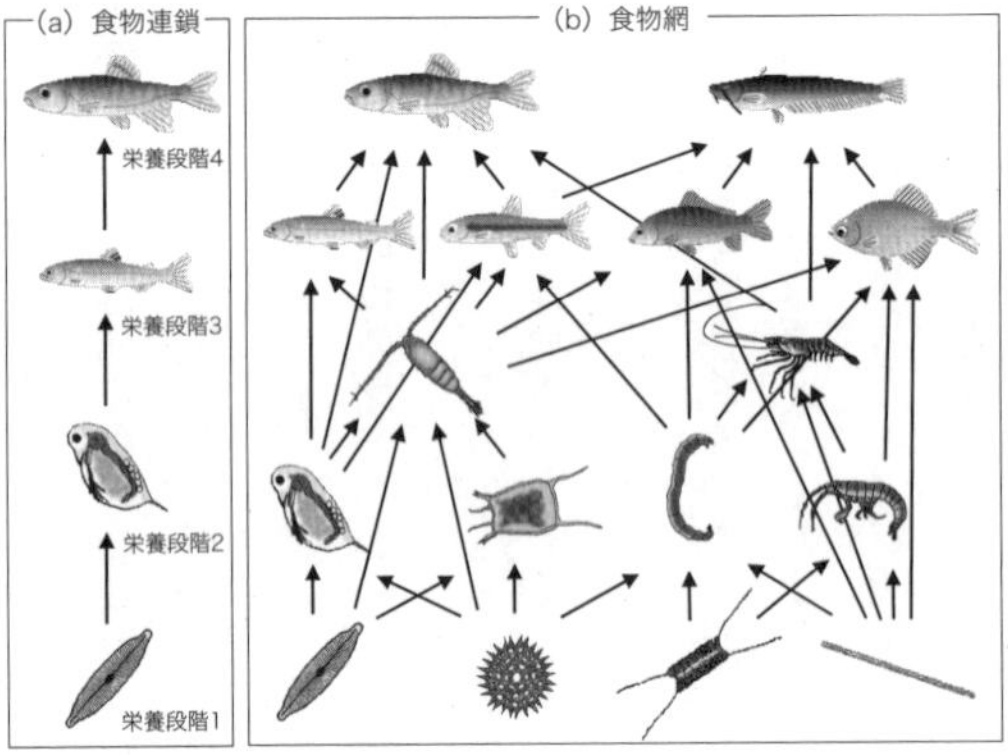

図2

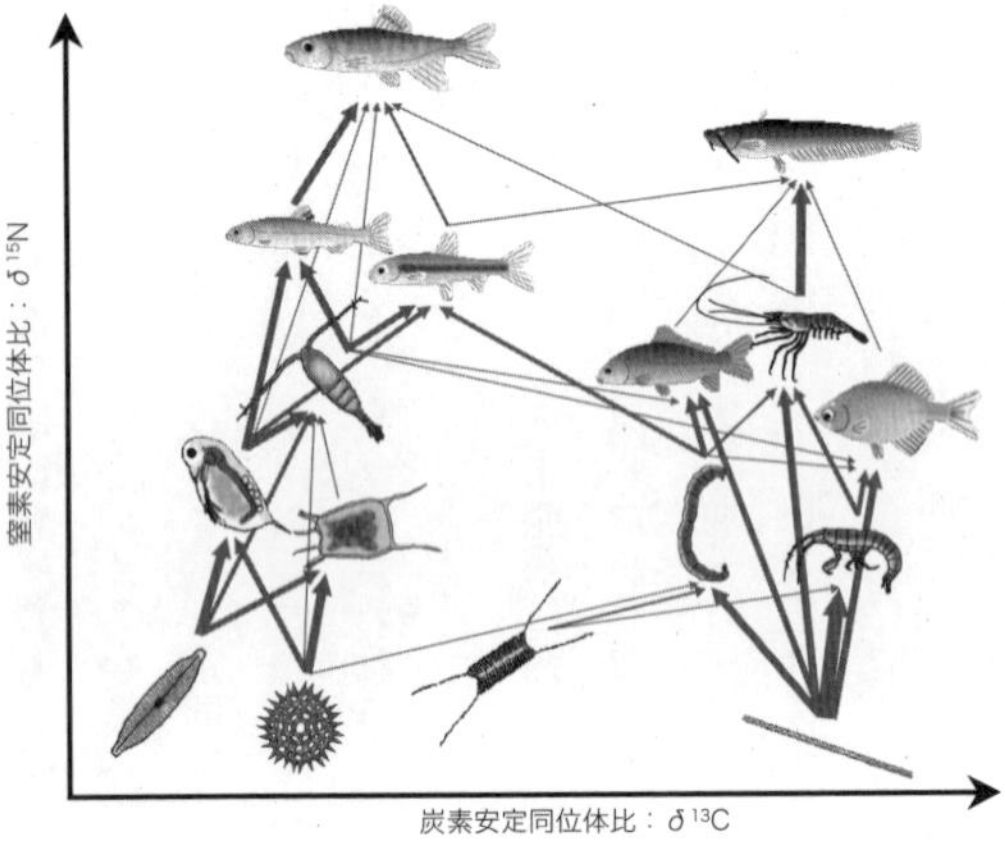

図1　食物連鎖（a）と食物網（b）の模式図．魚のイラストは http://www.ginganet.org/mari/ から許可を得て掲載．

図2　炭素・窒素安定同位体比の座標平面上に描いた食物網．炭素安定同位体比は食物網の基点となる植物の値を反映する．個々の動物の窒素安定同位体比は栄養段階の高さを表す．矢印の太さは個々の動物が食べた餌の割合を示す．

陸水学の歴史

安定同位体分析に用いる試料は、今まさに採集されたばかりの生物である必要はない。生物組織が腐敗しないよう密閉保存されていれば、その安定同位体比は変化しないので、過去に採集された生物でも有効だ。水生生物標本は、通常、防腐剤としてホルマリンやエタノールなどの有機溶媒に浸されているので、この条件を満たしている。残念ながら、防腐処理によって生物組織の一部が有機溶媒の炭素と置換されるため、炭素同位体比の正確な情報は失われてしまう。しかし、窒素同位体比の情報は有効であることが確かめられている。[7] 先に述べたように、窒素同位体比は栄養段階に関する情報を含んでいる。そこで、私は、あることを思いついた。様々な年代の生物標本の安定同位体比を調べれば、それらの食歴、ひいては、その当時の琵琶湖の食物網を復元できるのではないかと。

私が籍を置く生態学研究センターの前身は、京都医科大学附属大津臨湖実験所である。本邦初の陸水学を専門とするこの実験所が設置されたのは一九一四年(大正三年)、今から一世紀近くも昔のことである。[8] 実験所の設立に尽力した川村多実二博士は日本陸水学の第一人者として多くの業績を残してきた。その中でも特筆すべき功労と言えば、やはり琵琶湖での生物収集と新種記載の数々であろう。これらの活動が、今日の琵琶湖における生物多様性認識の礎となっていることは言うに及ばない。彼

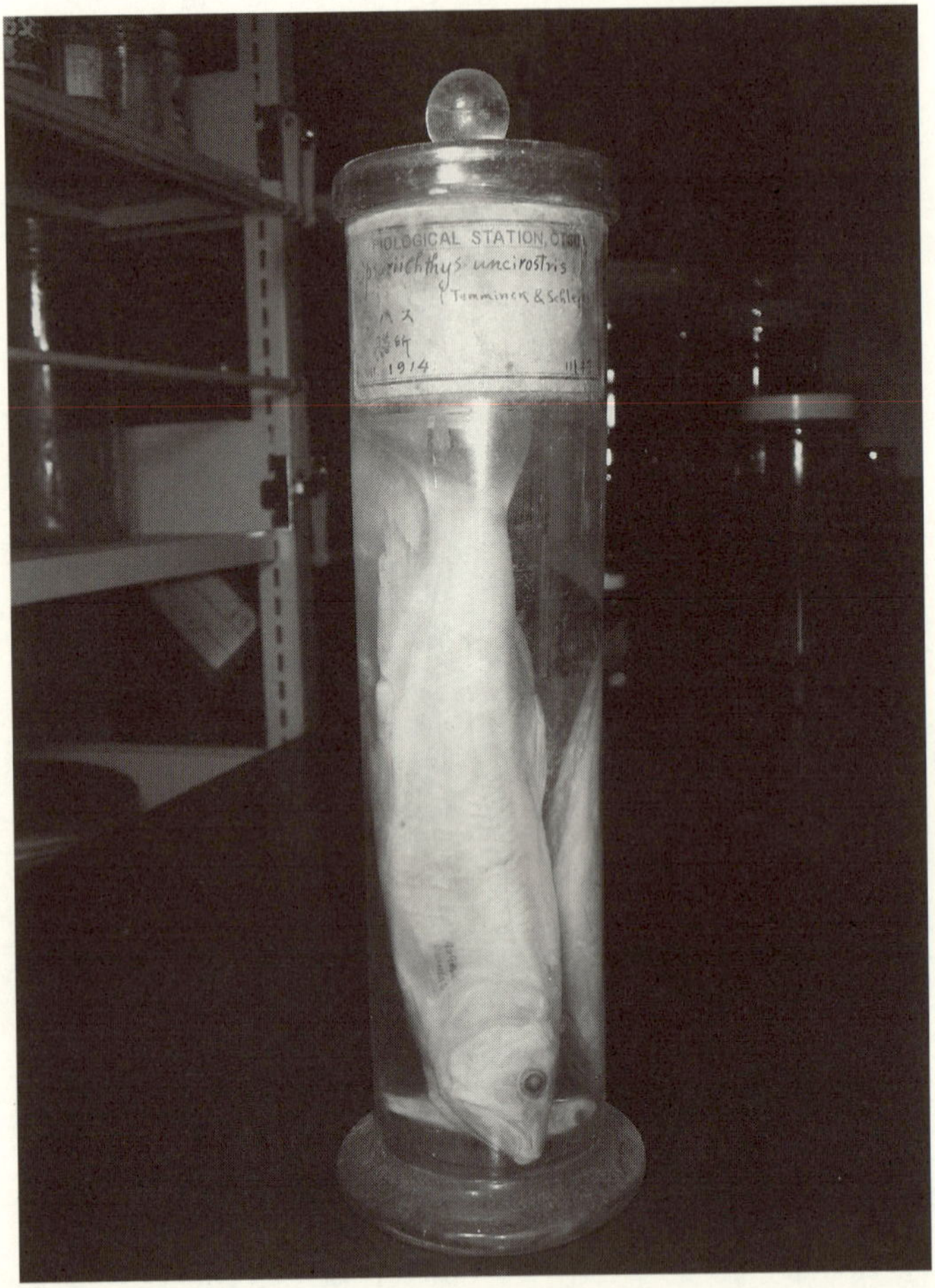

図3　1914年に川村博士が大津市膳所にて収集したハスの標本

の意志は、多くの徒弟に脈々と受け継がれ、その活動は今なお続けられている。この膨大な数の生物標本は、現在、京大総合博物館に大切に保管されている。セピア色に褪せた本人直筆ラベルの標本瓶を手に取ると（図3）、陸水学の発展と普及に熱意を燃やした博士の志がひしひしと伝わってくる。もちろん、安定同位体という概念すら存在しなかった当時、このような目的で標本が利用されることになろうとは、博士も全く予想しなかったことだろう。

生物標本が語る琵琶湖生態系の歴史

さて、随分と回り道をしたが、そろそろ本題に入るとしよう。本章の目的は、琵琶湖の生態系の変化を科学のツールを用いて語ることにあった。科学のツールとは、もちろん安定同位体分析のことである。この手法を用いて、実際に、生態系の物質循環において重要な役割を担う食物網の変化を探ってみる。

それでは、安定同位体分析の結果をお見せしよう。過去の食物網を復元するには、様々な種の生物標本の分析が必要である。しかし、紙面の都合上、その全てについて一つ一つ解説する余地がないので、ここでは一種の生物に絞って話を進めることにする。着目する種は、ハスという魚である。本種はコイ科の仲間で、日本では、琵琶湖とその近隣の湖にしか自然分布しない。この魚はコイ科では珍しく魚食性を示す。つまり、琵琶湖の食物網の高位に君臨している。なぜ、このような高次捕食者を選んだかは後述するとして、まずは安定同位体分析の結果を見てみよう。

窒素同位体比の値は、そのままでは栄養段階について何ら情報を与えてくれない。この値から食物網における栄養段階の高さの情報を得るには、注目する生物の窒素同位体比が一次生産者の値からどれだけ上昇したかを知らねばならない。ここでは栄養段階が一つ上がるごとに窒素同位体比が三・四‰上昇するという仮定を置いて、各年代におけるハスの栄養段階を計算した[9]。図4は一九一四年から現在に至るハスの栄養段階の変化を十年単位で表したものである。六〇年代までは、栄養段階が三・五の近傍で推移し、統計的に有意な変化は見られなかった。栄養段階三・五というのは、動物プランクトンとそれを食べる小魚を半々ずつ食べた場合に実現される値である（図5a）。魚食性だからといって必ずしも魚しか食べないわけではない。魚が食べられなければ、小さな動物プランクトンも食べるので、このような中間的な値をとる。

大きな変化は七〇年代以降に現れた。まず、七〇年代に栄養段階が急激に上昇し、その値は四を上回った。これは、小魚を主食としたときに実現される値に相当する（図5b）。しかし、八〇年代から九〇年代にかけて、栄養段階は急激な減少に転じ、三近くまで落ち込んだ。

さて、七〇年代以降、ハスの食性に何が起こったのだろう？　琵琶湖が異変をきたし始めたのは、

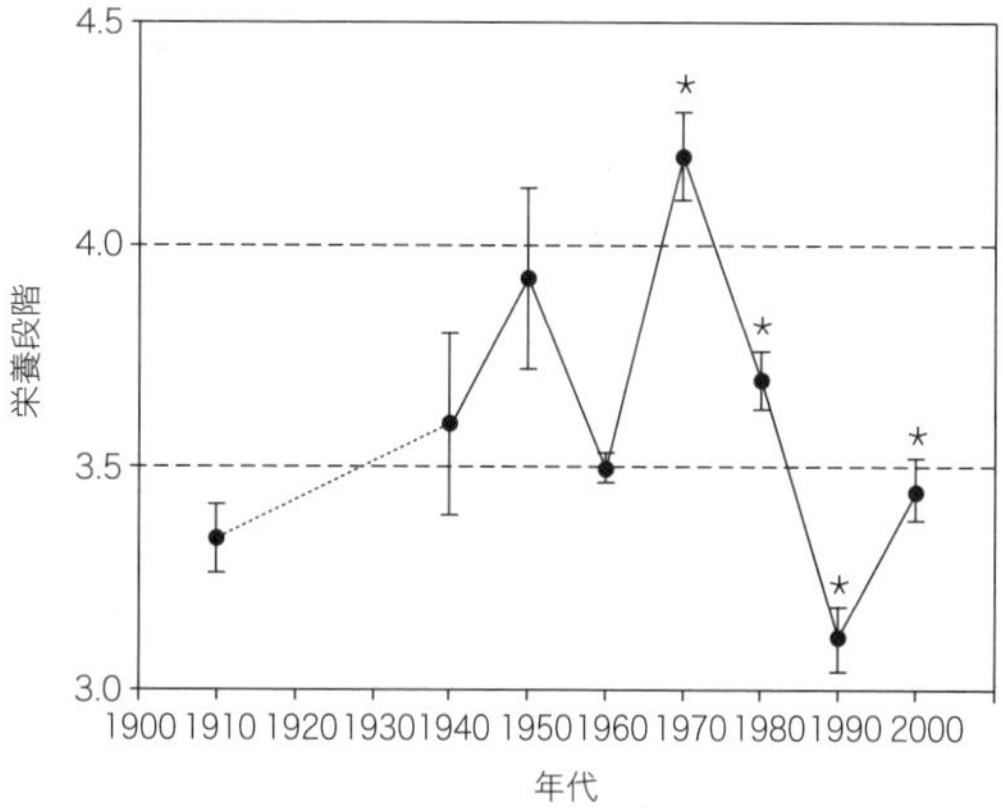

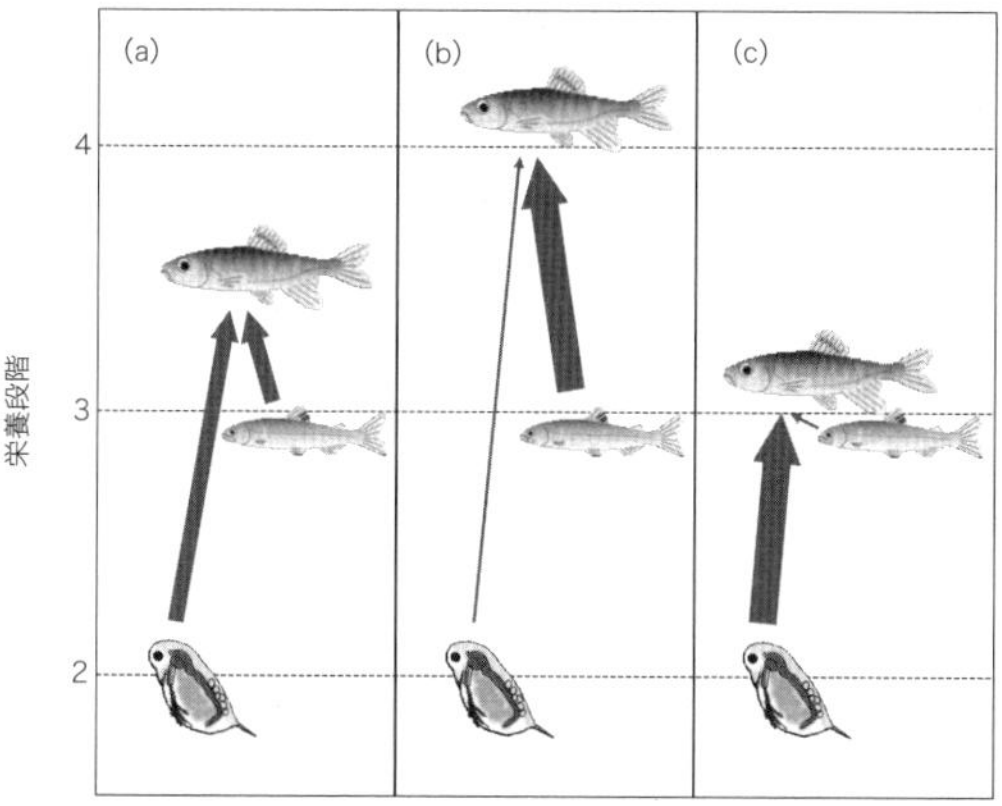

図 4　1910 年代から現在までのハスの栄養段階の変化．全長で補正後の平均値と標準誤差(縦棒)を示す．＊印は年代間で統計的に有意な変化があったことを意味する．

図 5　ハスの食性と栄養段階の関係．(a) 動物プランクトン (栄養段階 2) と小魚 (栄養段階 3) を半々ずつ食べた場合．(b) 主に小魚を食べた場合．(c) 主に動物プランクトンを食べた場合．矢印の太さはそれぞれの餌を食べた割合を示す．

日本が高度経済成長期に突入した六〇年代後半であると言われている。周辺の農工業廃水や生活廃水など栄養分に富んだ水が琵琶湖に流入することによって植物プランクトンが増殖し、湖が汚濁化したのはちょうどこの頃である。これを富栄養化という。水が濁るというのは、人間の立場からみると好ましくないことのように思えるが、そこに住む生物たちにとっては餌となる有機物が増えて好都合な場合もある。七〇年代にハスの栄養段階が上昇したのは、湖全体の生産性が増すことによって、ハスの餌となる小魚が増えたためであると考えられる。実際に、琵琶湖の魚介類の漁獲量も七〇年代に増加した（滋賀県農政水産部水産課　水産統計資料）。もちろん、富栄養化も度が過ぎると、深刻な問題を引き起こす。赤潮やアオコと呼ばれる植物プランクトンの異常増殖によって生じた過剰な有機物が細菌によって分解されると、湖の貧酸素化が引き起こされる。貧酸素化は、魚類の大量斃死の原因ともなる。

さらに、琵琶湖では八〇年代以降、オオクチバスやブルーギルなどの肉食性外来魚の増加が顕著になり、在来魚の食害が懸念されるようになった[10]。また、護岸改修や湖周道路建設による湖岸の水生植物帯の減少や水位操作による湖岸の後退が、在来魚をその生息・産卵地から追いやる結果となったとも指摘されている[11,12]。今のところ、どの要因が在来魚の減少に致命的であったか、はっきりとした答えは出ていない。しかし、いずれにせよ、人間活動が在来生物の生息を脅かしているのは明白である。ハスの栄養段階が三近くまで減少した九〇年代は、在来魚が激減した時期とよく一致する[9]。ハスの餌となる小魚の減少によって、より栄養段階の低い餌を食べざるをえなかったのかもしれない（図５c）。

最後に、なぜ、分析対象を高次捕食者に絞ったかお答えしよう。この広い琵琶湖の中にどのような種が何個体ぐらい生息しているか把握することは、限りなく不可能に近い。しかし、琵琶湖の食物網の頂点に立つ生物の安定同位体比を調べることによって、食物網の構造、特に、食物網の頂点の栄養段階の高さがどのように変化したか客観的な尺度で示せることがお分かりいただけただろう。食物網とは、そこに住む生き物たちの「食う・食われる」の関係を通した生態系の縮図である。その食物網の変化は、物質循環を司る生態系機能の変化を意味する。つまり、高次捕食者の安定同位体比を指標として、生態系の機能が正常に働いているか否か、言うなれば、湖の健康状態を診断することができるというわけだ。

琵琶湖のあすを読む

本章では、安定同位体分析を用いて、琵琶湖生態系の歴史を眺めてみた。過去の試料から歴史を復元するアプローチは、様々な科学分野で試みられている。「歴史科学は懐古主義だ」などとしばしば揶揄される。しかし、過去を顧みることは決して後ろ向きではない。過去に起こった事象から未来を予測し、次世代により良い環境を残すための判断材料を与える前向きな科学なのである。

水が澄み、沢山の魚が群れ泳ぐ本来の琵琶湖を取り戻せる日は、いつになるだろう？

第2節 里山の重要性

椿　宜高

日本の農村は、ふつう稲作を中心になりたっている。稲作は自然湿地にイネを植えることから始まったと思われるが、稲作に都合が良いように、水田に色々な改良を加えて発展してきた。人工の湿地である水田の特徴は水田の水管理カレンダーを見るとよくわかる（図1）。一般的な自然湿地との違いは（1）毎年、水のない時期が半年ほど続くこと、（2）水のある時期でも水深が浅く、暖かい水温が保たれること、（3）中干しや間断灌漑のため時々水が枯れることである。そのため、水のない時期を乗り越える手段を持っている特定の生物の繁栄を促して来たと考えられる。水田に加えられた改良はこれだけではない。水田の周りには水田の水量を管理するために多くのため池がつくられ、水路が整備されてきた。集落の周りには農用林を確保し、そこで日常的に薪や柴をとり、落ち葉を集めて燃料や肥料にし、水田の維持と集落の暮らしが維持されてきたのである[1]。

「里山」とは、かつては集落のまわりにあった農用林のことであった。しかし、農業の近代化とともに農用林が使われなくなり、切り払われて住宅地に変る、あるいは放置されて暗い照葉樹林に変化しつつある。農業の近代化による田園風景の変化は、林だけでなく、田んぼ、ため池、小川、水路などにもおきている。そのためか、最近では、伝統的な田園風景を残している農村全体を里山と呼ぶことが多くなってきた。

なぜ里山は多くの生き物のすみかになるのか

里山の二次林にはキツネやタヌキ、イタチ、イノシシなどの哺乳動物、シジュウカラやモズなどの鳥類、オオムラサキやカブトムシなどの昆虫類が、また、水田やため池、小川にはオイカワやフナなどの魚類、カエルやトンボ、ホタルなど、様々な生き物が生息している。いずれもふつうに里山に生息している生物たちである。しかし、何の知識もなしに里山を訪れてもかれらに会う事は困難である。特定の生きものはかなり限定された環境で生息しているからである。例えば、カブトムシを見つけたい場合、水田に出かけてもダメで、樹液をたくさんだしているクヌギやアベマキなどの二次林がねらい目になる。オイカワを釣りたければ、小川の淵や瀬の構造を知り、どこに釣り糸を垂れるかを考えなければ釣果はあがらない。里山に見られる生物の生息地の多くは、彼らが活動する季節や時刻につ

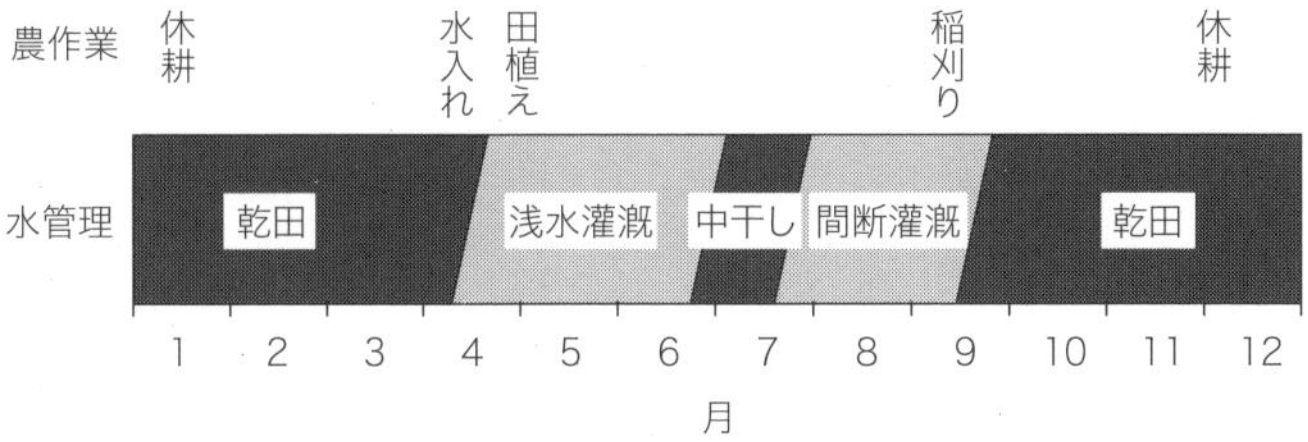

図1　水田の水管理カレンダー．水田にすむ生物は季節的な水の変化に合わせた生活環を持つ種が多い．

いての知識も必要になる。つまり、里山に多くの生物が生息しているのは、里山が非常に複雑な生態系だからである。そして、里山に人々の関心が集まるのは、知れば知るほどその面白さがわかってくるからだと思われる。

それでは、なぜ里山は複雑な生態系になったのだろうか。そのおもな理由は、集落の生活のために継続的に自然に手を入れてきたことにある。自然の生態系には遷移とよばれる変化が常に起きている。人間が森林を切り払い農地にした場所も、人の手が入らなくなると次第に薮となり、低木林やアカマツ林などをへて極相林へと変わって行く。湿地の場合には水生植物が繁茂し、その遺体が蓄積して次第に乾燥化し、樹木が侵入して同じような経過をたどって森林へと変化する。この間、百年から数百年程度であるから、使われなくなった農地はあなたの孫かひ孫の時代にはもう森林に変わっているかもしれないのである。どのような極相林になるかは気候帯や土壌条件によって違うが、我が国では多くの場合カシ林やブナ林へと変化する。人間が開墾して水田をつくり水路を使う、二次林から薪をとる、落ち葉を集めるといった作業は、遷移を部分的に引き戻す働きがある。そのため、里山にはいろいろな遷移段階の環境が混在しているわけである。人の手が入ることによって、自然の遷移によるよりもさらに多様な環境を生み出してきたのだと思われる。結果的に、遷移初期に適応した種から極相林に適応した種まで、様々な生物が生息できるのである。

このことは、多くの種類の生物が共存するには、多くの要素が複雑に絡み合った自然環境が必要であることを示唆している。我々が抱いている豊かな自然のイメージは、しばしば里山のイメージと重なるだろう。その理由は、たくさんの生物が複雑にかかわり合って維持されている里山の生態系の姿を、遠い祖先から今日にいたるまで、我々が見続けてきたからではないだろうか。

指標としての生物多様性

自然環境の指標として生物の種数（生物多様性の尺度のひとつ）が使われることがよくある。たとえば、たくさんの野生生物が見られる里山を「優れた環境の農村地域」と評価するなどである。間違いとまでは言わないが、誤解されやすい言い方なので少し説明しておきたい。

この章のはじめに述べたように、生物多様性とは生物学的な意味だけでなく社会科学的な意味でも使われる。困ったことに、生物学の中でさえいろいろな意味で使われている。たとえば熱帯林と寒帯林の違いや、川と海の違いは生態学的多様性、染色体数の違いや遺伝形質の違いは遺伝的多様性、トンボとチョウの違いや動物と植物の違いは分類学的多様性といった具合である。社会科学的な多様性は、生物ごとの価値の違いということになるだろうか。これだけ意味が広いので、ひとつの尺度ですべての意味の生物多様性を測ることはとうてい無理である。目的によって異なる尺度を使い分けるしかない。しかし、もっとも汎用性の高い尺度は思いつく。それが種数である。種数がよく使われるのは次のような理由によると考えられる。

（1）種数はいろいろな生態学的多様性の代用となることがある。たとえば、遷移の初期段階から極相林に変化する過程は種数に反映される。社会科学的な生物多様性、つまり生物の価値の多様性も種数で代用可能なことが多いだろう。

（2）現実的にすばやく認識でき、信頼性の高い分類の単位は種である。それより大きな単位（属や科など）への分類は専門家の間でさえ意見の一致が見られないことがある。種より小さい単位は、遺伝子を分析しないと分からないことも多く、誰もが簡単に見分けられる単位ではない。

（3）一八世紀以来の種の記載を基本にした分類学の蓄積によって、種数は他のどの生物多様性の尺度よりも桁違いに大きな情報源となっている。

このようなわけで、生物多様性の指標として種数が使われることが多いのであるが、いつでもどこでも種数が生物多様性の指数になるというわけではない。ここでは、里山に見られる生物の種数は何を表現しているかを考えてみたい。そのために、トンボ類をその例として話を進めることにする。トンボがなぜ生物多様性の指標として優れているかはだんだん分かってくると思う。

種ごとに生息環境が違う里山のトンボたち

ほとんどのトンボは幼虫期を水中で生活し、成虫期になると水域から出て陸上で生活する。トンボの生息場所といえば、川や池、湿地などを思い浮かべるので、水域が重要だと考えがちだがそれだけではない。たとえば、水田の水路近くでよく見かけるハグロトンボの生息場所には、幼虫が育つ流れの緩やかな小川だけでなく、羽化の足場となる植物、羽化した成虫が成熟するための採餌場所、成熟成虫のねぐらとなる森、雌雄の出会い場所となるヨシ原、雌が産卵する植物などが含まれている必要がある（図2）。ほとんどのトンボについて同様のことが言え、生活史のステージによって異なった場所が必要になる。

ハグロトンボによく似た、もう少し流れの速い川にすむカワトンボは、森の中で生活している。成虫の羽化は木に登って行い、採餌は林内の日だまりで、雌雄の出会いは林内の川面で、産卵は川岸の抽水植物や流木に行われる。カワトンボの場合は森のなかだけで生活史を完結できるが、やはり活動の場として森の中の様々な場所を必要としている。

ではどのくらいの広さで考えればよいだろうか。ハグロトンボの場合は、幼虫が成長する水域から数百メートル以内の距離にねぐらとなる森林があればよいと思われる。水域と森との間は水路がなく

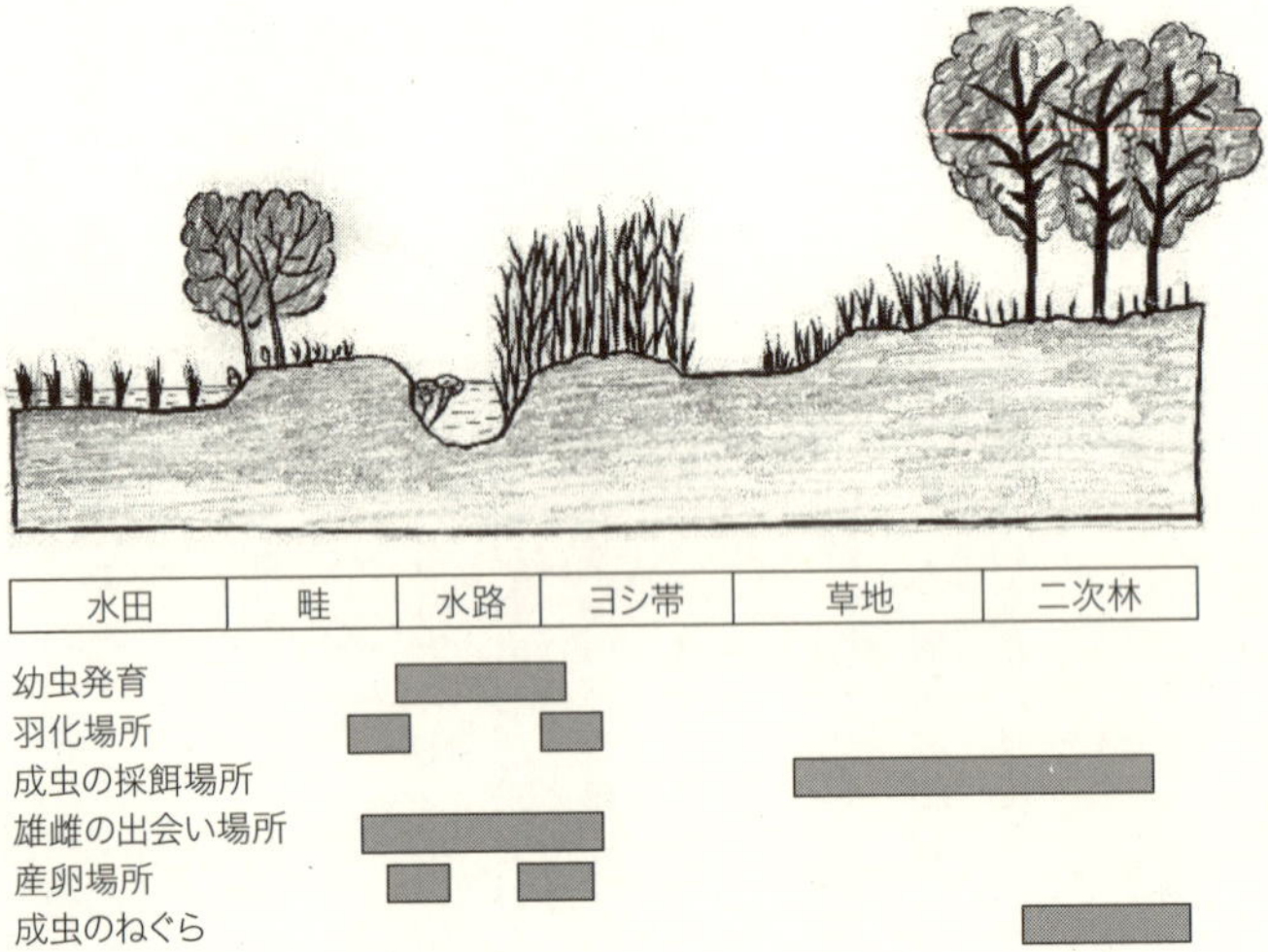

図 2　ハグロトンボの主な活動に使われる場所

ても、つまり道路でも畑でも平気で移動するようである。いっぽう、カワトンボの個体が動きまわる範囲は数十メートル程度だと考えてよいだろう。

極端に活動範囲の大きな例として、ウスバキトンボをあげることができる。この種は熱帯の季節風に乗って移動し続けながら世代を繰り返している。南西諸島の一部を除いて、日本では越冬することができないが、毎年多数の個体が大陸から飛来する。西日本では「盆トンボ」の別名があり、お盆頃になると空いっぱいに広がった大群が押し寄せるのを見ることができる。最近は飛来する個体が四月頃から見られるようになってきた。ウスバキトンボは雨上がりの水たまりにも産卵し、短期間しか続かない池であっという間に幼虫期を終えて次の繁殖地へと移り住んで行く。

ウスバキトンボほどではないが、池やため池でよく見られる止水性の種の多くは移動性が高く、新しい生息場所ができるとすぐにすみつく傾向がある。ただし、それぞれの種の生息には種に特徴的な必要条件や好みの組み合わせがあるので、場所ごとにどのような種が飛来するか、ある程度の予想は可能である。いっぽう、流水性の種には移動性の低いものが多く、ほとんどが森の中で、あるいは森の近くで生活している。このような種は森が伐採されるといなくなってしまう可能性が高く、新しい生息場所ができても他からのすみつきは遅いと考えられる。しかし、森林に依存していることから生息可能な場所は予測しやすいとも言える。

里山でよく見られるトンボの生息場所の特徴を表1にまとめてみた。井上・宮武[2]や椿・辻[3]が整理し

表1　里山で普通に見られるトンボの種類とその主な繁殖場所．繁殖場所とは雌が産卵する場所をさすが，雄雌が出会って交尾する場所でもあることが多い．

		流水					止水					
番号	普通に見られる里山のトンボ	渓流	中流	下流	湧水からの流れ	水田や湿地の水路	湖	水生植物のないため池	森に囲まれたため池	水生植物のあるため池	水田	湿地
1	キイトトンボ										●	●
2	アオモンイトトンボ							●		●	●	●
3	アジアイトトンボ							●		●	●	●
4	クロイトトンボ								●	●	●	●
5	セスジイトトンボ									●	●	●
6	モノサシトンボ								●			
7	オオアオイトトンボ								●			
8	ホソミオツネントンボ									●	●	●
9	アオイトトンボ									●		●
10	アオハダトンボ		●		●							
11	ハグロトンボ		●	●		●						
12	ミヤマカワトンボ	●										
13	カワトンボ	●										
14	ムカシトンボ	●										
15	ムカシヤンマ				●							
16	ヤマサナエ		●									
17	コサナエ					●				●	●	●
18	ダビドサナエ		●									
19	オジロサナエ	●	●									
20	アオサナエ		●				●					
21	オナガサナエ	●	●									
22	ウチワヤンマ						●	●		●		
23	コオニヤンマ		●				●					
24	オニヤンマ	●	●	●		●						
25	サラサヤンマ								●			
26	コシボソヤンマ		●									
27	ミルンヤンマ	●										
28	カトリヤンマ					●			●		●	
29	ヤブヤンマ								●			
30	ルリボシヤンマ									●		
31	オオルリボシヤンマ									●		
32	マルタンヤンマ									●	●	
33	ギンヤンマ							●			●	
34	クロスジギンヤンマ								●			
35	コヤマトンボ		●				●	●				
36	オオヤマトンボ						●	●				
37	ハラビロトンボ										●	●
38	シオヤトンボ					●					●	●
39	シオカラトンボ							●		●	●	●
40	オオシオカラトンボ								●		●	●
41	ヨツボシトンボ									●		●
42	ショウジョウトンボ									●	●	
43	コフキトンボ									●		
44	ミヤマアカネ					●						
45	ナツアカネ										●	●
46	アキアカネ										●	●
47	ヒメアカネ											●
48	マイコアカネ									●		●
49	マユタテアカネ					●					●	●
50	リスアカネ								●			
51	コノシメトンボ							●				
52	ノシメトンボ										●	●
53	ネキトンボ								●			
54	コシアキトンボ							●	●			
55	ウスバキトンボ						●	●		●	●	●
56	チョウトンボ									●		
	合計	7	11	2	2	7	6	10	11	18	20	20

た資料をさらに単純化したものであるが、場所によって見られるトンボの種類ががらりと変わることがわかると思う。トンボ類が生物多様性の指標として優れている点は、種数が多すぎも少なすぎもせず、種名がわかりやすいことである。また、生息に必要な環境の要素が種ごとに違うため、どんな環境にもなにがしかの種が出現することも便利な点である。どんな種がいるかによって、そこがどんな環境であるかを逆に読みとる事ができるのである。たとえば、あるため池に観察に行くと、表1にあげた止水域に現れるトンボのうちの何種かを見ることができるだろう。

種数は場所の複雑さを表現している

ここで、トンボの多様性から生息場所のほうに視点を移し、ある場所で見られるトンボの種数が何を意味しているかを考えてみよう。表2を見て欲しい。これはある農村の三つのため池（A、B、C）で観察されたトンボの成虫の種類をまとめたものである。ため池はトンボの生活史のある時期を過ごす場所（成虫にとっては雌雄が出会い、産卵する場所）でしかないが、多くのトンボ達が集まる場所になる。それでも、ため池の様子によってどんな種が飛来するかは異なっている。ため池Aは樹木に囲まれた池で、岸には抽水植物が生え、水中にも水草が繁茂しており、いかにもトンボが好きそうな池である。ため池Bは周りに樹木はないが、中には抽水植物と水草が生えている。最後のため池Cはコンクリートで囲まれ、周りの植生はほとんどない。中には水草が少しだけ生えている。ため池の水面の大きさはほぼ同じである。これらのため池で見られたトンボの種数を比べると、全部の種がため池Aに現れている。ため池BやCには一部の種しか出現していない。しかも、ため池Cの構成種のほとんどはAにもBにも出現している。

流水域に出現するグループと止水域に出現するグループでは顔ぶれが異なるが、グループ内だけに限定するとこのような入れ子構造になることがトンボの種類構成のひとつの特徴である[3]。つまり、種数は生息地の中に水草や樹木があるかなど、トンボの生息に必要な要素がいくつ存在するかよって決まることを示唆している。

では、トンボの種数が多いため池は良い環境にあると言えるだろうか。そう簡単にトンボの種数を環境指数に読み替えるわけにはいかない。種数が多いことは、環境が複雑であることの指標にはなるが、良い環境かどうかとは別の話である。良いか悪いかという言い方には価値観が含まれているからである。複雑であることは良いことであるという価値観のもとでは正しいかもしれないが、そうでなければ種数は環境の良さとは関係のない指標でしかないのである。

ただ、人間活動による環境へのインパクトは、総じて自然界を単純化する方向で進んでいる。農村では生産効率が重要視され、農作物を生産するのに不要な要素はどんどん削り取られているのが現状

表2　三つのため池（A，B，C）で観察されたトンボの種類．ため池内やその周囲の植生によって種数が変わる．

ため池	A	B	C
水面積（m^2）	320	442	374
水草	抽水植物と水草	抽水植物と水草	ほとんどない
岸の植生	樹木	草と低木	コンクリート
アオモンイトトンボ	22	10	
アジアイトトンボ	45	16	25
クロイトトンボ	5	2	
セスジイトトンボ	17	5	
モノサシトンボ	2		
コサナエ	1		
ギンヤンマ	3	4	1
クロスジギンヤンマ	1		
シオカラトンボ	8	5	3
オオシオカラトンボ	2		2
ショウジョウトンボ	6	2	
マユタテアカネ	7	8	
コシアキトンボ	3	1	

である。人間と自然とのゆったりとした関わりによって保たれて来た野生生物の生活空間は、そのために失われてきたと総括することができるだろう。その結果、メダカなどの魚類が水田で見られることはほとんどなくなってしまった。カエルも水田から姿を消しつつある。里山は野生生物たちにとって、わずかに残されたすみかなのである。

里山の危機と復活

里山は農業、薪や草の採取などで人間が適度に撹乱することで維持されて来た生態系である。ところが一九六〇年頃から化学肥料や農薬、農機の導入によって里山の利用形態は大きく変化し始めた。薪、落ち葉、下草などは燃料や肥料として使われなくなったため、農地を区画整理される際に多くの農用林は切り払われ、小川の多くはコンクリートで固められた直線的な水路に改修されてきた。さらに最近になると、水田の水管理は地下のパイプラインを用いた灌漑システムに置き換わろうとしている。

そのうえ、農村では若い人の農業離れによって高齢化が進み、管理ができなくなった水田や森の売却が多くなり、里山は宅地造成地、道路、ゴミ処分場、ゴルフ場などへと変化してきた。山際に近い水田や森は放置され、ススキやクズが繁茂する、モウソウチクやマダケが密生するなど、簡単には人が入れないほど荒れてしまった所も少なくない。

かつてはほとんどの農村が自然の豊かな場所だったのであるが、水田の変貌と消失、農用林の荒廃によって、現在は作物生産の効率最大化をめざす近代的農場と、近代化に取り残された里山との二極に分かれつつある。そして、このままでは里山はしだいに消えて行く運命にあるように思える。

農村はいつまでも自然と遊べる場所であってほしい。「里山」という呼び方にはそんな願いが込められているように思われる。外国から輸入される安い農産物との競争を迫られている今の時代、もう昔の里山には戻ることは困難であろう。しかし、農家にとっても、都会にすむ人にとっても魅力的な農村は皆で考えれば作れるはずである。近年、日本各地で、里山を保全する活動が行われるようになってきた。[4] 里山に手を入れながら植物、動物の生態や行動の観察を通じて自然の働きを学ぶ、農家と都会の人の集まりによる活動である。このような活動が、人間活動と自然環境の関係を未来へと持続させる新しいスタイルとして発展することを期待したい。

第3節 里山生態系と草原生態系の新しい危機

藤田 昇

これまでの里山の危機

以前の日本における里山風景は、炭焼きや柴刈り、落ち葉かき、草刈りなどで、我々の心の原風景ともいえる。これは人間の利用による里山の撹乱ともいえるが、それが里山生態系を維持してきた。ところが昭和三〇年代の燃料革命（石油や石炭などの化石燃料の使用）と化学肥料の使用が進み、そのような適度な撹乱が長年途絶えてしまった。これは結果的に里山林と田の畦の遷移の進行を促し、キキョウ・オミナエシ・フジバカマといった秋の七草をはじめとする里山の生物の減少・絶滅を引き起こした。京都の東山では、社寺庭園の借景であったアカマツ林がシイの林に移り変わって問題となっている。それが、これまでの里山の危機であった。

里山の新しい危機

しかし、近年、里山の新たな被害が目立ってきた。シカ・イノシシ・サル・クマなどの大型獣の里山への出没で、農作物の被害が目立って報告されるようになった。一方で、特にシカの食害で里山林自体が荒れてきており問題となっている。約三〇年前には、近畿地方では大台ヶ原、伊豆の天城山、神奈川県の丹沢山など奥山でのシカの食害が目立っていた。その後だんだんとシカの食害は広がり、京都でも北山の八丁平、京都大学の芦生演習林の一部などで目立ってくるようになった。近年はシカの食害はさらに広がり、芦生演習林では全域で林床のササが全滅に近く異様な景観となり、都市近郊でもシカの食害が目立ちはじめている。京都市の深泥池のような都市域でも浮島にシカが入り込み、カキツバタやミツガシワなどの貴重植物が食害を受けている。このままでは、シカが食べない特殊な植物だけが優占した、生物多様性の著しく低い里山になってしまう恐れが高い（口絵6）。これが里山の新しい危機である。

シカの被害とは

植物は動物の食害に対して防衛することが知られている。害虫などの植食性昆虫に対する防衛については、本書の「関係の章第3節」にその例をみることができる。しかし、体の小さい昆虫に比べてシカのような大型の草食哺乳類は植物の防衛が効きにくい。餌が豊富にあるとシカは好みの植物を選んで食べるが、餌が少なくなるとあまり好まない植物をも食べはじめる。例えば、アセビ（馬酔木）は馬が酔っぱらう木という漢字があてられているようにシカは食害しないと思われていたが、餌不足になるとアセビも食害を受けるようになった。樹木ではナギ、林床植物ではバイケイソウ、イノモトソウ、トリカブトなどシカの食害が見られていない植物は限られている。樹木は幹と枝が年中地上にあり、葉だけでなく枝先の芽が食害されるとその枝は生長できなくなる。シカが食害できる高さは限られるが、若い樹木が食害で枯れると後継樹がなくなって森林は更新できない。また大きな樹木でも餌不足で樹皮をはいで内側の形成層（生きた成長する部分）が食害される（図1）と枯れてしまう。

図1　シカによる樹木の幹剥ぎ跡

●シカの被害が拡大したわけ

なぜ、最近、里山でシカの食害が目立つようになったのだろうか。その決定的な原因は分かっていないが、いくつかの原因が考えられる。一つは、人間がシカを食べなくなったことである。第二次大戦後の食糧難の時代にはシカが減り、現在、シカの食害に悩まされている神奈川県の丹沢や九州地方では一時期シカが絶滅するとして保護されたほどである。しかし、人間がシカをほとんど食べなくなり、シカの価格低下とハンターの高齢化・減少により、シカが増える一方となった。もう一つは、スギ・ヒノキ・カラマツなどの針葉樹の人工造林地の急増である。昭和三〇年代以降の高度経済成長による木材需要の増大に応じて広葉樹の自然林が全国各地で皆伐され、当時の住宅材として需要の高かった針葉樹の人工造林が拡大造林政策として全国で積極的に推し進められた。自然林の伐採跡は植物が茂り、シカの良い餌場となるが、針葉樹の造林地はシカの餌に乏しい。そのため、拡大造林はシカを増やす一方、残された自然林と里山にシカを集中させる結果を招いた。その他、シカは冬季に五〇センチメートル以上の積雪地では餌を取れなくて越冬できないと言われている。しかし温暖化による暖冬、積雪の減少により越冬地が増えたこと、里山での人間活動（炭焼きや柴刈り、落ち葉かき、草刈り）がなくなったために、シカが里山に入りやすくなったこともシカの増加に関係しているといわれている。

ちなみに人間は枯れ草を食べて生きてはいけない。しかし、シカは枯れ草が餌となり、草の枯れる冬季や乾季でも生存できる。シカやウシ、ウマなどを草食大型哺乳類とよび、これらの動物は消化管に枯れ草の主体であるセルロースなどの繊維質を分解できる微生物を生息させているからである。とくにシカやウシなどは大きな胃をもち、いったん飲み込んだ繊維質を口にもどして再咀嚼する反芻を行うので、繊維質の五〇〜八〇%を分解してエネルギー源にできる。ウマは反芻を行わないが盲腸に微生物が生息し、繊維質の三〇〜四〇%を分解できる。人間でも大腸に生息する微生物で繊維質の五%程度を分解できる。

森林と草原の違い

シカは里山などの森林を破壊するが、草原ではどうだろうか。森林と草原の違いは樹木が優占するか、草が優占するかである。樹木と草を比べると樹木は大型化するので、安定した環境では森林が優占することになる。では樹木と草との違いは何だろうか？　地上の幹（茎）と枝が冬季や乾季という成長に不適な季節を超えて一年よりも長く地上に存在するのが樹木である。一方、茎と葉の地上部が一年以内に枯死するのが草である。多年生の草の場合、冬季や乾季の不適な季節には地上部が枯れ、地表や地下にある芽はシカなどの食害を受けない。また、草の中でもイネ・スゲ・ネギなどでは、葉の生長点（分裂組織）は葉の基部にあり、先を食害されても葉は成長を続けられる。これらの植物は、茎の根元からわき芽が伸び出す（分けつ）能力が高いので、茎が食べられてもすぐに再生できる。さらに花茎は穂（花序）ができてから伸び出すので食害を受けにくい。葉鞘があって葉や茎の基部を保護するので草食大型哺乳類の踏みつけにも傷つきにくい。これらの形質はシカ等の食害に対して適応進化した形態的特徴といえる。そのような形質を持つイネの仲間のイネ科植物、スゲの仲間のカヤツリグサ科植物、ネギの仲間のネギ属植物は草原を代表する植物となっている。

モンゴル草原にて

草原を代表するイネ科草本と草食大型哺乳類は白亜紀（六五〇〇万年以前）に同時に進化してきた。人類がヤギやヒツジを家畜化したのは八〇〇〇〜一万年前と考えられており、それ以後は牧畜によって草原が広がった。二〇〇〇年以上遊牧が続いているモンゴルの草原で家畜の摂食と草の種多様性の関係を調べた。家畜の摂食圧が大きいほど草の背丈は低くなるので、摂食圧は草の高さから判断することができる。調べてみると、草の高さと種多様性の関係は中ほどの草の高さで種多様性が最大となった（図2）。すなわち、家畜の摂食を受けるとその摂食圧の増加とともに草原植物の種多様性は高くなり、逆に摂食圧が大きくなりすぎると種多様性が低下するという関係にある。シカの例との対比で興味深い点は、里山などの森林は草食大型哺乳類の食害で生物多様性が失われ衰退するのに対し、草原はシカや家畜の摂食によって逆に生物多様性と生産力が保たれ、森林に遷移することなく維持されているのである。このように草原では、草食大型哺乳類は草と共進化の関係にあるといえる。

食害防衛の多様性

草といえども食べられことは被害であり、草食大型哺乳類の食害に対し草原の植物は多様な方法で防衛する。一つは、先に述べたイネ・スゲ・ネギのように食べられても被害を小さくするとか、逆に食べられることを利用する方法である。これらの植物は葉の基部に生長点があるので葉の先を食べられても葉が成長できるだけでなく、葉の先の古い部分が食害されると基部の若い葉が光を受けるようになり、光を受ける葉が若返って光合成が活発になるので食害がプラスにもなる。また、イネ科植物はセルロースや珪素が多くて枯れても菌類や微生物によって分解されにくい。古い枯れ草が残ったままだと新しくのびる若い葉のじゃまになるが、冬季や乾季に草食大型哺乳類に枯れ草が食べられると春季や雨期のはじまりに若い葉がよく成長できるようになる。

次は、堅くなるとか味がまずくなるといった変化によって草食大型哺乳類が食べるのをいやがるようにする方法である。堅い稈（茎）をもつイネ科植物（図3左）とかアザミやイバラのように堅い刺をもつような抵抗を物理的防衛といい、アヤメ（図3右）、アセビ、バイケイソウのように葉に毒になる成分を含んで味をまずくする抵抗を化学的防衛という。イラクサでは刺毛は固くないがその先に蟻酸を分泌するため、うっかり触ると大変な痛みを伴う。物理的防衛も化学的防衛も植物の生産に関わらない物質を余分に作るのでコストがかかる。したがって、防衛に投資しない植物との競争には不利である。実際、これらの植物は食害がなければ優占しない。

草食大型哺乳類は口が大きいので地表すれすれの植物は食べられない点も重要である。食べ跡を調べると体の大きいウシとウマでは五センチメートル、それより小型のヒツジとヤギでは三センチメートル程度の高さを食べ残しているので、植物の背が低ければ食害を避けることができる。このように植物が背を低くして草食大型哺乳類の食害を避ける方法を逃避という。植物が背を低くする方法の典型がロゼット葉（根出葉）（図4）をもつことである。植物は光合成を行うための葉は必要だが、その葉を地上の茎からではなく、地下部の根茎から直接出して地表に葉を開くと低くできる。それがタンポポやオオバコなどのロゼット葉である。ロゼット葉は日本のような温帯では冬に光合成を行うため

図 2

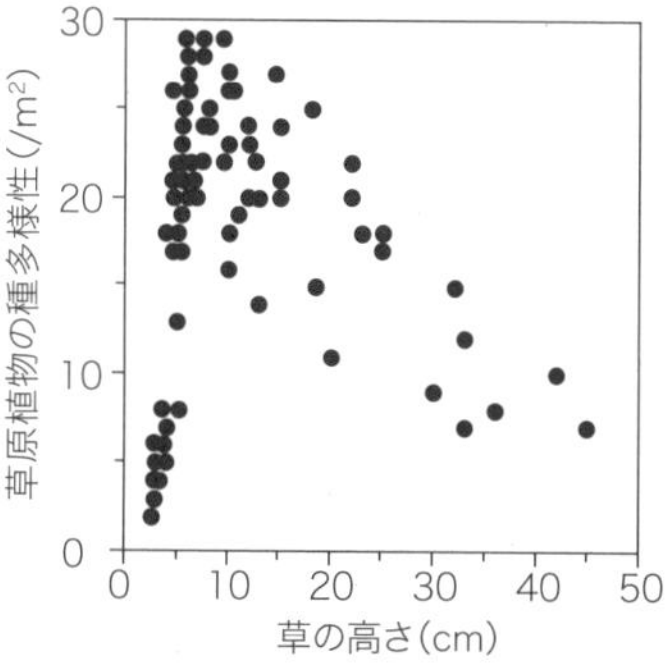

図 3

図 4

図 2　草の高さからみた家畜の摂食圧と草の種多様性

図 3　大型のグレイジング耐性植物　前年の稈（茎）が堅くなるイネ科植物（*Achnatherum splendens*）（左）と葉が有毒のアヤメ属の 1 種（*Iris lacteal*）

図 4　キジムシロ属の 1 種（*Potentilla anserina*）のロゼット葉

の器官と考えられているが、冬がもっと寒い地方では冬にはロゼット葉を含めて草の地上部はすべて枯れており、春に暖かくなってはじめてロゼット葉は成長する。遊牧が行われていて家畜の食害を受けるモンゴル草原の草はほとんどがロゼット葉をつける。花の場合は訪花昆虫や種子散布の関係で高さが必要なようで、花茎を横に匍匐させる植物も見られるが、ロゼット葉をもつ多くの草の花茎は高くなる。キク科の花に苦みがあるように、この場合は花に防御物質を含んで家畜に食べられなくしているようである。

モンゴル草原の持続性と生物多様性の危機

人間が家畜を飼うようになってからは草原の草食大型哺乳類の主役は家畜になった。家畜を養育して生活の糧とする牧畜の歴史は古く紀元前五〇〇〇年の古代エジプトにさかのぼる。モンゴルでは紀元前三〇〇〇年頃から遊牧が行われており、現在まで二〇〇〇年以上持続しているという世界的に数少ない遊牧が第一次産業となっている国である。モンゴルの牧畜は定住せず季節や天候に応じて移動するので遊牧という。モンゴルの家畜はヒツジ・ヤギ・ウマ・ウシ・ラクダで、家畜とともに居住地を夏・秋・冬・春の季節単位で移動する。

現在の牧畜の主流は日本のように畜舎や柵で囲った牧場で家畜を飼うという定住式である。しかし、家畜が同じ場所で集中的・継続的に摂食すると家畜の摂食圧が強くなりすぎて（これをオーバーグレイジングという）、裸地化や家畜の摂食（グレイジング）に抵抗力の強い植物（グレイジング耐性植物）だけの優占によって草原が単純化する。さらにモンゴルのような半乾燥地では裸地化したり、家畜の踏み荒らしによって蒸発散が増え、土壌がアルカリ化する。土地を耕す農耕も同様な結果を招くと考えられる。半乾燥地では土壌がいったんアルカリ化すると長期間元にもどらないので、グレイジング耐性植物が長期に優占し続けることになり、その草原は二度と遊牧に使えなくなる可能性すらある。

土壌のアルカリ化

草原土壌のアルカリ化は目に見えないので土壌のアルカリ化は何を基準に判断すればよいのかが問題となる。それは草原植物の種多様性である。オーバーグレイジングによる土壌のアルカリ化は時間とともに進行するので、それより先に草原植物の種多様性が低下し、先に述べたグレイジング耐性植物が優占してくる。種多様性の低下を兆候として早めに場所を移動すれば土壌のアルカリ化は避けられるわけだ。長年の農耕で土壌がアルカリ化した農地は放棄されると特定のヨモギ属植物が優占し（図

図 5

図 6

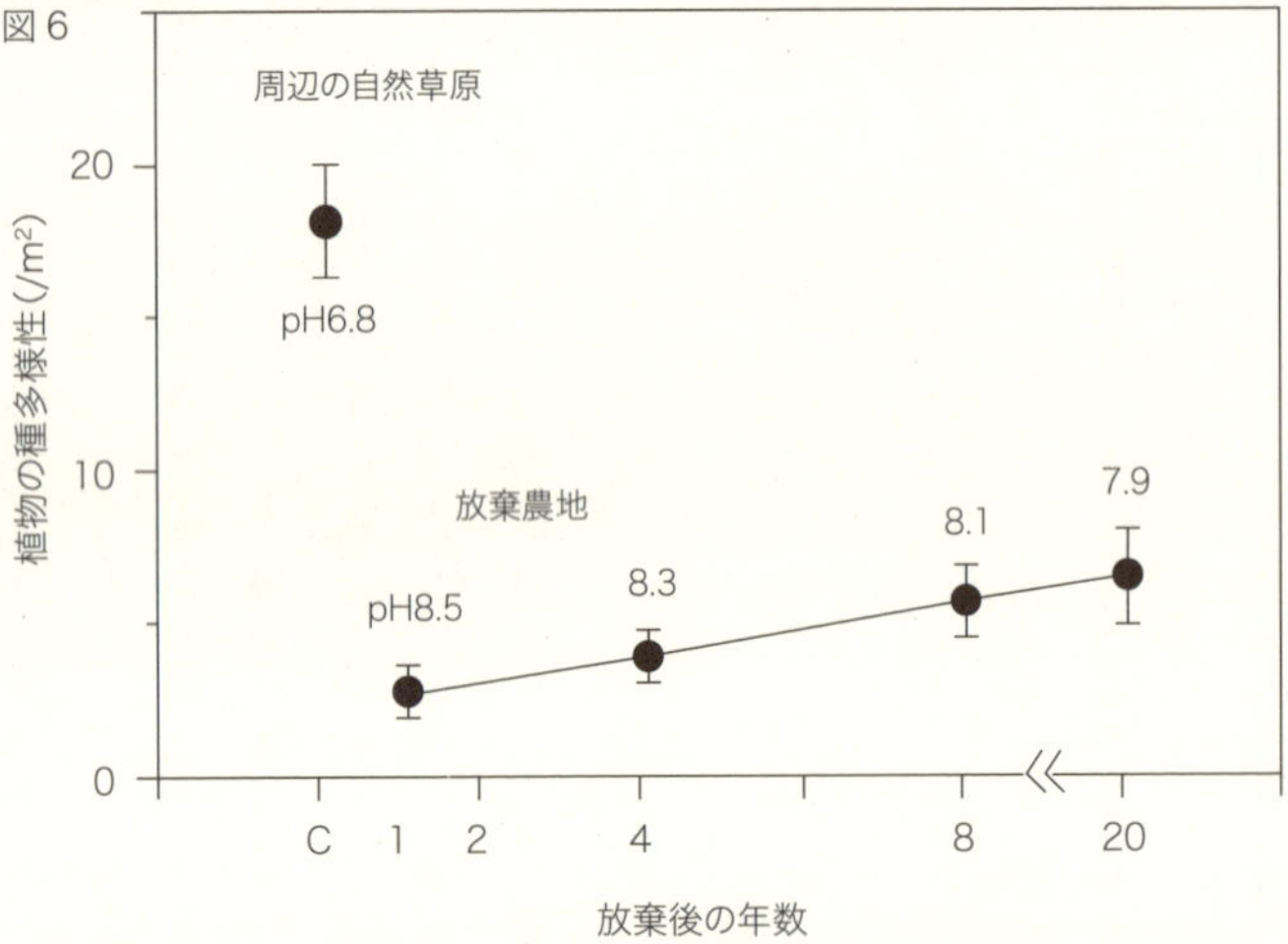

図 5　農地の放棄後に特異的に優占し，グレイジング耐性植物であるヨモギ属植物の 1 種（*Artemisia macrocephalla*）

図 6　アルカリ土壌化した放棄農地での植物の種多様性の回復　土壌のアルカリ化と種多様性はなかなか回復しない．

5)、二〇年たっても土壌のアルカリ化は残り、もとの草原にはなかなか回復しない（図6）。遊牧における家畜の自由な行動、居住地の季節単位、年単位の移動は家畜の草原に対する摂食圧を平均化し、オーバーグレイジングの継続を避ける方法である。このように人間が遊牧を行ってきたからこそモンゴルの草原はアルカリ化せずに長期に持続してきたといえる。しかし、近年はカシミヤ用のヤギの急増によるオーバーグレイジングで、遊牧が持続するかどうかの危機を迎えている。

まとめ

人間が里山を利用しなくなって里山の生物多様性が失われていくという里山の危機に加えて、近年著しく増加したシカの食害によって里山林の生物多様性が失われていくという新しい危機が生じている。これは森林を構成する樹木はシカなど草食大型哺乳類の食害に弱いためである。近年のシカの急増の原因はシカを人間が食べなくなったことや針葉樹の人工造林地が増え、広葉樹の自然林が減ったことなどが考えられる。人間は枯れ草を食べて生きていけないが、シカはセルロースなどの繊維質を微生物の力を借りて消化できるので冬を越せる。森林に比べて草原の植物はシカ等の食害に適応進化した形態的特徴をもち、草原植物は草食大型哺乳類の出現にともなって共進化してきたといえる。そのため、草原植物の種多様性は草食大型哺乳類の適度な食害によって高く保たれる。しかし、草といえども食べられることは被害である。生長点を葉の基部に移して食害を逆に利用したり、堅くなるとか毒をもってまずくなるなど食害に抵抗したり、ロゼット葉で地表に伏せて食害をさけるなど多様な方法で防衛する。人間が家畜を生み出してからは草原で牧畜がはじまった。モンゴルでは二〇〇〇年以上遊牧が続いてきた。しかし、家畜が増えるとか移動しなくなると草原の食害が著しくなる。このオーバーグレイジングによってグレイジング耐性植物の優占による草原植物の種組成の単純化と土壌のアルカリ化が生じる。半乾燥地ではいったん土壌がアルカリ化するとグレイジング耐性植物の優占が長続きし、もとの草原にはなかなかもどらない。モンゴルの遊牧は移動によって土壌のアルカリ化を避けてきたため持続してきたが、近年はカシミヤ用のヤギの急増によるオーバーグレイジングで、遊牧の危機を迎えている。

コラム3　トンボと日本人

トンボは我が国では古代から人々に親しまれてきた。銅鐸にその姿が描かれていることから、弥生時代には豊穣のシンボル、あるいは稲の害虫を退治する益虫として見られてきたと考えられる。書籍の中では、すでに「日本書紀」や「古事記」にトンボの記載が見られる。「日本書紀」によると、日本神話中の第一代・神武天皇は大和国のある丘に登り、「なんと美しい国であろうか。まるでアキヅ（当時のトンボの呼称）が交尾している姿のようである」と仰せられたとある。トンボの飛び交う水辺は豊穣で穀物のよく育つ場所である。そのため、トンボは古代人にとって五穀豊穣を促す精霊（田の神の化身）として、また多数の雌雄が輪になって連なり交尾する光景は、秋の豊作の予兆として映ったのだろう。ちなみに、このトンボはアキアカネである可能性が高い。

日本書紀と古事記の両方に出てくる、もうひとつの記載は、第二一代・雄略天皇を助けたトンボの話である。雄略天皇は吉野宮に出かけ、狩りを催した。その折、天皇の腕をアブが刺したところ、アキヅが飛んできてアブをくわえて飛び去った。天皇はアキヅの武勲をたたえ、吉野宮を阿岐豆野(アキヅノ)と名付けたとある。このトンボは、人を刺すアブを捕食できるような大きさでなければならないことか

切り絵：滝平二郎

ら、ヤンマの仲間ではないかと思われる。トンボが「勝ち虫」と言われ、兜や刀の装飾に好んで使われたのはこの逸話に由来するのかもしれない。

九州では、お盆の頃に大陸から大群で飛来するウスバキトンボを盆トンボ、あるいはショウリョウトンボ（精霊トンボ）と呼ぶ地域が多い。このトンボは南西諸島を除く地域では越冬できず、毎年南方から九州に飛来する。そして、世代を重ねながら北海道まで分布を広げることを繰り返している。ショウリョウトンボには「盆の頃に先祖の霊がトンボに乗って帰ってくるから採ってはいけない」という伝承が付随している。九州以外でも「ショウリョウトンボ」

の呼び方はあるが、ウスバキトンボではなくアキアカネやハグロトンボなどをさすことも多いらしい。いずれにしろ、お盆の頃に突然大群で現われるトンボは仏様の使者と見なしていた地域が多いようである。

古代から近代にかけて、トンボは神様や仏様の化身あるいは使者だったのだが、現在では淡水域の指標生物としての役割が期待されている。皆さんは、このごろアキアカネがずいぶん少なくなってきたことに気がついているだろうか。上空を覆い尽くして飛ぶアカトンボの群れは、稲刈り時期の農村風景として当たり前のものだったのだが、一〇年くらい前からアキアカネの大群があまり見られなくなっている。農村の環境に何かが起きているに違いない。農薬のせいだろうか、水田の水管理手法が以前と変ったせいだろうか、それとも……

（椿　宜高）

より深く学ぶために――読書案内

第1節

南川雅男・吉岡崇仁（共編）（2006）『生物地球化学』培風館
　安定同位体比分析を用いた生態系解析の方法論や研究事例について分かりやすく解説された入門書。
宮下直・野田隆史（2003）『群集生態学』東京大学出版会
　種多様性や食物網など最新の知見はもとより農林水産学への応用も扱う日本語で読める数少ない群集生態学の教科書。
占部城太郎（監訳）（2007）「湖と池の生物学――生物の適応から群集理論・保全まで」共立出版
　湖沼の生態学について個体から群集まで幅広く扱う入門書。湖沼の環境問題や湖沼生態系の保全について学ぶのに役立つ。

第2節

コーベット、P・S（2007）『トンボ博物学――行動と生態の多様性』（椿　宜高ほか監訳）海游舎
　二〇世紀の博物学の到達点が伺える世界的古典。トンボの生活史と行動と生態の多様性、ビオトープの保護のありかたを総合的に解説している。
養父志乃夫（2005）『田んぼビオトープ入門――豊かな生きものがつくる快適農村環境』農山漁村文化協会
　里山の放棄された水田を利用してビオトープを創出する提案とその技術を解説している。
日本自然保護協会（編）／石井実（監修）（2005）『生態学からみた里やまの自然と保護』講談社
　人の生活に密着していた里山、あまり身近だったために注目されていなかった里山の事例を紹介しながら、いかに保護して未来へひきつぐかを解説している。
武内和彦・鷲谷いづみ・恒川篤史（編）（2001）『里山の環境学』東京大学出版会
　里山や里地の保全をどのように進めていくかについて、科学、市民、行政などさまざまな立場から論じている。

第3節

高槻成紀(2006)『シカの生態誌』東京大学出版会

日本列島に生きるシカの生態について動物生態学と植物生態学という二つの座標軸から描いている。

湯本貴和・松田裕之(編著)(2006)『世界遺産をシカが喰う――シカと森の生態学』文一総合出版

シカの摂食の森林生態系への影響を、シカが増える要因と対策の視点から論じている。

小泉博・大黒俊哉・鞠子茂(2000)『草原・砂漠の生態』共立出版株式会社

熱帯・温帯・ツンドラの草原の環境と生態について解説されている。

山口裕文(編著)(1997)『雑草の自然史――たくましさの生態学』北海道大学図書刊行会

雑草的性格の草原植物についての歴史、分類、適応、進化、生活が解説されている。

V

生態系の章

生態系の多様性　その秘密を解き明かすアプローチ

生命が誕生してしばらくのあいだ、地球は、もともとあった有機物を生物が細々と利用するという消費型の世界であった。やがて、光エネルギーを化学エネルギーへと変換できる光合成が発明されると、二酸化炭素と水から有機物を生産するとともに、気体の酸素を排出する微生物（シアノバクテリア）が現れた。さらに、この気体酸素を使って有機物を酸化し効率よく化学エネルギーを取り出す仕組み「呼吸」を持つ微生物（好気性従属栄養細菌）が現れた。この細菌は、有機物を利用すると同時に、光合成に必要な窒素やリン、鉄などの元素をリサイクルする機能も担い始めた。このようにして地球の生命圏には、太陽のエネルギーを基点としてそのエネルギーを分配し、物質を循環させる自立型の生命システム「生態系」が発明された。それから長い年月が過ぎ、我々の直接の祖先である真核生物が現れた。かれらは、呼吸機能を獲得するために細菌の一種（これがミトコンドリアの祖先）を細胞内にとりこみ、複雑な細胞内システムを発明して多細胞化にも成功した。一方、シアノバクテリアの一種（これが現在の葉緑体の祖先）を細胞内への取り込んだ生物が、現在の植物プランクトンや陸上植物の祖先となった。このように、我々も含めた地球上の動植物がみな、太古の地球において自立型生態系を発明した生物たちをからだの細胞ひとつひとつの中に秘めていると考えると、なんだかとても不思議である。

やがて陸上に進出した植物は、巨大化を遂げる。これは、光を求めて互いに相手よりも高いところに伸びようとする競争のためであると考えられている。このような進化は陸上に限ったものであり、光が届く海の表層に留まるために浮力を維持しなければならない植物プランクトンの場合とは異なっている。このように巨大で複雑な構造物を地上部に作り出した樹木は、動物たちに多様な住み場所を提供し、地上の生物の多様化に大きく貢献した。しかし同時に、陸上は、体の周りを水で囲まれて窒素やリンなどの栄養元素が手に入りやすい海の中とは違っていた。栄養元素は土壌中に局在しているばかりではなく、土壌の構造的な複雑さのせいで、根のすぐそばにある栄養元素を吸収するのも水中に比べて容易ではなかった。そこで陸上植物は、土壌から効率よく栄養元素を吸収するために、新たに土壌中の多様な微生物と手を取りあい、栄養塩をリサイクルするための巧妙な相互作用システムを構築したのである。海と陸の構造的な違いとそれに対応した生物の戦略の違いが、植物と微生物の関わり合いに大きな違いをもたらしたのかもしれない。

この章の第1節では、陸上に進出した植物が最も大型化し、巨大な構造物を作り上げている熱帯の森について紹介する。熱帯の森林生態系は多種多様な昆虫、鳥類や哺乳類を育むゆりかごであると同時に、地球上の炭素循環や気候を大きく左右する機能を担っている。ここでは、この巧妙で貴重なシステムを土台から支えている樹木と土壌中の微生物たちとの関わり合いについて詳しく見てみる。第2節では、海の中で繰り広げられている微生物の間の多様な関わり合いについて紹介する。光合成細菌と従属栄養細菌が手を取り合って生態系の大黒柱となり、その後に現れた多くの種類の多細胞生物の生活を支えている仕組みは、現在も海の中で続いているのである。彼らの営みは、熱帯の森林と同様に地球上の炭素循環や気候を大きく左右する機能を担っている。長い時間《とき》の中で高度に進化を遂げてきた生態系の巧妙な仕組みについて学びながら、太古の地球で我々の祖先がしてきた数々の画期的な発明にも想像を膨らませてみよう。

［三木　健］

第1節　熱帯降雨林の生態系——樹木と土壌微生物の協奏曲

北山兼弘・潮　雅之・和穎朗太

熱帯降雨林の中の生物たち

一年を通して暑く、雨の多い赤道熱帯地域の森林は、熱帯降雨林と呼ばれる。熱帯地域の森林というと皆さんは何を想像されるだろうか？　ほとんどの方が、巨大なジャングルの姿を想像するだろう。森林が巨大なこと、つまり樹木の高さが高いために、地表は昼でも薄暗い。林冠と呼ばれる、葉の集合した明るい先端部分から地表にかけて、光の量が大きく変化する。また、葉自体の量やそれを支える枝の量も上方で多く、下に向かって急激に減少する。このような樹木の葉や枝の量の分布を空間構造と呼ぶが、熱帯降雨林の空間構造は複雑で、これは森林の高さと密接に関係している（図1）。

図1

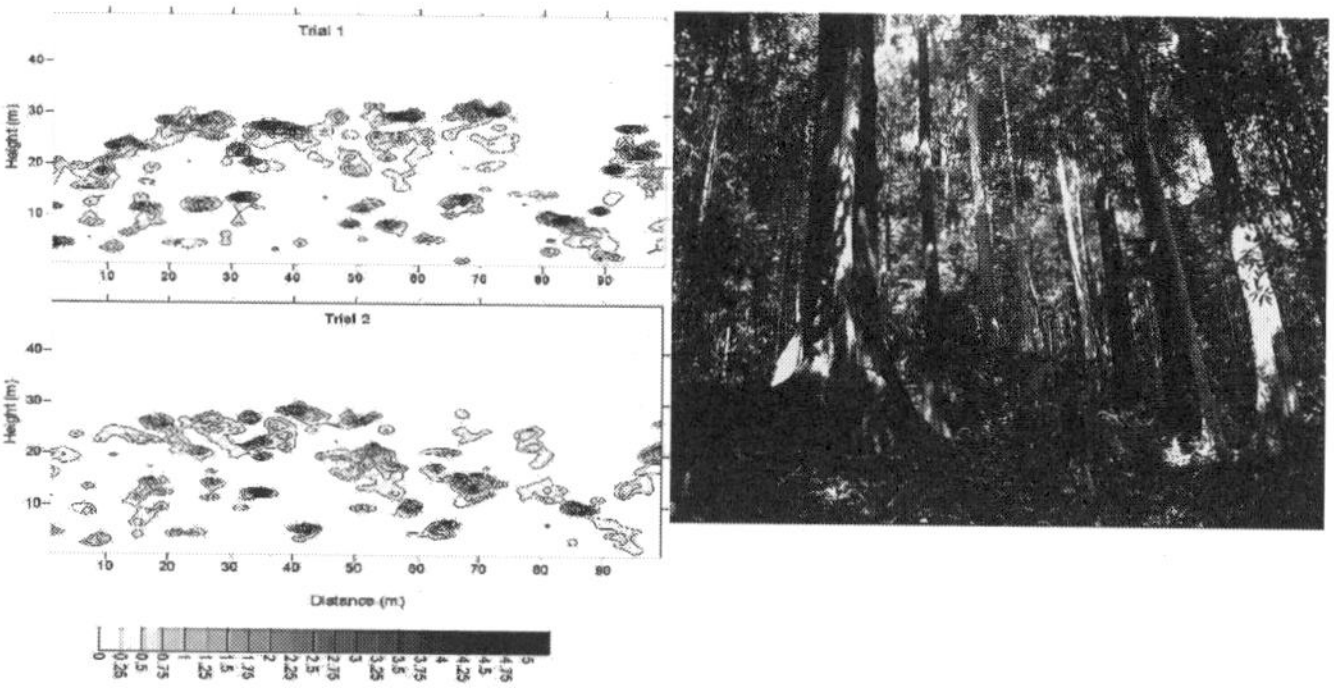

図2

図1　熱帯降雨林の断面を葉群の複雑な空間分布によって示した．左の図で，黒い部分は葉が密集していることを示している．葉の量は下層に向かって減少するが，上層（林冠）の高さが高ければ，その葉群の分布パターンは複雑になる．マレーシア，サバ州デラマコットでレーザーを照射して測定した例（阿久津公祐　未発表）．

図2　熱帯降雨林の林冠と林床における哺乳動物相の違い．出典はWhitmore (1975)．

空間構造の複雑性のために植物以外の多くの生物も高さ毎に棲み分け、総体として実に多様な生物が存在する結果となっている。図2は、哺乳動物の熱帯降雨林内における垂直分布を示したものだ。主に林冠に棲む動物と、暗い地表に棲息する動物とに分かれている。もっとも、この棲み分けは、光の強さだけに依存したものではなく、エサの分布や天敵となる捕食者との関係でも決まってくる。しかし、熱帯樹木の高さが高いことが、そのような関係を生み出し、多様な生物を支える大きな要因となっていることは間違いない。東南アジアの熱帯降雨林では、樹高の最高記録が八六メートルであるが、一般的には林冠の高さは六〇メートル前後である。

なぜ熱帯樹木は背が高いのか？——必要条件と十分条件

それでは、なぜ、熱帯の樹木は背が高いのだろうか?実は、それを説明する生理学的な理由はよくわかっていない。樹木側の条件としては、風や強い雨に打たれても倒れにくい、機械的に強い幹を保持する必要があるといわれている。ボルネオテツボクと呼ばれるクスノキ科の高木は、幹の材の一定体積（一立方センチメートル）当たりの重さ（比重）は一・〇グラム以上あって、水に沈んでしまう。このような材を持つ高木種は機械的な衝撃に対して強いと考えられる。さらに、樹木は高い梢まで水や栄養塩を輸送しなければならず、この輸送力と〝高くなれること〟には密接な関係があると思われる。栄養塩とは、土壌に存在する植物の成長に欠かせない無機養分のことで、水とともに植物に吸収される場合が多い。もし、大気や土壌に乾燥が生じると、樹木の葉はその気孔と呼ばれる通気孔組織を閉じてしまい、水の輸送ができなくなってしまう。さらに強い乾燥が生じると、梢そのものが枯れ下がってしまい、高い樹高は達成できなくなってしまう。このため、樹高と乾燥度には因果関係があり、熱帯降雨林地帯では湿潤な気候のために高い樹高が達成される条件が整っていると考えられる。

次に十分条件を考えてみたい。十分条件としては、水と栄養塩が豊富であることが挙げられる。水は豊富に土壌中に存在するが、実は栄養塩についてはむしろその濃度（土壌重量当たりに存在する栄養塩の重量）が低い場合が多い。それだけではなく、熱帯特有の赤土が植物の栄養塩吸収を妨げるような効果を持つことがわかっている。それにもかかわらず、植物が栄養塩を充分に吸収して、巨大な森林を作り上げることができるのは、実は土壌に棲息するたくさんの動物や微生物の活動があるからだ。

熱帯土壌と土壌の栄養塩

表1に示したデータは、巨大な熱帯降雨林が一年に必要とする栄養塩の量である。一ヘクタール当

表1　熱帯降雨林の栄養塩要求量．樹高 60m の巨大な熱帯降雨林は 1ha 当たり，1 年間にどれくらいの栄養塩を必要としているのだろうか？ボルネオ島キナバル山の標高 600m で得られたデータ．落葉として地上に戻る栄養塩の 2 倍を要求量と仮定して計算した．

	カリウム	マグネシウム	カルシウム	リン	窒素
年間の必要量（kg/ha/ 年）	64.2	44.8	78.4	4.6	225.2

たり、樹木は年間これくらいの量の栄養塩を土壌から吸収していると見積もられている。この中でも窒素やリンといった元素は特に重要だ。植物もヒトと同じように、タンパク質の源となる窒素、あるいは代謝を支えるリンを充分に吸収しなければ生長ができないばかりか、生命の維持さえも難しくなってしまう。これらの栄養塩は土壌鉱物や、落葉などの有機物から徐々に土壌水に溶け込んで、植物に渡る。植物が吸収可能な土壌栄養塩の濃度（単位土壌量当たりの栄養塩の量）をある時点で調べてみても、必要量よりもかなり濃度が低い。溶けだしたある時点の濃度だけではなく、どれくらい速く溶け出すのか、その速度がむしろ重要である。この速度に関わっているのが、分解者と呼ばれる生物群である。

分解者について

栄養塩が落ち葉から土壌中に溶けだしてくると書いたが、実は溶け出すのではなくて、落ち葉の有機物が多くの生物によって分解されている。分解とは、タンパク質やデンプンのような高分子の有機物が単純な化合物に変化することである。この分解には、分解酵素が関わっており、それらは土壌中の微生物によって生産されている。また、微生物による分解に先立って、落ち葉はシロアリやダンゴムシなどによってバリバリと食べられ、細かく粉砕されるが、この過程も広い意味での分解に含まれる。土壌微生物や土壌動物の多くが、この分解によってエネルギーを獲得する。窒素やリンは分解によって無機物となり、栄養塩として植物に再利用されるわけである。しかし、窒素やリンは微生物自体にも必要とされるため、分解によって無機物となる総量の全てが植物に利用されるわけではない。熱帯林生態学の一般的な教科書には、「熱帯では土壌中の栄養塩の濃度は低いが、落葉や落枝に含まれる栄養塩が土壌の表層で速やかに分解されて、植物に吸収される」と、説明されていることが多い。下の土壌がやせていても、落葉に含まれる栄養塩が漏れることなく循環されているから、大丈夫というわけである。

図3は栄養塩の循環を示した模式図である。このうち、一つの森林内で循環する栄養塩の流れを内部循環といい、これに漏れがないこと、すなわち効率的な循環であれば赤土が少々やせていても、巨大な森林が維持されることになる。本当に、熱帯ではこの栄養塩の内部循環が効率的なのだろうか？実は、熱帯林土壌には別の問題がある。それは、赤土が栄養塩を吸着してしまうという問題だ。

●土壌をよく見てみよう

土壌はそれを構成する粒子から成っており、この粒子はさらに微細な粘土鉱物に分解できる。突き詰めていけば、元素までたどり着くが、これらの元素が一定の規則性を持って構成しているのが粘土と呼ばれる鉱物であり、その最小ユニットのサイズは二マイクロメートル以下と極めて微細だ。さらに微細な鉱物になると〇・二マイクロメートル以下のものがあり、これは細菌よりもサイズが小さい。図4は、熱帯降雨林地域にもっとも多く見られる赤土（オキシソルと呼ばれる）を構成する鉱物の最小単位を電子顕微鏡で拡大した写真だ。赤土の独特の色は、中に含まれる多量の鉄が酸素と化合してできた鉄酸化物の色である。鉄酸化物は鉄が錆びた物質なので、いわゆる鉄錆び色である。この微細な鉄酸化物粒子の集合体の表面には突起や溝が多く、これが栄養塩を吸着する能力と関係しており、植物に栄養が渡らなくなる原因の一つとみられている。また、微細なために表面積が非常に大きく、これも栄養塩を吸着させる能力を高めている。このように特殊な熱帯土壌の上で、なぜ栄養塩は効率的に循環しているのだろうか？これには、個々の分解者の高い活性や、様々な生物の集合体（群集）の分解における相補的な関係が関わっていると考えられている。

図3

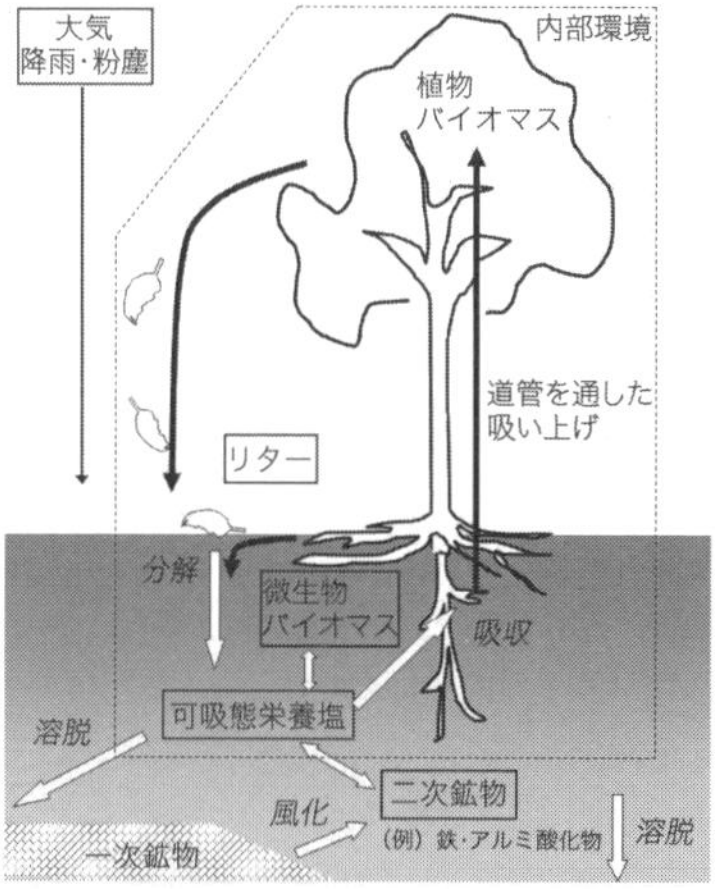

図4

図3　熱帯降雨林内での栄養塩の循環経路.

図4　熱帯降雨林の赤土の正体. 赤土を構成する鉄酸化物粒子の集合体（ゲータイト）の電子顕微鏡写真（Molloy1988より）.

多様な分解者

それでは、熱帯降雨林の土壌中にはどのような分解者がどれくらい存在するのだろうか？また、それらは日本のような温帯の森林の分解者と比べて分解能力が高いのだろうか？

まず、分解者の多様性から見てみたい。分解者は大きく分けて、土壌動物と土壌微生物に分けられる。土壌動物は、微少（原生動物など）、中型（トビムシなど）、大型（ミミズ、シロアリなど）に分けられる。表2には、熱帯降雨林の例としてボルネオ島のキナバル山で調べられた大型土壌動物の密度と多様性を示した。ここでは、大型土壌動物の生息密度は、一平方メートル当たり一四七一個体で、そのうちアリ類が最も多く、全個体密度の四五%を占める。次に多いのがシロアリ類である。これらの土壌動物の多くが落ち葉や倒木の分解に直接関わっており、残りはトビムシのように菌糸を食べる菌食者グループやクモのように他の動物を補食する捕食者グループから成る。

表2　熱帯降雨林にみられる大型土壌動物の多様性と密度．ボルネオ島キナバル山の標高600mで調べられた例．調査は，一定面積の枠内から，深さ一定に土壌を切り出し，それをシートに広げて目視によって土壌動物を採集する方法を用いた（Ito ら 2002 より）．

Oligochaeta（ミミズ）	10.66
Araneae（クモ）	69.29
Prostigmata	10.66
Oribatida	5.33
Armadillidiidae	5.33
Other Isopoda	5.33
Diplopoda	10.66
Symphila	5.33
Lithobiomorpha	21.32
Geophilomorpha	26.65
Collembola	85.28
Campodeidae	10.66
Japygidae	10.66
Isoptera（シロアリ）	191.88
Blattodea	5.33
Thysanoptera	5.33
Psocoptera	21.32
Hemiptera	31.98
Pselaphinae	10.66
Staphylininae	42.64
Other Coleoptera（adult）	63.96
Other Coleoptera（larva）	31.98
Diptera（larva）	117.26
Hymenoptera（アリ）	671.58
合計密度	1471.08

土壌中の微生物を見てみよう

実は、土壌中にどのような微生物がどれくらい存在するのかはほとんどよくわかっていなかった。最近は、土壌中のDNAや生化学物質を手がかりにして、その多様な実態が解明されはじめている。ここでは、私たちのグループが、やはりボルネオ島のキナバル山で行った研究成果を紹介したい。私たちが土壌微生物の多様性解明に用いた手法は、土壌中に微量に含まれるリン脂質脂肪酸という有機物を使った方法である。リン脂質脂肪酸という有機物は、生物の細胞膜を構成する物質で、微生物にももちろん存在する。微生物のグループ毎にリン脂質脂肪酸の脂肪酸部分の組成が異なっていることが知られており、この物質の組成の違いを基にして土壌中に含まれる微生物のグループを同定する方法である。熱帯降雨林内の様々な地点や深さから土壌を採集し、それを有機溶媒にいれてリン脂質脂肪酸を抽出し、その組成を決定することによって得られた結果が図5である。この分析によって、土壌中に細菌、菌根菌、腐生の真菌類、放線菌、原生生物というグループの微生物が存在していることが示された。一口に土壌の微生物といっても色々なグループに属するものが低地熱帯林土壌の中に存在していることが分かってもらえるだろう。それでは、これらの微生物はどのような特徴を持っているのだろうか?

細菌の持つ特徴

土壌中から最も多く抽出されたのは、細菌由来のリン脂質脂肪酸であった。適した環境下では、その小さなサイズと大きな比表面積のため、細菌は低分子の有機物を素早く分解吸収し、増殖すること

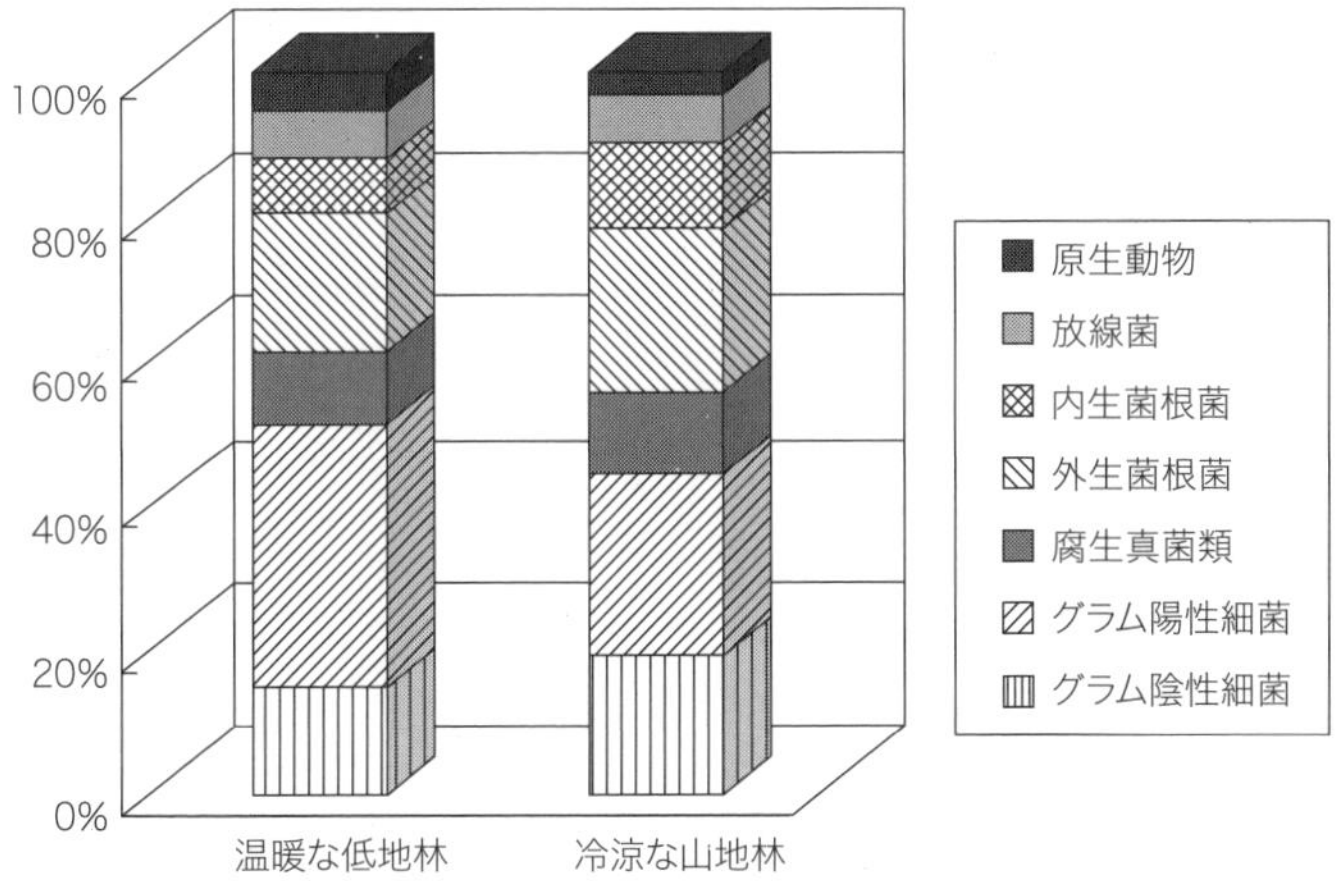

図 5 熱帯降雨林の土壌微生物群集の例．各微生物グループ由来のリン脂質脂肪酸の量を相対値化したグラフ．マレーシア，サバ州キナバル山の標高 600m の熱帯降雨林において調べられた（左の棒グラフ）．これに対して，右の棒グラフはキナバル山の標高 2700m の冷涼な山地林の例を示す．この山地林は平均気温 12℃であるから，平均気温としては仙台と同じである．

ができる。細菌はこのような一般的特徴を持つが、その一方で、細菌はいくつかのグループに分けられる。細菌をグループ分けするのに最もよく用いられる方法の一つがグラム染色法である。グラム染色法は細菌の細胞壁を生化学的な特性によって染め分けるという方法である。この染色法によって細菌は主に二種類のグループに分けられる。すなわち、グラム染色法によって細胞が染まるグループと染まらないグループの細菌に分けられ、それぞれグラム陽性菌、グラム陰性菌と呼ばれる。グラム陽性菌とグラム陰性菌では分解できる物質に違いがある。グラム陽性菌は分解性の悪い物質も分解でき、一方でグラム陰性菌は比較的分解されやすい物質を主に分解する。このように異なる働きを持つ細菌が低地熱帯林土壌中には存在している。これら二つの細菌グループは異なる分解プロセスを担っているのだろう。

菌根菌の持つ特徴

次に多かったのが、菌根菌由来のリン脂質脂肪酸である。菌根菌は植物の根に共生し、植物から糖などのエネルギー源を与えてもらう代わりに、菌糸を周辺の落ち葉や土壌に伸ばして、窒素やリンを吸収し、それを植物に還流している。菌根菌はこのような一般的な特徴を持つが、菌根菌の中にもいくつかのグループが存在する。主に内生菌根菌と外生菌根菌という二つのグループが存在し、それぞれ異なる方法で植物と共生している。内生菌根菌は植物の根の表皮から菌糸を根の細胞内にまで侵入させ、そこで植物から糖を受け取り、窒素やリンを植物に与えている。一方で、外生菌根菌は植物の根の細胞内には侵入せず、根の表皮を菌糸で覆い、そこで植物との養分交換を行っている。熱帯林土壌においても、これら二種類の菌根菌が存在している。これらの菌根菌は植物と共生することで植物の窒素やリンの吸収を助けている。もちろん植物自身も細根から窒素やリンを吸収している。しかし、植物は菌根菌と共生することにより、菌根菌が伸ばした菌糸の分だけ、窒素やリンの吸収面積を増やすことができる。

腐生の真菌類の持つ特徴

相対的に少ない割合を占めたのが、腐生の真菌類由来のリン脂質脂肪酸である。腐生の真菌類は、植物の落ち葉や倒木に多く含まれる分解性の悪い高分子化合物（リグニンと呼ばれる物質など）を分解することができる。腐生の真菌類がそのような物質を分解することで、その物質に含まれる栄養塩が植物に利用できる形態に変わる。また、難分解性高分子化合物が分解されることによって、それに取り囲まれている本来分解性のよい有機物の分解が促進されるという側面も持つ。同じように相対的に少ない割合を占めたものとして、放線菌由来のリン脂質脂肪酸がある。放線菌は腐生の真菌類に似た長い菌糸と胞子を持っているが、細胞核を持たない原核生物で細菌の一種である。しかし、放線菌も腐生の真菌類と同様に分解性の悪い高分子化合物を分解できる。最後に、熱帯林土壌の微小な分解者を構成するメンバーとして、原生動物が挙げられる。原生動物はこれまで挙げてきた土壌微生物とは異なり、微小な土壌動物としても分類される。また、原生動物は菌糸などを食べる捕食者として機能している。捕食者として機能することにより、これまで挙げてきた微生物の個体数に影響を与えているのではないかと考えられる。

このように熱帯林土壌にはさまざま微生物が存在し、それぞれ異なった働きをしている。それぞれの土壌微生物はその機能が異なっているだけではなく、微生物間で相互作用を及ぼしあいながら土壌の中で生存している。微生物同士の相互作用の例としては資源をめぐる競争、原生動物による捕食などが挙げられる。目には見えない土壌の中にも、地上で見られるのと同じような餌をめぐる競争や、食う食われるの関係が存在するのである。

日本の温帯林と比べてみよう

ここまで述べてきたように、熱帯林土壌にどのような微生物がいるのか、ということが少しずつ明らかになり始めた。それでは、日本などの温帯地域の森林に比べて、熱帯林の土壌微生物群集はどのような特徴を持っているのだろうか？この質問にも、私たちの研究結果からある程度答えることができる。実は、抽出されたリン脂質脂肪酸の量は微生物の生体量を反映していると考えることができる。温帯との比較、つまり平均気温と微生物群集の関係を、熱帯の山を使って研究してみた（図5）。平均気温一二℃の二七〇〇メートル付近（仙台の平均気温と同じ）の山地林と比べ、暑い低地の熱帯林では、細菌由来のリン脂質脂肪酸が相対的に多く、逆に腐生の真菌類と内生菌根菌のそれが少なかった。従って、熱帯降雨林の土壌微生物群集は細菌が相対的に多いという特徴をもっているようだ。ちなみに、この熱帯降雨林において、一平方メートル当たり深さ土壌一五センチメートルまでの細菌数をある仮定の下に推定したところ、グラム陽性菌は五・三×一〇の一一乗、グラム陰性菌は二・一×一〇の一一乗であった。

植物、動物、微生物のし烈な競争

土壌には実に多様な生物が存在していることがわかったが、それらはどのようにして分解に関わっているのだろうか。図6は落ち葉が積もった土壌表層を新鮮な落ち葉から下方の土壌鉱物に向かって、ある酵素の活性を測った結果である。菌糸も植物の根もまだ観察されない段階から、酵素活性が急激に高まるので、これは細菌が落ち葉の表面にとりついて盛んに分解を始めたのだと、解釈できる。そのうちに、真菌類の菌糸や樹木の根が侵入を開始し、落ち葉に含まれるエネルギーや栄養塩をめぐってし烈な競争が起こる（図7）。真菌類のうち生体量として多く含まれるのが、植物と共生関係にある外生菌根菌で、このグループも菌糸を盛んに落葉層に侵入させてくる。外生菌根菌は植物の根に共生し、植物から糖などのエネルギーを与えられて、菌糸を周辺の落ち葉や腐植に延ばして窒素やリンを獲得し、それを植物に還流させている。このため、外生菌根菌の分解活性はかなり高いのではないかと考えられてきた。しかし、ある温帯生態系での最近の研究によれば、外生菌根菌の分解酵素の活性はそれほど高くなく、植物に依存しないで土壌中で遊離して存在する腐生の真菌類の活性よりも低い結果が出た。このことから、恐らく外生菌根菌は菌糸を盛んに延ばすことで、腐生の真菌類が出す活性の高い酵素にたよって、分解された栄養塩をかすめ取って植物に渡しているのではないか、と推

図６

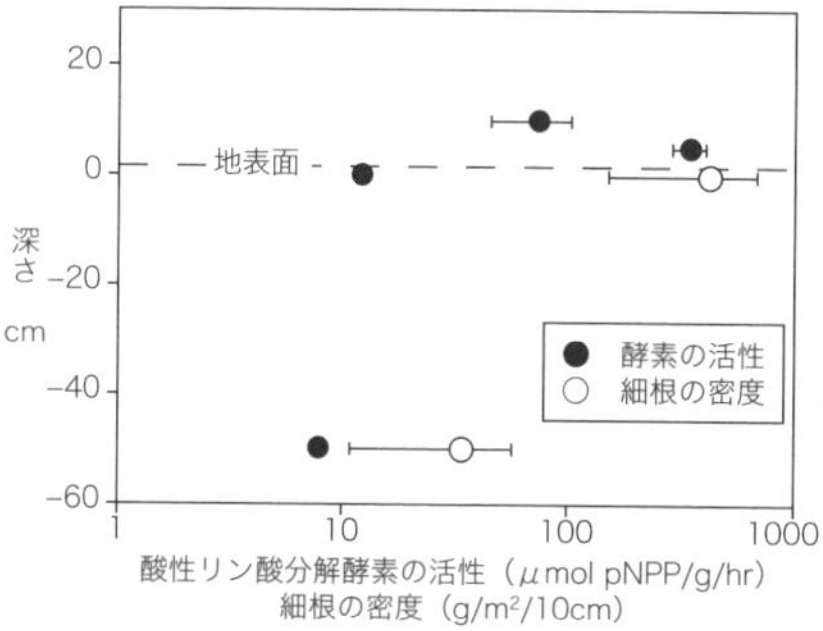

図７

図６　熱帯降雨林の土壌表層における，微生物活性と根の深さ分布（北山未発表）．微生物活性は，酸性リン酸分解酵素という酵素の活性で示した．新鮮な落葉が積もっている最上層で，その酵素活性が最も高い．植物の根は，まだこの落葉には達していない．

図７　熱帯降雨林の土壌の中での分解者と根のし烈な戦い．巨大な熱帯降雨林の暗い林床では，様々な分解者が分解に関わっている．落葉層に張りめぐらされた菌糸（左図）．鉱物，植物の根，菌糸，センチュウなどが栄養塩や餌を求めて複雑に絡み合っている（右図）．

測される。これが本当かどうかは、今後の研究課題だ。

植物の栄養塩獲得

このような多様な生物が落様層の中で食物（エネルギー）を求めてし烈な競争を展開する中で、樹木も直径数ミリメートル以下の細根（栄養や水を吸収するための細かな根）を落葉層や土壌中に延ばし、栄養塩を獲得している。細根とはいっても、微生物のサイズよりもかなり大きいため、重量に対する表面積の割合（比表面積）は微生物に比べてかなり小さくなり、このために植物の栄養塩獲得効率は格段に悪い。キナバル山の標高六〇〇メートルにある熱帯降雨林を例に、乾燥土壌一〇〇グラム当たりに存在する、細根、真菌類、細菌の表面積を計算してみた。土壌粒子の表面積自体も計算したところ、表層土壌鉱物のそれは土壌重量一〇〇グラム当たり二五五〇万平方センチメートルもあった。比表面積が大きいことにより、栄養塩の大半は鉱物に吸着されてしまう。だから、微生物と植物はよりし烈な争いを余儀なくされる。細菌の表面積は四〇〇〇平方センチメートル、真菌類の表面積は五〇〇〜一九〇〇平方センチメートルのオーダーにあると見積もられている。これに対して、細根の表面積は二〇〇平方センチメートルのオーダーしかない。比表面積の大きさが栄養塩との接地面積を表すので、これが栄養塩獲得能力に関係している。常に植物は微生物との競争に負け、栄養塩の飢餓状態が生じている、と考えた方がよさそうだ。

栄養塩を回収するものたち

落葉層でこのような分解者と植物のし烈な競争が起こる中、落葉は急激に分解され、やがて有機物が土壌水に溶けだしてくる。溶けだした有機物には、土壌動物や微生物に起源を持つものも含まれる。溶けだした有機物も分解の対象になるが、その全てが分解されるわけではない。雨が降った時には、表層から流れ去ったり、土壌下部に浸透し、粘土に吸着されてしまうものもある。私たちの研究から、土壌下部では、グラム陽性細菌が相対的に多くなることがわかっている。このグラム陽性細菌が、粘土に吸着された有機物の分解に関わっているようなのだ。この点、土壌微生物は栄養塩をめぐる植物との競争者である一方で、漏れ出た有機物の分解を通して、その有機物に含まれる栄養塩の回収の役割も担っているらしい。

このように落葉や土壌の微細な環境に応じた、多様な分解者の存在が熱帯降雨林の効率的な栄養塩の内部循環と巨大な構造体（樹木）を支えているようである。しかし、それぞれの微生物が具体的にどのような分解反応に関わっているのか、詳しいことは分かっていない。熱帯林の分解系を担っている土壌微生物に関する研究はまだ始まったばかりである。

栄養塩の樹木内での輸送

このようにしてやっと得られた栄養塩は、樹木の中で様々な代謝過程や細胞の構成成分として利用される。樹木体中でも、葉の細胞で光合成という最も重要な代謝が行われるので、栄養塩の多くが根から葉に向かって輸送されることになる。葉への輸送が滞ると、せっかく吸収された栄養塩もうまく代謝に利用されなくなってしまう。栄養塩の輸送は、水とともに樹木の道管を通って行われる。いったい、どのようにして水がはるか上方六〇メートルにある葉まで輸送されるのだろうか？

水には張力があるので、道管の中の水にもこの張力が働き、葉から水が蒸散することによって、上方への移動が生じる。また、道管の壁と水との間には凝集力が働くので、途切れることのない連続体として根から葉につながっていると考えられている。道管の直径は樹種によって様々であるが、熱帯樹木ではおおむね直径二〇〇マイクロメートル程度のようだ。道管の直径が大きければ、当然水の通導性はよくなる。直径の四乗に比例して、通導性が高まるという法則性がある。一方、直径が大きければ、大きな張力がかかった際に道管の水柱に気泡が侵入して、水の移動に障害が生じてしまう。これらのバランスによって道管径が決まり、さらに水の輸送が行われているらしい。この際に、電流と同じ原理で通路の長さに比例して抵抗がかかってしまう。一体、熱帯降雨林の高木は、どれくらいの力で枝先まで水を引いているのだろうか?

どれくらいの力で水が引かれているのかは、プレッシャー・チャンバーと呼ばれる特殊な装置で測定できる。葉のついた枝先をハサミで切ると、それまで葉の方向に引かれていた道管内の水が、あたかも引き伸ばしていたゴムが切れるように縮んでしまう。それに対して、葉の外側から徐々にガスを用いて圧力をかけてやると、やがて切り口から水が滲みだしてくる。その時点での外からかけていた圧力を記録することで、水を引く力を推定できるわけである。この力は、陰圧で表されることに注意してほしい。

はしごに登って調べてみる

ハシゴに上って樹高三〇メートルの高木の梢に到達し、この原理を使って私たちが調べた例では、雨が多い時期の日中で五気圧程度の圧力(実際にはマイナス五気圧)が梢の葉にかかっている。降雨量が減少した乾燥時期には、二〇気圧程度のさらに高い圧力（実際にはマイナス二〇気圧）がかかっているようだ。また、樹高が高いほど、この圧力も増加する（よりマイナスになる）ようである。雨が多い気候とはいえ、日中の陽が強く差すような時間帯には、熱帯樹木の葉には常に強い陰圧が働いているのである。このように葉から水が出、しおれを引き起こすような作用に対して、高木の葉の細胞には幾つかの生理的な適応機構があると考えられている。一つ目は、細胞の強度に関する適応である。植物の細胞膜はその外側を細胞壁と呼ばれる硬い構造物で被われており、植物は細胞壁の強度や弾性を調節して、しおれを防ぐように適応しているらしい。二つ目は、細胞質の浸透圧に関する適応である。細胞への強い陰圧に対して、細胞質の浸透圧を高めることで細胞の吸水力を維持し、ひいては細胞自体がしおれることを防いでいる。この浸透圧の調整には、細胞質内での栄養塩の濃度が密接に関係している。栄養塩による浸透圧の調整が、ひいては水と栄養塩の輸送につながっているわけである。

以上に概観したように、熱帯樹木が巨大であることには、土壌中での多様な分解者と樹木自体の生理的な特性が関わっている。栄養塩を供給するという分解者の働きと樹木の生理特性がかみあって、はじめて巨大な森林が形成されるわけである。このような巨大な森林を骨格として、地上には樹木をねぐらや餌として利用する様々な昆虫、鳥類、哺乳動物が生息している。さしずめ、土壌中の多様な動物や微生物は、熱帯降雨林の縁の下の力持ちというわけである（口絵7）。

第2節

微生物の海——海洋生態系における微生物群集の働きと多様性

永田　俊・茂手木千晶

この節では、海洋に生息する微生物群集を中心に、海洋生態系の機能と多様性について論じたい。始めに、海洋炭素循環に関するいくつかの基本概念を紹介し、続いて、微生物群集の食物連鎖や相互作用についての最近の話題に触れる。また「非培養法」や「ゲノム解析」といった新しい手法を用いた微生物群集の多様性や機能の研究動向もみてみよう。なぜ、微生物群集に着目するのか?それは、海洋においては、水中に浮遊して生息する単細胞生物（およびウィルス）が、生態系の物質循環の駆動者（一次生産者、分解者）として、中心的な役割を果たしているからである。また、最近の研究の結果、海洋の微生物群集が、従来考えられていた以上に多様であることが明らかになってきた。海洋生態系の働きやそれが地球環境に与える影響を理解するためには、微生物群集が織りなす食物網と相互作用、そして、それを支える多様性の理解が不可欠なのである。

海洋生態系における炭素循環——温暖化の鍵を握る生物ポンプ

人間による化石燃料の燃焼や森林伐採の影響で、大気中の二酸化炭素濃度が、産業革命以降上昇し続けている。二酸化炭素は温室効果気体なので、その濃度上昇は、地球温暖化につながると考えられている。海洋は、大気中の全二酸化炭素量の約五〇倍の炭素を貯留する巨大な炭素貯蔵庫であるため、大気と海洋の間での二酸化炭素のやりとりは、地球の気候に大きな影響をあたえる。[1] この炭素循環の調節に深く関わっているのが、海洋の生物群集による二酸化炭素の固定（光合成）や有機物の分解（呼吸）である。特に、「生物ポンプ」とよばれる仕組みは、二酸化炭素を海洋の中深層に運搬して貯留するという重要な働きをしている（図1）。

図1からわかるように、生物ポンプの強弱を決める第一義的な要因は、光合成活性の強弱である。しかしそれ以外にもいくつかの重要な要因がある。（1）まず、植物プランクトンの種類である。一般に、サイズが大きく、比重が大きなものは沈みやすい（生物ポンプは強くなる）。逆に、小型で比重が小さければ沈みにくい（生物ポンプは弱くなる）。従って、出現する藻類の種類によって生物ポンプの強弱は異なる。（2）動物プランクトンが排出する糞粒が、粒子の鉛直輸送に重要な役割を果たす可能性がある。この場合、動物プランクトンの種類（種類によって糞の大きさや形が異なる）や摂食量

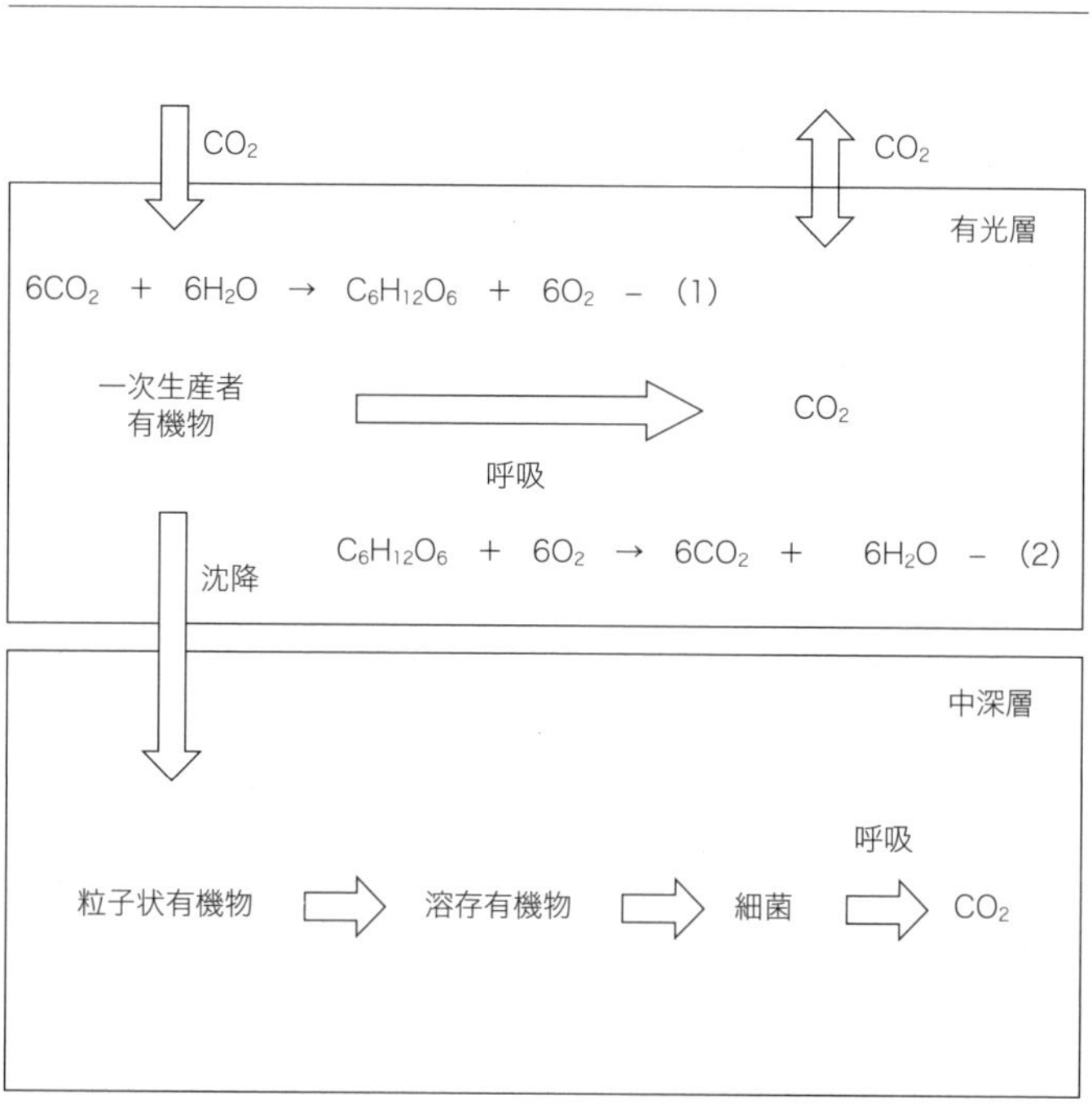

図1 生物ポンプの概念図．海洋を有光層とそれ以深の層（中深層）の二つの層にわけて考える．まず，生態系にとって最も基本的なプロセスは光合成（図1中の式1）による一次生産である．光合成は，光のエネルギーを利用して，二酸化炭素（無機物）から有機物を生成する反応である．光合成の逆反応は呼吸とよばれる（図1中の式2）．有光層で生成された有機物の大部分（約80%）は，同じ有光層中で，呼吸によって消費される．この時に生成したCO_2は速やかに大気中のCO_2と交換する．一方，残りの有機物（光合成量の約20%）は，沈降粒子として中深層に運ばれ，水中微生物の呼吸基質として利用される．その結果，中深層でCO_2が発生し，貯留される．このような炭素の鉛直輸送メカニズムのことを生物ポンプとよぶ．生物ポンプは地球規模の炭素循環（大気中の二酸化炭素濃度の調節）に深く関わっていると考えられている．

が生物ポンプの強弱に影響を及ぼす。また、動物プランクトンの鉛直移動によって、炭素が鉛直輸送されるという可能性も指摘されている。(3)粒子の凝集と乖離によって沈降粒子の粒径分布が変化する。海水中の粒子は、一マイクロメートル以下(サブミクロン・スケール)のいわゆるコロイド粒子から、目視できるほどの大きさ(数センチメートル)のマリンスノーまで多種多様である。これらの粒子群は衝突をくりかえして凝集体を形成する。その一方で、付着細菌群集が分泌する細胞外加水分解酵素の作用などにより凝集体は乖離する。粒子が大型化すれば生物ポンプは強くなり、小型化すれば生物ポンプは弱くなる。(図2)。[2,3]

海洋生態系における微生物群集の相互作用と機能――一次生産と微生物ループ

ここで、ミクロの世界に目を転じよう。先述のように、微生物群集は海の物質循環を支える重要な基盤である。一次生産の大部分は、単細胞生物(植物プランクトン)によって担われている。これは、樹木や草本といった大型植物の一次生産を土台とする陸上生態系との大きな違いである。とりわけ、栄養塩の供給が乏しい外洋域では、大きさが一マイクロメートル程度という極めて小型の単細胞原核生物(シアノバクテリア)が主要な一次生産者として活躍している。とくに、シネコッカスとプロ

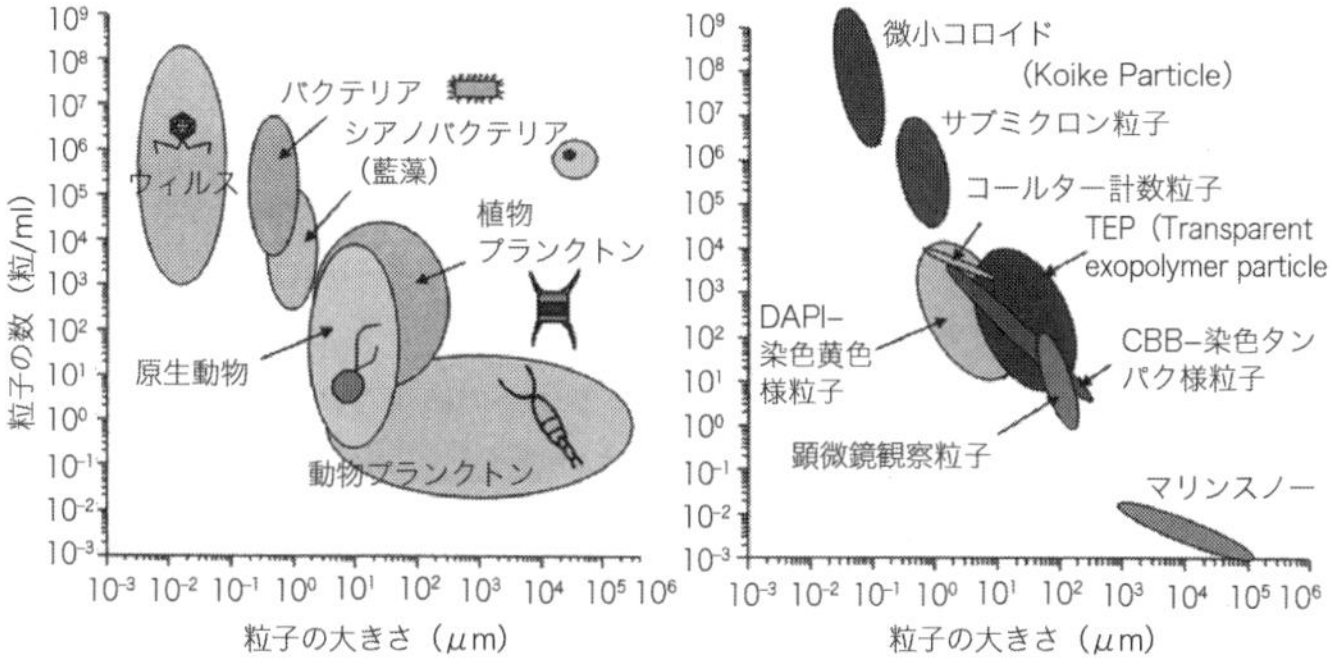

図 2　海洋表層における生物群集と有機デトリタスの数とサイズ分布．海水中には様々な大きさの生物群集とともに，それと対応する様々なサイズの有機物(非生物)粒子が存在する．粒子の数とサイズを両対数スケールでプロットするとほぼ直線関係になる．粒子の凝集と乖離という物理過程や，様々な生物の活動がこの粒子分布に影響を与えていると考えられている．海水中での粒子の分布則の解明は図 1 で示した生物ポンプの制御機構を理解するうえできわめて重要である．図は小池[(2)]より転載．

クロロコッカスという二属は、中・低緯度海域を中心に広範に分布しており、全一次生産量の三分の二がこの二属によって担われているという推定もある。シアノバクテリアは、原生生物と呼ばれる小型の捕食者によって捕食されるが、ウィルス感染による死滅も、シアノバクテリアの動態や多様性に大きな影響を与えていることが明らかになってきた。

ウィルスは海洋の表層から深層にいたる全水深に存在し、その濃度は、一ミリリットルあたり一〇〇万粒から一〇〇〇万粒にも達する。図3Aに示したのは、ミオウィルス科に属するT4ファージというウィルスである。近年、T4ファージの仲間は海洋に広く分布することがわかってきた。宿主細胞の表面に吸着したウィルスは、外膜、細胞壁、細胞膜という宿主の「三重の城壁」をつぎつぎと突き破って、細胞内にみずからのゲノム（DNA）を注入する（図3B）。シアノバクテリア（シネコカス）に感染するウィルスの形態的な多様性を図3Cに示す。このように、頭部の大きさや、尾部の長さや形が様々である点が興味深いが、その生態学的な意義はまだ十分に明らかにされていない。

ウィルスはそれ自身の代謝活性をもたない。つまりウィルスの増殖は完全に宿主の代謝に依存する。その生活環は、溶菌化と溶原化の二つに大別される（図3D）。海洋細菌の場合、一つの宿主細胞あたりに生産される娘ウィルスの数（これをバーストサイズと呼ぶ）は二〇粒くらいの場合が多い（図4）。

海洋の主要な一次生産者であるシアノバクテリアの動態が、ウィルスによる感染と死滅という思いがけないメカニズムによって制御されているというのは大変興味深いことである。

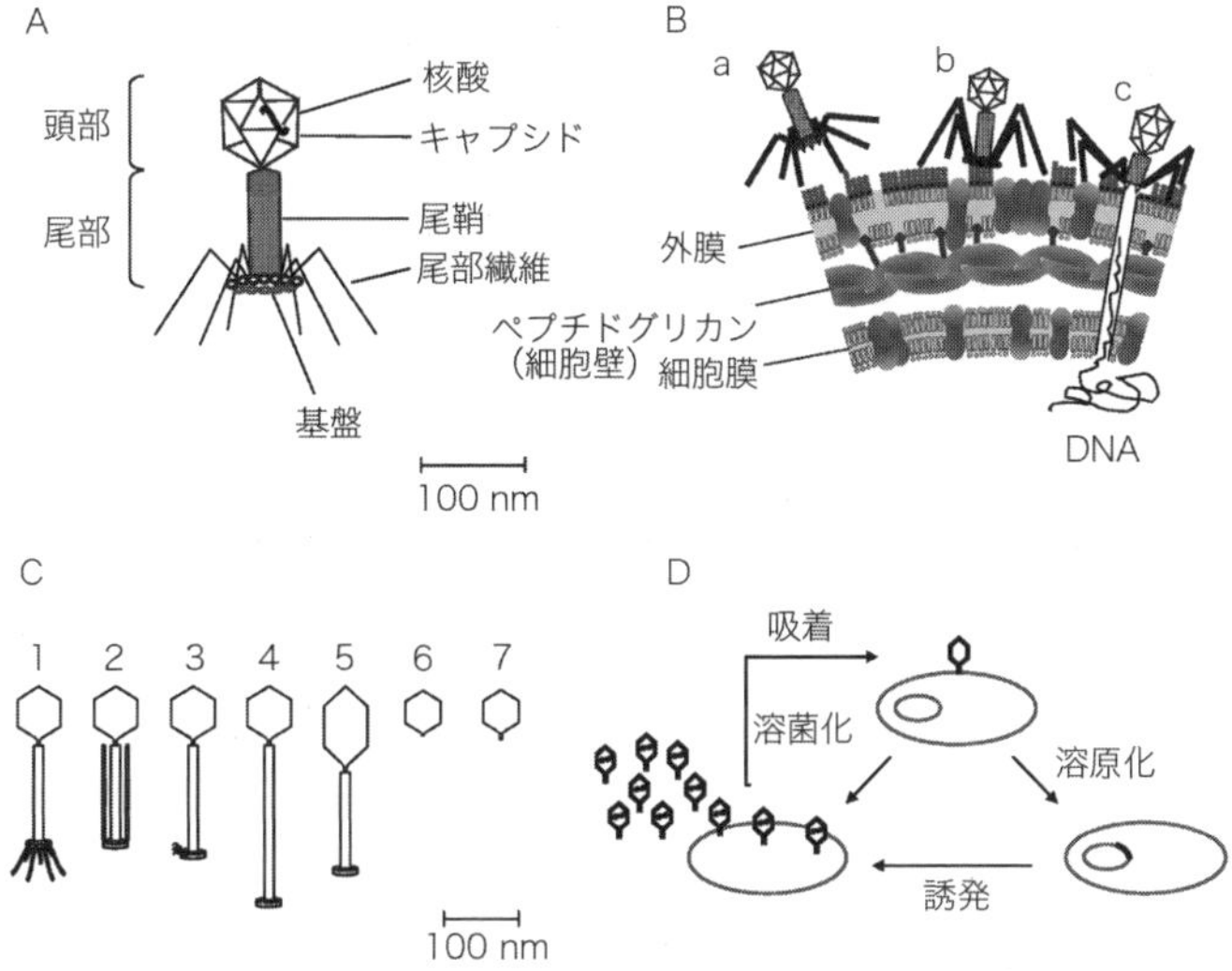

図 3　ウィルスの形態と生活環.

A：T４ファージの構造. 頭部と尾部の２つの部位からなる. 頭部は, 核酸がタンパク質の外殻（キャプシド）に包まれたものであり, 正 20 面体をしている. 頭部の直径は約 85 nm（ナノメートル）. 1 ナノメートル＝0.001 マイクロメートル.

B：T４ファージの感染. (a) 細菌外膜の受容体に吸着する. (b) 基盤部の加水分解酵素を使って細菌の膜や細胞壁に穴をあける. (c) 最後に尾部の鞘を収縮させて宿主細胞内にＤＮＡを注入して感染が終了する（Madigan et al. [4] を改変）.

C：シアノバクテリア（シネココッカス属）に感染するウィルスの形態的な多様性.　1～5 は, ミオウィルス科に属するウィルス. 6 と 7 は, ポドウィルス科に属するウィルス（Waterbury and Valois [5] より）.

D：ウィルスの生活環. 溶菌化：感染後, 宿主細胞内においてウィルスの頭部や尾部の合成がただちにスタートし, 生産された娘ウィルスは, 宿主細胞を破壊して細胞外に飛び出す. 溶原化：ウィルスゲノムは宿主の染色体に組み込まれてプロファージという状態で安定化する. プロファージは, 宿主の染色体の複製とともに複製され, 寄生（あるいは共生）関係が維持される. 環境条件の変化によってプロファージが誘発され溶菌にいたる.

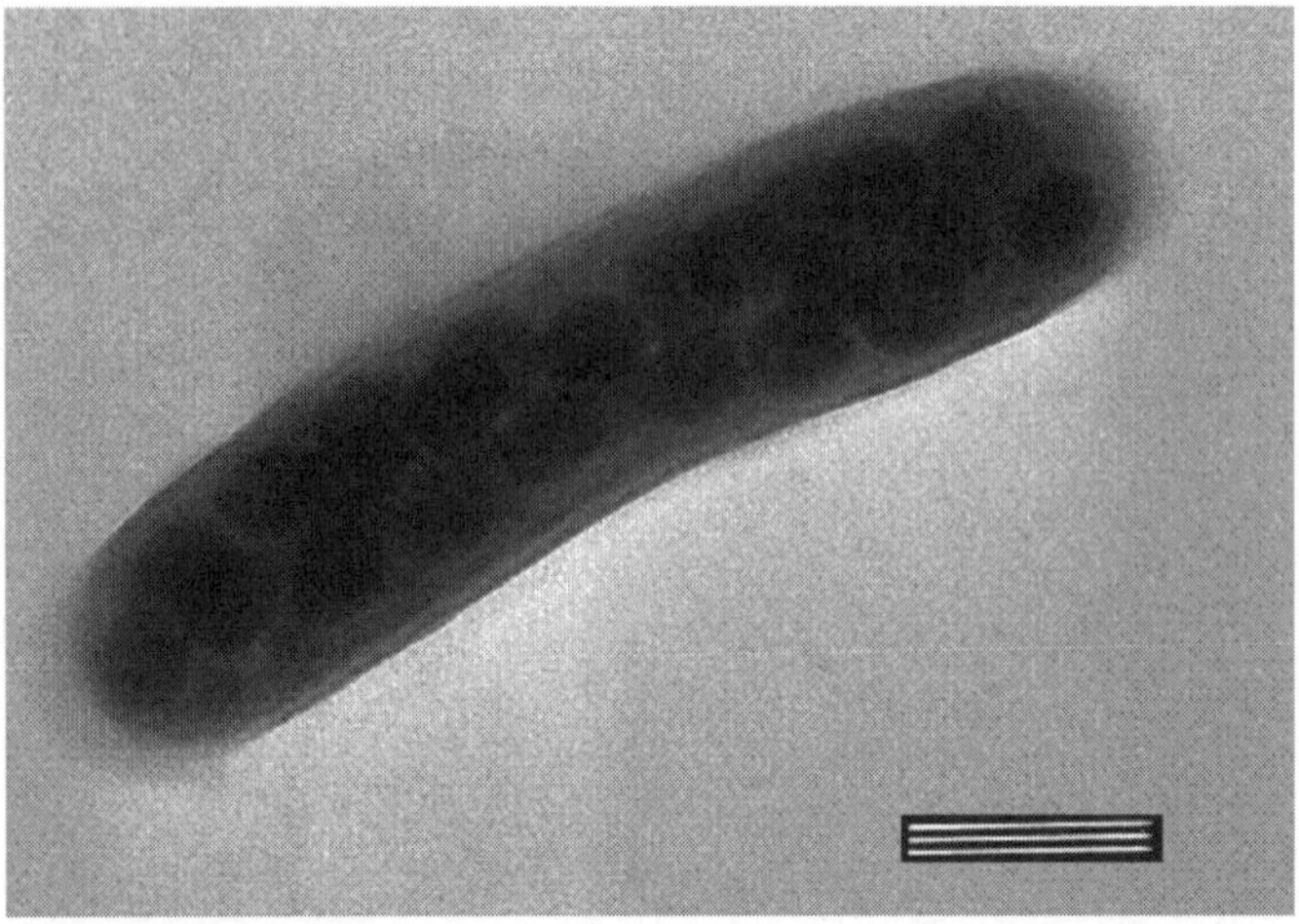

図4　宿主である細菌細胞内に蓄積した娘ウィルス．溶菌化の最終段階である．娘ウィルスは，この後，宿主の細胞膜や細胞壁をつきやぶって一斉に海水中に放出される．宿主細胞あたりの娘ウィルスの数は，ウィルスの種類や環境条件によって変化する．この写真の場合，23の娘ウィルスが確認できる．図中に示したスケールは100 nmを表す．この電子顕微鏡写真は日本学術振興会外国人特別研究員（当時）のプラディープ・ラム博士が撮影した．

太平洋の外洋域において、ウィルスの分布をフローサイトメトリー法という方法を用いて調べた研究例を図5Aに紹介する。このうち、VIという亜集団は亜熱帯や熱帯の海域に多く分布しており、シアノバクテリアの分布パターンとよく一致することが明らかになった（図5B）。このことから、VIウィルスは、主にシアノバクテリアを宿主とするウィルスであることが推察された。

海洋生態系の機能や物質循環を考えるうえで忘れてはならないのは、微生物ループという食

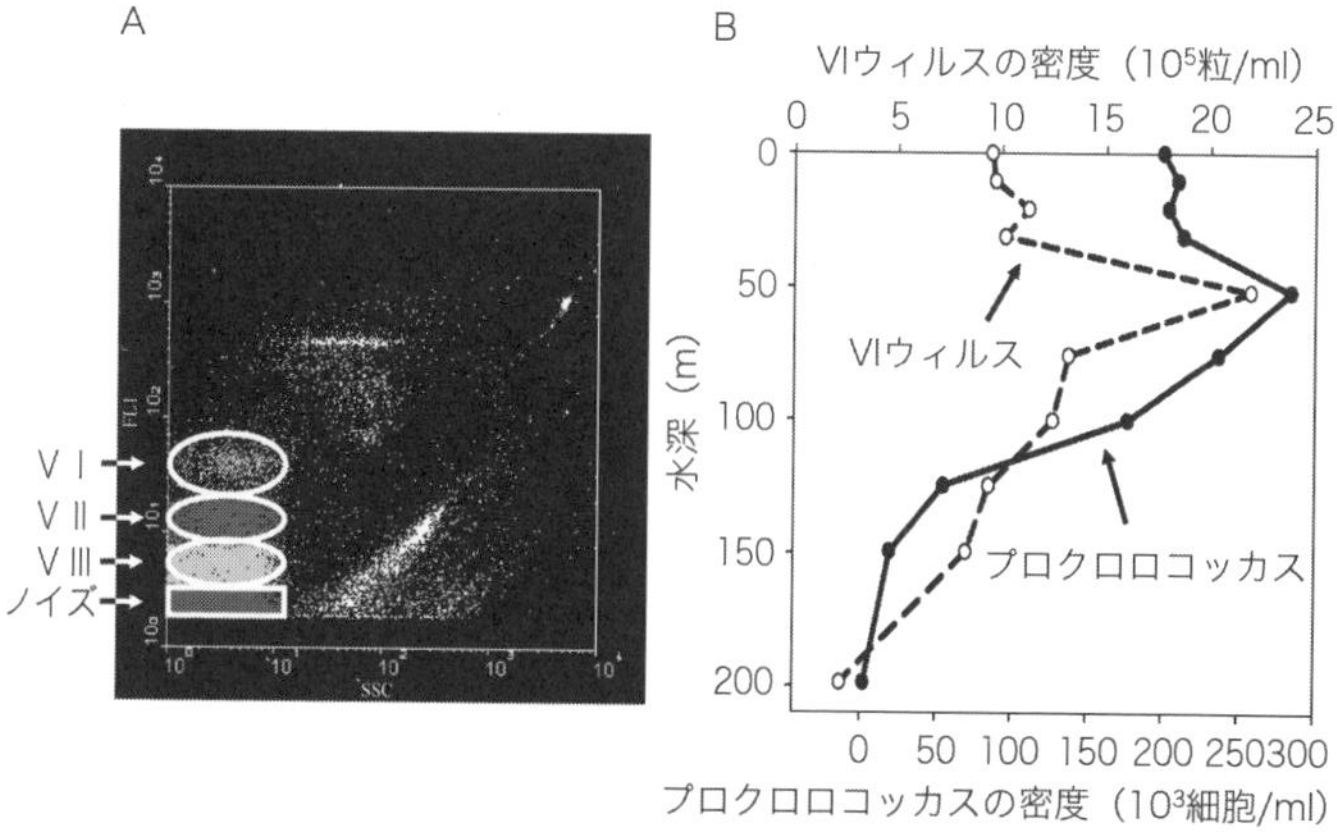

図 5

A：ウィルス群集のフローサイトグラム解析．フローサイトメトリー法を用いると，多くの試料を短時間に解析することが可能である．ウィルス粒子を蛍光色素で染色してフローサイトメーターに注入する．ウィルス粒子が流路システムを通過すると，レーザービームの照射により蛍光を発する．この蛍光を光量子増幅装置で受光し強度を測定すると，ウィルス粒子の一粒一粒について蛍光強度の情報が蓄積される．このようなプロットをフローサイトグラムと呼ぶ．図では，縦軸がウィルス粒子の蛍光強度であり，この値が大きいものは核酸の含有量が高い（大型である）と見なせる．横軸は，レーザー光が粒子に衝突したときに発生する散乱光の強度であるが，ウィルス粒子のように微細な粒子の場合はあまり意味のある情報にはならない．蛍光強度によってクラスター（ウィルス集団のかたまり）が分離できる．きわめて広範な海域で，常に３つのウィルスクラスター（亜集団）に分離されることが明らかになった．我々は，それぞれのクラスターがどのような性質を持つのかについて研究を進めている．これは日本学術振興会外国人特別研究員（当時）のヤン・ヤンヒュイ博士，および，京都大学ＣＯＥ研究員（当時）の横川太一博士との共同研究の成果である．

B：ＶＩウィルスと，シアノバクテリアの一種であるプロクロロコッカスの鉛直分布．サンプルは学術調査船白鳳丸の研究航海において中部北太平洋の亜熱帯海域で採取した．プロクロロコッカスは亜熱帯の貧栄養海域における重要な一次生産者である．両者の分布パターンが良く一致していることがわかる．

物連鎖系の存在である（図6）。微生物ループの起点は、細菌による溶存有機物の消費である。その溶存有機物はどのようにして生産されるのだろうか。第一に、植物プランクトンが、光合成で生産した有機物の一部を溶存有機物として細胞外に排出する。また、前項で述べたウィルス感染に伴って溶存有機物が大量に生成される。さらに、原生生物や動物プランクトンなどの捕食者が溶存有機物を放出する。このように、海水中では、様々な機構で溶存有機物が生産され、その量を積算すると、一次生産量の五〇％にも達する。この溶存有機物の主要な消費者が細菌なのである。

細菌は、海水中に希薄に存在する溶存有機物を効率良く利用するための様々な戦略をもっている。まず、実験室で培養した細菌にくらべて細胞サイズが著しく小さい。このことは、細胞体積にたいする細胞表面積の比を高め、希薄な有機物や栄養塩類を効率よく利用するうえで有利である。また、栄養物質を細胞外から細胞内に取り込むときに用いるパーミアーゼという酵素が、低濃度の栄養物質を吸収するのに適した性質をもっていることも知られている。さらに、細胞外にタンパク質や多糖類の加水分解酵素を配備することで、分子量の大きな溶存有機物も活発に利用することができる。

上述のように、ウィルスによる細胞破壊は溶存有機物の生産に結びつく。このように、溶存有機物↓細菌↓ウィルス↓溶存有機物というぐるぐる回りの経路のことを、特に、ウィルス・ループと呼ぶこともある。微生物ループやウィルス・ループは、有機物の無機化という面で大変効率のよいシステムであることに注意しよう。

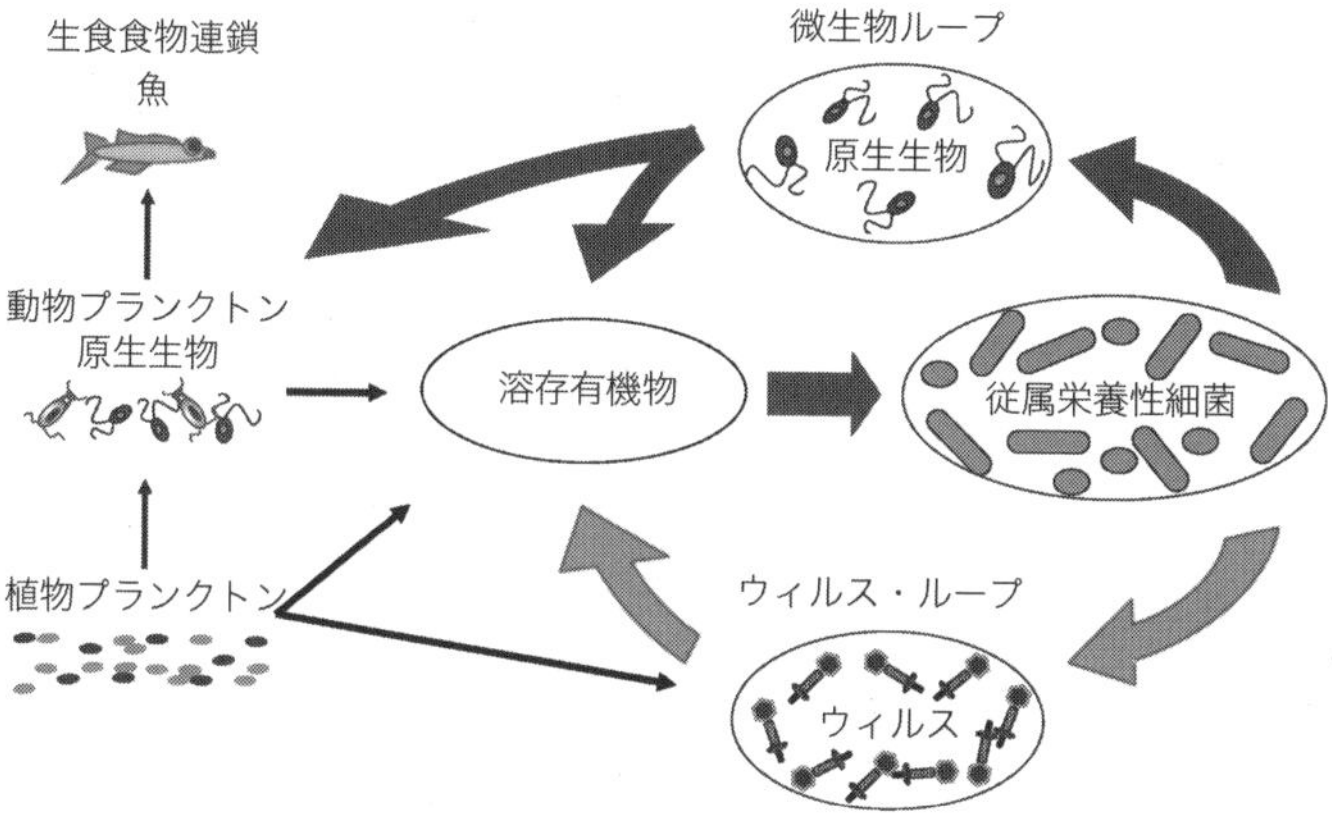

図6　海洋の沖合食物網．従来，植物プランクトン→動物プランクトン→魚という生食食物連鎖のみが考慮されてきたが，これに加え，微生物群集の食物連鎖が海洋生態系におけるエネルギーの流れや物質循環に対して，重要な役割を果たしていることが明らかになってきた．溶存有機物を消費する細菌を基盤とした食物連鎖は微生物ループとよばれる(3)．また，一次生産者や細菌の動態の重要な支配要因であることも明らかになってきたウィルスは，微生物群集の多様性を高め，多種共存を促す働きがあると指摘されている．また，遺伝子の水平伝播（ある生物種の遺伝子が他の生物種に伝播し発現すること）を促進しているといわれる．

ただし、すべての有機物が完全に無機化されてしまうわけではない。細菌の細胞壁に含まれる成分など、「難分解性溶存有機物」が少しずつ生成され、海水中に蓄積していくことが知られている。難分解性有機物に含まれる炭素量は、全海洋規模で積算すると莫大な量になることから、地球規模の炭素循環にも大きな影響を与える可能性があることが指摘されている。[3] また、微生物ループを介して生成されるコロイド粒子が凝集することで、大型のマリンスノーが生成され、これが、生物ポンプを駆動するうえで重要な働きをしているという研究報告もある。[6]

最新の技術が解き明かす海洋微生物群集の多様性

海洋に生息する細菌群集の多様性を調べる方法は、培養法と非培養法に分類される。培養法では、単離した細菌の形態や生理・遺伝学的な特性から細菌の種類を同定する。しかし、海水中に存在する大部分の細菌は平板上にコロニーを作らないため、平板法によって計数される細菌の数は、顕微鏡で計数する細菌数の一％以下である。したがって、培養法によってえられる出現種のリストは、「培養できる種」に大きく偏ったものになる。

非培養法では、リボソームRNAの16Sサブユニットをコードしている遺伝子（16SrRNA遺伝子。

この遺伝子は、細菌の系統分類学的な関係を調べるのに一般的に用いられる。）をＰＣＲ法という方法で増幅する。増幅した遺伝子を大腸菌の遺伝子と組み替えることによってクローン化する。次に個々のクローンについてヌクレオチド配列を決定する。これをもとに、細菌群集の系統分類学的な組成を判別するのである。ＰＣＲ法で増幅した16ＳｒＲＮＡ遺伝子を電気泳動法などにより分離して群集組成を解析する簡便法も用いられる（フィンガープリント法）。非培養法の最大の利点は、培養に伴う偏りが無い点にある。その反面、細菌種の形態や生理・生化学的な情報は得られないという欠点がある。

非培養法を用いて海洋細菌群集の構成種を体系的に調べる研究は、一九九〇年代から活発に行われるようになった。代表的な例として、オレゴン州立大学のジオバノニ博士らの研究を紹介しよう。同研究グループは、様々な海域で採集された試料を用いて、16ＳｒＲＮＡ遺伝子のクローン化を行った。その結果、ＳＡＲ11と名付けられたクローンが、世界中の海に広く分布していることが明らかになった。ＳＡＲ11はアルファプロテオバクテリアというグループに属するが、より細かな分類単位においては、これまでに知られているどの細菌種とも一致しなかった。そこで、研究グループは、限界希釈法という新しい培養方法の開発に取り組み、ＳＡＲ11を単離することに成功した。ＳＡＲ11は、細胞の体積が〇・〇一立方マイクロメートル程度の小型の細菌であり、栄養物質の濃度が低い環境中での生息に適応した生理学的な特性を持つことが明らかになった。また、外洋環境への適応と分布の広域性から、ペラジバクター・ユビーク（沖合環境に普遍的に存在する細菌という意味）という学名が与えられた。[7]

非培養法による研究の結果、海洋の微生物群集は、従来考えられていたよりも、はるかに多様であることが明らかになってきた。後述するゲノム解析の結果などとあわせると、表層水中では、一〇〇〇種にも達する細菌が共存している可能性が示唆されている。多種の細菌種が共存する仕組みはなんであろうか？第一に、細菌が利用する栄養基質の多様性がある。デラウェア大学のカーチマン博士の研究グループは、海水中に、高分子の有機物を利用する細菌と、低分子の有機物を利用する細菌が共存していることを示した。様々なプロセスを介して、海水中には多様な有機物が供給されることから、有機物の化学組成や構造的な多様性が、細菌群集の多様性の重要な維持機構になっている可能性がある。

もうひとつの多様性の維持機構として関心をあつめているのが、ウィルスの効果である。上述のように、ウィルスの感染は、細菌の重要な死滅要因であるが、その大きな特徴として、宿主特異性があげられる。つまり、あるウィルスはある特定の宿主に感染するという傾向がある。ここで、ある環境中に、二種の細菌（細菌Aと細菌Bとする）と、それぞれの細菌に感染する二種のウィルス（ウィルスAとウィルスBとする）が存在したとしよう。今、ある生息条件（栄養基質の量や質）において、細菌Aの増殖速度が、細菌Bの増殖速度をうわまわっているとしよう。つまり、細菌Aにとってより好適な条件である。そうすると、ごく単純に考えると、細菌Aの個体数は、細菌Bを上回る速度で増加し、最終的には細菌Aが細菌Bを駆逐してしまうと予想される（これを生態学では競争排除則という）。しかし、ここでウィルスの存在を忘れてはならない。細菌Aの個体数が増加すると、ウィルスAに感染される割合も増加する。したがって殺される頻度が増大してくる。そのため、細菌Aの増加はおさえられ、結果として細菌AとBが共存することが可能になる。環境条件が細菌Bにとってより好適になった場合は、これとは逆のことがおこり、細菌Bの増加がウィルスBによって阻害されることになる。つまり、日本のことわざでは「出る杭は打たれる」というのがあるが、杭を打つ役割をウィルスが果たすことによって、単独種による環境の独占が食い止められるのである。この効果を最初に指摘したベルゲン大学のシングスタット博士らは、これをKilling the winner hypothesis（勝者を殺せ仮説）と名付け、海洋に多種の細菌が共存することを説明する重要なプロセスであると指摘している。ただし、この仮説を実験的に検証した研究例はまだ乏しい。

生物情報科学が塗り替える海洋生態系の姿——ゲノミクスと逆・生物地球化学

生物の最も基本的な設計図は四種類のヌクレオチドの配列としてDNAに刻み込まれている。DNAの遺伝子情報は、まず、RNAに読み取られ（転写）、それを使ってタンパク質が合成される（翻訳）。

近年、生物種がもつすべての遺伝子情報（ゲノム）を解読し、その生物種がどのようなRNAやタンパク質を合成しているのかを網羅的に調べることで、生物の系統関係（進化の道筋）や、様々な代謝経路を探ろうとする研究（ゲノミクス）が盛んになっている。海洋に生息する細菌や古細菌の培養種に関しても、ゲノム解析が飛躍的に進んでいる。また、環境中からDNAを直接抽出し、複数の種のゲノムを一度に解析するメタゲノム解析（あるいは、群集ゲノム解析という）も始められた（図7）。ゲノム解析の第一ステップはゲノムのヌクレオチド配列の決定である。ヌクレオチド配列のデータから、必要な情報を読み取るために、オープンリーディングフレーム（ORF）と呼ばれるゲノムの単位をコンピュータ解析により検出する。これを、様々なタンパク質のアミノ酸配列に関するデータベースと照合する。その結果をもとにして、どのようなタンパク質が合成されるのかを類推する。遺伝子やアミノ酸配列に関する膨大な量の情報の整理と解析を行うためには、高度な情報処理技術（バイオインフォーマティクス）が不可欠である。つまり配列決定と情報処理がゲノミクスの重要な構成要素となる。ここでは、生態学あるいは生物地球化学的な側面におけるゲノム研究の意義について考えたい。

ゲノム解析を行うことで、微生物の新規代謝機能が見つかることがある。特筆すべき例として、プロテオロドプシンの発見を紹介しよう。この研究は、現在マサチューセッツ工科大学にいるデロング博士のグループによってなされた。彼らは、沿岸水のゲノム解析をするうちに、SAR86というガンマプロテオバクテリアに属するクローンのORFの中に、光を受容する働きをもったタンパク質であ

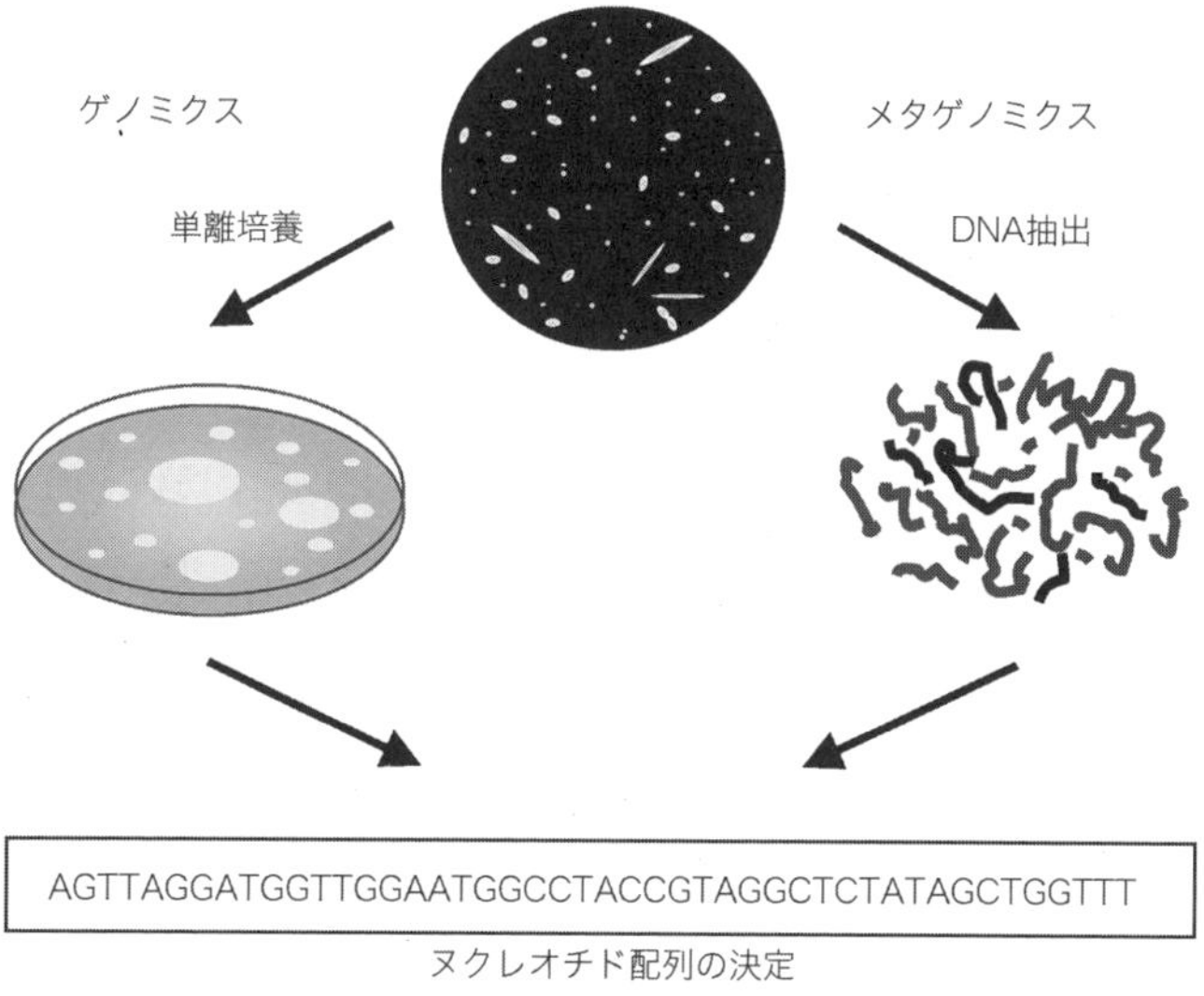

図7　ゲノミクスとメタゲノミクス．単離培養（平板法）した細菌株がもつＤＮＡの全ヌクレオチド配列を解析するのがゲノミクスである．これに対して，環境中の微生物群集のＤＮＡを直接抽出し，その遺伝子情報から全ヌクレオチド配列を解析するのがメタゲノミクス（群集ゲノミクス）である．

るロドプシン遺伝子と配列がよく似た遺伝子をみつけた。動物においては視覚と関連する物質（視物質）としてしられているロドプシン遺伝子と類縁の遺伝子をなぜ海洋に生息する細菌が持っているのだろうか？不思議に思った研究チームは、この遺伝子の産物（タンパク質）の特性を詳細に調べた結果、このタンパク質を持つことで、細菌は光を利用してエネルギー（ATP）を獲得しているということが明らかになった。光の利用といっても光合成とは全く異なる代謝経路であり、二酸化炭素を固定することができるかどうかは不明である。光を使ってエネルギーを生成するが、炭素源は有機物という可能性もある（そのような栄養様式は、「光従属栄養」とよばれる）。その後、メタゲノム解析やペラジバクター・ユビークのゲノム解析でも、プロテオロドプシン遺伝子の存在が確認された。これらの結果から、海洋の生物地球化学的な循環において、プロテオロドプシンを用いたエネルギー獲得という、これまでは知られていなかった栄養様式をもった微生物群集が重要な役割を果たしている可能性が示唆される。

プロテオロドプシンの発見に勢いづけられ、近年、ゲノム解析から得られる「機能遺伝子の分布パターン」から「生態系の機能や生物地球化学的な循環のパターン」を類推しようという試みが盛んになっている。これを、「逆・生物地球化学」とよぶ研究者もいる。従来の生物地球化学的な研究は、まず、現場での代謝活性の時空間変動に関する情報を集め、つぎに、その代謝活性の制御機構をミクロなレベルで（場合によっては遺伝子レベルで）調べる、といった手順で行われてきた。これに対して、

「逆・生物地球化学」では、機能遺伝子の分布から、現場での主要な代謝活性やプロセスを推定するという、逆立ちした手順がとられる。

いうまでもなく、「遺伝子が存在する」ということと「その遺伝子が転写・翻訳され遺伝子産物が合成される」ということは同義ではない。また、仮に遺伝子産物が合成されても、それが実際に機能しているとは限らない。このギャップを埋めるために、遺伝子が転写されているかどうかを網羅的に調べる、あるいは、タンパク質やその他の代謝産物を網羅的に調べるといった方法論を環境試料に適用する試みも始まっている。しかし、いずれにしても、最終的には「代謝活性」を現場において測定しない限り、生物地球化学的なプロセスを明らかにしたとはいえないであろう。「逆・生物地球化学」的なアプローチの意義は「このような遺伝子がこのような環境（あるいはある生物種）に存在するのだから、このような機能がその環境（あるいはその生物種）において重要であろう」という仮説が導出できる点にある。しかし、その一方で、このようなアプローチでは、すべての現象が遺伝子に還元されてしまうため、個体、個体群、群集といった生態系の諸階層がブラックボックス化されてしまうところに限界がある。欧米を中心とした大規模な環境ゲノム科学研究の隆盛は、微生物生態学に大きなインパクトを与えている。このことが、現場における活性の測定やその変動要因の解明といった、「古典的」な研究の停滞につながることを危惧する声もある。

*

微生物群集の生態学や多様性の研究は、方法的、技術的な制約を強く受ける点に大きな特徴がある。「方法制約型の研究分野」と呼ばれることもあるほどだ。もちろん、どのような研究分野でも方法の壁はあり、また、新しい方法の開発というのは研究を大きく展開させる原動力になる。けれども、微生物生態学という分野は、生態学の全般を見回した場合に、この傾向が格段に強い。そのため、本稿では、方法の説明にもある程度の紙幅を費やした。一般の大型生物群集の生態学の場合とは異なる独特な技術や方法論が必要とされるという特殊性が、微生物生態学の難しさでもあり、同時に、その魅力でもある。これを魅力と感じる研究者たちこそが、顕微鏡を発明した一七世紀のレーウェンフックをはじめとして、パスツール、コッホ、ビノグラドスキーというように、微生物生態学の山脈の稜線を形作ってきた(ここに挙げた偉大な先駆者たちの研究が、きわめて「生態学的」であることに注意!)。その意味で、微生物生態学は常にフロンティアの科学であり、これからもそうあり続けるだろう。

しかし、「微生物的な世界」の固有性やそこへのアプローチの特殊性といった側面のみを強調するのは賢明ではない。微生物も生物である以上、その生態学的な挙動やその支配には、他の大型生物の場合と共通する法則性が働いている。実際、ガウゼの競争排除則をはじめとして、生態学的な法則が、微生物を用いた実験によって検証された例は少なくない。近年、微生物群集の決定機構や多様性の維持機構を、一般的な生態学の理論的な枠組みと関連づけて理解しようという気運も高まっている。[8]また、本稿でもその一端を紹介したように、地球規模の炭素循環や、広大な海洋生態系の制御において、微生物群集とその相互作用がどのような役割を果たしているのか、といった学際的な領域での研究も大きく展開している。

今日、海洋の微生物群集と生態系の研究は、大きな転換点にさしかかっている。非培養法や（メタ）ゲノミクスの導入により、従来「ブラックボックス」としてあつかってきた微生物群集の中身が急速に明らかになってきた。また、これまで生態系の構成員としてはほとんど見向きもされなかったウィルスの意外な働きもわかってきた。一方、フローサイトメトリー法などの高速分析技術の導入は、広域スケールでの微生物分布の調査を可能にし始めている。[9]遠くない将来、メタゲノミクスや関連技術の高速化や低廉化が進み、逆・生物地球化学的なアプローチが、微生物以外の大型生物も含めた生態系解析における一般的な方法のひとつになるというのも夢物語ではない。地球上の最古参の生物群集である原核生物やウィルスは、どのような進化的な道筋をたどって海洋生態系を作り上げてきたのか？地球規模の物質循環や気候の変化に対して、海洋の微生物生態系はどのように応答するのか？また、それは地球環境や人類にどのような影響を与えるのか？このような壮大な問いに答えるための研究の準備が今着々と進んでいるのだ。海洋生態系における微生物群集の研究は、いよいよおもしろい局面を迎えたといえよう。

より深く学ぶために——読書案内

第1節

熊崎実・小林繁男（監訳）（1993）『熱帯雨林総論』築地書館

熱帯林研究の権威T・C・ホイットモアの概説の翻訳。熱帯雨林の気候、植物の生活、動物との関わり、森林動態、林業など、多岐に渡る内容を網羅した定番の入門書。

久馬一剛（2005）『土とは何だろうか？』京都大学学術出版会

土壌のでき方や構造、働きを易しい言葉で紹介した一般向けの本。また、土壌と農業の関わりや土壌に棲む生物たちの営みについても書かれている。タイトルの通り、「土とは何か？」を知るための入門書といえる。

堀越孝雄・二井一禎（編）（2003）『土壌微生物生態学』朝倉書店

土壌微生物の生態系の中での役割を解説したやや専門的な本。土壌微生物と植物の共生や有機物の分解に土壌微生物がどのように関わっているか、などを最新の研究結果を交えながら紹介している。

佐橋憲生（2004）『菌類の森』東海大学出版会

森林の中の菌類の多様性やそれと樹木との関わりについて平易に解説した本。厄介者の「カビ」としか認識されていない菌類が、実は生態系の重要な構成者として機能していることを、様々な事例を示して紹介している。

種生物学会（編）（2003）『光と水と植物のかたち——植物生理生態学入門』文一総合出版

日本の植物生理生態学の代表的な研究者による、植物の光合成と水分生理の入門書。葉や個体の形と機能をキーワードに、野外での植物と環境の関係を生理的なプロセスからどのように説明できるのかを、実験例を引きながら解説している。

第2節

木暮一啓（編）（2006）『海洋生物の連鎖——生命は海でどう連鎖しているか』東海大学出版会

海洋環境とその生命系の成り立ちをよく理解することは、これからの人類の生存にとってとても重要な課題である。

本書は、海洋に生息する様々な生物の相互作用（食う―食われる関係、共生・寄生関係）の全体を、「生物の連鎖」という概念でとらえ直し、それが、海洋の物理化学的な環境の中で示すダイナミクスとそのメカニズムを探ろうという野心的な試みである。一次生産、微生物ループ、生食食物連鎖、有機物の動態に関する最新の知見がまとめられている。海洋生態系の基本構造とその特質を、簡潔かつ要領よく解説した序章は必読である。

野崎義行（1994）『地球温暖化と海――炭素の循環から探る』東京大学出版会

大気中の最大の温室効果気体である二酸化炭素の濃度調節には海洋が大きな役割を果たしている。では、「海洋」と「炭素」は、具体的にはどのようなプロセスを介して結びつくのであろうか。海による二酸化炭素の吸収、海水中での炭素の移動、生物ポンプの役割、古環境と炭素循環といった内容について、地球化学の観点から、わかりやすく紹介がなされている。

東京大学海洋研究所（編）（2004）『グランパシフィコ航海記』東海大学出版会

研究船にのって太平洋一周の航海にでかけよう！海とそこに暮らす生き物たちの美しい写真が全ページに満載。一般にはあまり知られていない海洋観測の現場の様子や、その楽しさ・厳しさも伝わってくる。写真の説明や用語解説を読んでいるうちに、海洋生物の多様性や生態についての最新の知見が、知らず知らずのうちに学べる仕組みになっているのがうれしい。

引用文献

I　形の章

第1節

（1）西村三郎（1999）『リンネとその使徒たち』朝日新聞社

（2）長谷川真理子（1993）『雄と雌――性の不思議』講談社現代新書

（3）矢原徹一（1995）『花の性――その進化を探る』東京大学出版会

（4）井上健・湯本貴和（編）（1992）『昆虫を誘い寄せる戦略』平凡社

（5）井上民二・加藤真（編）（1993）『花に引き寄せられる動物』平凡社

（6）田中肇（1997）『花と昆虫がつくる自然』保育社

第2節

（1）岡本素治、湯本貴和（1994）「種子散布の生物学」『植物の自然史――多様性の進化学』（岡田博・植田邦彦・角野康郎編）、三七―五五ページ、北海道大学図書刊行会

（2）Yumoto, T., Maruhashi, T., Yamagiwa, J. and Mwanza, N. (1995) Seed dispersal by elephants in a tropical rain forest in Kahuzi-Biega National Park, Zaire. Biotropica 27（4）: 257-265.

（3）Yumoto, T., Kimura, K. and Nishimura, A. (1999) Seed dispersal by red howlers (*Alouatta seniculus*) and Humboldt's woolly monkeys (*Lagothrix lagotricha lagotricha*) in a Colombian forest. Ecological Research 14: 179-191.

（4）Yumoto, T., Noma, N. and Maruhashi, T. (1998) Cheek-pouch dispersal of seeds by Japanese monkeys (*Macaca fuscata yakui*) on Yakushima Island, Japan. Primates 39: 325-338.

（5）Noma, N. and Yumoto, T. (1997) Fruiting phenology of animal-dispersed plants in response to winter migration of frugivores in a warm temperate forest on Yakushima Island. Ecological Research 12：119-129.

（6）Kitamura, S., Yumoto, T., Poonswad, P., Chuailua, P., Plongmai, K., Maruhashi, Y. and Noma, N. (2002) Interactions between fleshy fruits and frugivores in a tropical seasonal forest in Thailand.

Oecologia 133：559-572.
（7）Kitamura, S., Yumoto T., Poonswad, P. and Wohandee, P.（in press）Frugivory and seed dispersal by Asian elephants, Elephas maximus, in a moist evergreen forest of Thailand Journal of Tropical Ecology
（8）湯本貴和・百瀬邦泰（1995）「熱帯植物の多様性と送粉者」『昆虫と自然』三〇（七）：二三―二七ページ、ニューサイエンス社

II　関係の章

第1節

（1）大串隆之編（1992）『さまざまな共生』平凡社
（2）鷲谷いづみ・大串隆之編（1993）『動物と植物の利用しあう関係』平凡社
（3）佐藤宏明・山本智子・安田弘法編（2001）『群集生態学の現在』京都大学学術出版会
（4）大串隆之編（2003）『生物多様性科学のすすめ』丸善
（5）Hunter, M.D., Ohgushi, T. and Price, P.W.（1992）Effects of Resource Distribution on Animal-Plant Interactions, Academic Press, San Diego, USA.
（6）Ohgushi, T., Craig, T. and Price, P. W.（2007）Ecological Communities: Plant Mediation in Indirect Interaction Webs, Cambridge University Press, Cambridge, UK.

第2節

（1）寺本英（1997）『数理生態学』（川崎廣吉ほか編）朝倉書店
（2）Chesson, P.（2000）Mechanisms of maintenance of species diversity. Annu. Rev. Ecol. Syst. 31: 343-366.
（3）MacArthur, R. H.（1982）『地理生態学』（巌俊一・大崎直太監訳）蒼樹書房
（4）May, R. M.（1973）Stability and complexity in model ecosystems. Princeton University Press.
（5）Matsuda, H, Abrams, P. A., and Hori, M.（1993）The effect of adaptive anti-predator behavior on exploitative competition and mutualism between predators. Oikos, 68: 549-559.
（6）Yamauchi, A., and Yamamura, N.（2005）Effects of defense

evolution and diet choice on population dynamics in a one-predator-two-prey system. Ecology, 86: 2513-2524.

（7） Kondoh, M.（1993）Foraging adaptation and the relationship between food-web complexity and stability. Science, 299: 1388-1391.

（8） Connell, J. H.（1978）Diversity in tropical rainforests and coral reefs. Science, 199: 1302-1310.

（9） Chesson, P. L., and Warner, R. R.（1981）Environmental variability promotes coexistence in lottery competitive system. Am. Nat., 117: 923-943.

（10） Hubbell, S. P.（2001）The unified neutral theory of biodiversity and biogeography. Princeton University Press, New Jersey.

第3節

（1） Takabayashi, J., Sabelis, M,. Janssen,A., Shiojiri, K. and van Wijk, M.（2006）Can plants betray the presence of multiple herbivore species to predators and parasitoids? The role of learning in phytochemical information networks. Ecological Research 21: 3-8.

（2） Hilker, M. Stein, C., Schroder, R., Varama, M. and Mumm, R.（2005）Insect egg deposition induces defence responses in Pinus sylvestris: characterisation of the elictor. Journal of Experimental Biology 208（10）: 1849-1854 MAY 2005.

（3） Shiojiri, K., Kishimoto, K., Ozawa, R., Kugimiya, S. Urashimo, S., Arimura, G., Horiuchi, J., Nishioka, N., Matsui, K. and Takabayashi, J.（2006）Changing green leaf volatiles biosynthesis in plants: an approach for improving plant resistance against both herbivores and pathogens. Proceedings of Natural Academy of Science, USA 103: 16672-16676.

（4） Shiojiri, K., Ozawa, R. and Takabayashi, J.（2006）Plant volatiles rather than light detemine the nocturnal behavior of the caterpillar. PLoS Biology 4: 1044-1047.

III　分子の章

第1節

（1）Koeniger, N., Koeniger, G., Greis M., Tingek, S. and Kelitu, A.（1996）Reproductive isolation of *Apis nuluensis* Tingek, Koeniger and Koeniger, 1996 by species-specific mating time. Apidologie, 27: 353-359.

（2）Fuchikawa, T. and Shimizu, I.（2007）Circadian rhythm of locomotor activity in the Japanese honeybee, *Apis cerana japonica*. Physiol. Entomology, 32: 73-80.

（3）Frish, B. and Koeniger N.（1994）Social synchronization of the activity rhythms of honeybees within a colony. Behav. Ecolo. Sociobiol., 35: 91-98.

（4）Shimizu, I., Kawai, Y., Taniguchi, M. and Aoki, S.（2001）Circadian rhythm and cDNA cloning of the clock gene period in the honeybee *Apis cerana japonica*. Zool. Science, 18: 779-789.

（5）Rubin, E. B., Shemesh, Y., Cohen, M., Elgavish, S., Robertson, H. M. and Bloch, G.（2006）Molecular and phylogenetic analyses reveal mammalian-like clockwork in the honey bee（*Apis mellifera*）and new light on the molecular evolution of the circadian clock. Genome Research, 16: 1352-1356.

第2節

（1）Hunt, D.M., Fitzgibbon, J., Slobodyanyuk, S.J. and Bowmaker, J.K.（1996）Spectral tuning and molecular evolution of rod visual pigments in the species flock of cottoid fish in Lake Baikal. Vision Res., 36: 1217-24.

（2）Cowing, J.A., Poopalasundaram, S., Wilkie, S.E., Bowmaker, J.K. and Hunt, D.M.（2002）Spectral tuning and evolution of short wave-sensitive cone pigments in cottoid fish from Lake Baikal. Biochemistry, 41: 6019-25.

（3）Carleton, K.L. and Kocher, T.D.（2001）Cone opsin genes of african cichlid fishes: tuning spectral sensitivity by differential gene expression. Mol. Biol. Evol., 18: 1540-50.

（4）Terai, Y., Seehausen, O., Sasaki, T., Takahashi, K., Mizoiri, S., Sugawara, T., Sato, T., Watanabe, M., Konijnendijk, N., Mrosso, H.D., Tachida, H., Imai, H., Shichida, Y. and Okada, N.（2006）Divergent selection on opsins drives incipient speciation in Lake Victoria Cichlids. PLoS Biol., 4: 2244-2251.

（5）Minamoto, T. and Shimizu, I.（2002）A novel isoform of vertebrate ancient opsin in a smelt fish, *Plecoglossus altivelis*.

Biochem. Biophys. Res. Commun., 290: 280-6.

（6）Minamoto, T. and Shimizu, I.（2003）Molecular cloning and characterization of rhodopsin in a teleost（*Plecoglossus altivelis,* Osmeridae）. Comp. Biochem. Physiol., B Biochem. Mol. Biol., 134: 559-70.

（7）Minamoto, T. and Shimizu, I.（2005）Molecular cloning of cone opsin genes and their expression in the retina of a smelt, Ayu（*Plecoglossus altivelis,* Teleostei）. Comp. Biochem. Physiol., B Biochem. Mol. Biol., 140: 197-205.

第3節

（1）Coplen et al.（2002）Isotope-abundance variations of selected elements. Pure & Applied Chemistry 74: 1987-2017.

（2）Minagawa, M.（1992）Reconstruction of human diet from $\delta^{13}C$ and $\delta^{15}N$ in contemporary Japanese hair: a stochastic method for estimating multi-contribution by double isotopic tracers. Applied Geochemistry 7: 145-158

（3）南川雅男（2001）「炭素・窒素同位体分析により復元した先史日本人の食生態」『国立歴史民俗博物館研究報告』八六：三三三―三五七ページ

（4）南川雅男・柄沢享子・蒲谷裕子（1986）「人の食生態系における炭素・窒素同位体の分布」『地球化学』二〇：七九―八八ページ

（5）和田英太郎（2002）『地球生態学』（環境学入門第３巻）岩波書店

（6）Yoneda, M., Tanaka, A., Shibata, Y., Morita, M., Uzawa, K., Hirota M. and Uchida, M.（2001）Radiocarbon Marine Reservoir Effect in Human Remains from the Kitakogane Site, Hokkaido, Japan. Journal of Archaeological Science 29: 529-536.

（7）安部琢哉（1989）『シロアリの生態――熱帯の生態学入門』東京大学出版会

（8）Tayasu, I.（1998）The use of carbon and nitrogen isotope ratios in termite research. Ecological Research 13: 377-387.

（9）Zoppi, U, Skopec, Z., Skopec, J., Jones, G, Fink, D., Hua, Q., Jacobsen, G., Tuniz, C. and Williams, A.（2004）Forensic applications of ^{14}C bomb-pulse dating. Nuclear Instruments and Methods in Physical Research B: 223-224:770-775.

（10）Tayasu, I., Nakamura, T,Oda, K.,Hyodo, F., Takematsu, Y. and Abe, T.(2002）Termite ecology in a dry evergreen forest in Thailand in terms of stable-($\delta^{13}C$ and $\delta^{15}N$）and radio-(^{14}C, ^{137}Cs and ^{210}Pb）isotopes *Ecological Research* 17: 196-206.

(11) Hyodo, F., Tayasu, I. and Wada, E.（2006）Estimation of the longevity of C in terrestrial detrital food webs using radiocarbon （^{14}C）: how old are diets in termites? Functional Ecology 20: 385-393.

Ⅳ　人間活動の章

第1節

(1) 琵琶湖自然史研究会（編著）（1994）『琵琶湖の自然史』八坂書房
(2) M・ノヴァチェック（2005）『化石はタイムマシーン——恐竜と古生物をもとめて』青土社
(3) Fry, B.（2006）Stable Isotope Ecology. New York, Springer.
(4) Lindeman, R.L.（1942）The trophic-dynamic aspect of ecology. Ecology, 23: 399-417.
(5) Phillips, D.L. and Gregg, J.W.（2001）Uncertainty in source partitioning using stable isotopes. Oecologia, 127: 171-179.
(6) Cabana, G. and Rasmussen, J.B.（1996）Comparison of aquatic food chains using nitrogen isotopes. Proc. Natl. Acad. Sci. USA, 93: 10844-10847.
(7) Ogawa, N.O., Koitabashi, T., Oda, H., Nakamura, T., Ohkouchi, N. and Wada, E.（2001）Fluctuations of nitrogen isotope ratio of gobiid fish（Isaza）specimens and sediments in Lake Biwa, Japan, during the 20th century. Limnol. Oceanogr., 46: 1228-1236.
(8) 京都大学理学部附属大津臨湖実験所編（1964）『大津臨湖実験所五十年　その歴史と現状』京都大学
(9) 奥田昇・陀安一郎（2007）「琵琶湖の食物網：現在と過去——安定同位体分析から見た水中世界」（今福道夫・山村則男編）『生物多様性研究——その魅力と楽しみ』四〇—四三ページ、京都大学21COEプログラム「生物多様性研究の統合のための拠点形成」
(10) 中井克樹（2001）「琵琶湖の外来魚問題をめぐって」（琵琶湖百科編集委員会編）『知ってますかこの湖を——びわ湖を語る50章』一四七—一五二ページ、サンライズ出版
(11) Yamamoto, T., Kohmatsu, Y. and Yuma, M.（2006）Effects of summer drawdown on cyprinid fish larvae in Lake Biwa, Japan. Limnology, 7: 75-82.

（12）Nakanishi, M. and Sekino, T.（1996）Recent drastic changes in Lake Biwa bio-communities, with special attention to exploitation of the littoral zone. GeoJournal, 40: 63-67.

第2節

（1）石井 実（2005）『生態学からみた里やまの自然と保護』（日本自然保護協会編）講談社
（2）井上清・宮武頼夫監修（2005）『トンボの調べ方』（日本環境動物昆虫学会編）文教出版
（3）Tsubaki, Y. and Tsuji N.（2006）Dragonfly distributional predictive models in Japan: relevance of land cover and climatic variables. In Cordero A.G.（ed.）Forests and dragonflies. Pensoft, Bulgaria
（4）Kadoya, T., Shin-ich Suda, S., Nishihiro, J. and Washitani, I.（2007）Procedure for predicting the trajectory of species recovery based on the nested species pool information: dragonflies in a wetland restoration site as a case study. Restoration Ecology in press.
（5）武内 和彦・鷲谷 いづみ・恒川 篤史編（2001）『里山の環境学』東京大学出版会

V　生態系の章

第2節

（1）野崎義行（1994）『地球温暖化と海——炭素の循環から探る』東京大学出版会
（2）小池勲夫（2006）「海洋における懸濁粒子の動態」（木暮一啓編）『海洋生物の連鎖』二三三—二四六ページ、東海大学出版会
（3）永田俊（2006）「微生物ループの基本構造」（木暮一啓編）『海洋生物の連鎖』八四—一〇二ページ、東海大学出版会
（4）Madigan MT, Martinko JM, Parker J（2003）『Brock 微生物学』（室伏きみ子・関　啓子訳）オーム社
（5）Waterbury JB, Valois FW（1993）Resistance to co-occurring phages enables marine Synechococcus communities to coexist with cyanophages abundant in seawater. Appl Environ Microbiol 59:3393-3399
（6）福田秀樹（2006）「コロイドの動態と代謝メカニズム」（木

暮一啓編）『海洋生物の連鎖』二四七—二六五ページ、東海大学出版会
（7）浜崎恒二（2006）「細菌群集の現存量、生産量および群集組成」（木暮一啓編）『海洋生物の連鎖』一〇三—一二六ページ、東海大学出版会
（8）三木健（2007）「細菌群集の時空間分布と物質循環をつなぐ——細菌とメタ群集理論」『日本生態学会誌』（投稿中）
（9）横川太一（2007）「海洋における細菌群集の動態——細菌群集変動と有機物質環境変動との連関」『日本生態学会誌』（投稿中）

本書の歩き方――読み終わった翌日に読んでもらいたい「あとがき」

この本のほとんどの著者は京都大学生態学研究センター（以下センター）というところで研究しています。ちょっとセンターの紹介をしておきましょう。京都大学というのに、お隣の滋賀県の山の中にあります。歩いていける範囲内に自販機ありません。「自然が豊かなんでしょうね」と思われました？確かにその通りですが、最近センターの目の前にはトラックの中継基地ができました。ちょっと残念です。

センターの敷地内には「ＣＥＲ（英語のセンターの頭文字）の森」とか、館内には安定同位体解析装置とか、琵琶湖畔には調査船とか様々な設備が整備されていて、生態学に関する全国共同利用施設として機能しているところです。私たちは日本だけでなく様々な国の生態学者と共同研究を進めています。本書を読んで、生物の多様性に興味がわいてきた方、もっと知りたい、研究してみたいと思ったら、ぜひ一度遊びに来てみてください（ホームページがあります http://www.ecology.kyoto-u.ac.jp/）。

さて、センターでは理論生態学、生物間相互作用、熱帯生態学、水域生態学、分子生態学、保全生態学という六つの研究分野に分かれて研究しています。それをここでは、

Ⅰ　熱帯生態学の先生による「形の章」
Ⅱ　生物間相互作用と理論生態学の先生による「関係の章」
Ⅲ　分子生態学、水域生態学の先生による「分子の章」
Ⅳ　保全生態学、生物間相互作用、水域生態学の先生による「人間活動の章」
Ⅴ　熱帯生態学と水域生態学の先生による「生態系の章」

の5章にシャッフルしてみました。書いた先生の分野を見ていただけばなんとなく想像つくように、それぞれの章は他の章となんらかの関係があります。そこで、ちょっと私なりの読み方、あるいは読み返し方の提案をしてみましょう。

最初のキーワードは陸域の生態系とネットワークです。たとえば、「形の章」では、花粉を運ぶ虫たちの話や種を運ぶ動物たちの話が花や種の形をベースに展開されていますが、これは「関係の章」の複雑な生き物の相互作用の話や「生態系の章」の熱帯降雨林の生態系での微生物の話を読んだ上でもう一度パラパラめくって頂くと、頭の中に陸にすむ生き物たちの多様な世界が広がってくるのではないかな、とおもいます。その上で「分子の章」のミツバチのリズムの話や魚類のオプシン遺伝子の

話を読み返すと、多様な世界の分子基盤がどのように解明されるのか、その道筋がわかってくると思います。また、我々が慣れ親しんだ身近な自然でも、地上部と地下部のさまざまな生き物のネットワークがあるという認識で、里山の重要性と危機の話をもう一度眺めていただくと、最初に読まれた時の印象と異なったものになるでしょう。

もう一つのキーワードは、水域生態系とその解析手法です。まず「分子の章」第3節で、聞き慣れない安定同位体解析を理解していただければ、次の「人間活動の章」第1節での琵琶区の話に進んでください。最後に「生態系の章」第2節の「微生物の海」で、大海の中での微生物の新しいアプローチとたたずまいを実感していただければと思います。「微生物の海」の中で著者は「しかし、微生物的な世界の固有性やそこへのアプローチの特殊性といった側面のみを強調するのは賢明ではない。微生物も生物である以上、その生態学的な挙動やその支配には、他の大型生物の場合と共通する法則性が働いている。」と述べています。水の中の世界と陸の上の世界は別次元ではなく、ほんとうの基本的な部分では共通の原理で二つの世界の多様性は維持・促進されているのでしょう。

上の歩き方提案は一つの例です。ご自由に読んでいただいたら良いのですが、本書を章の順番通り通読した後で、関連した章に飛びながらもう一度パラパラと読んでみると、もう一歩本書の主題である「生物の多様性ってなんだろう?」に近づけるはずです。それが私のお薦めする本書の歩き方です。

主題にふれれば、副題にもふれておきましょう。本書の副題は「生命のジグソーパズル」ですが、このパズルは売っているパズルのように、箱に印刷してある出来上がりの美しい絵や写真は設定されていません。多様な生き物たちが「みんなちがうけれど、みんなでいっしょに」生活してゆくための無限のパズルです。なので、マスタープランが無いジグソーパズル、と言いかえることもできます。

無限のパズルの一部を解いたって、いったいなんになるのさ?

と思われるかもしれません。しかしこのパズルでは、ある一部分を組み上げるたびに、生物の多様性の思いもよらない姿が浮かび上がります。それを増やしていくこと、並び替えてみること、まだ得られないピースを探すことが生物の多様性に一歩ずつ近づく道の一つといえます。この本の「関係の章」第1節の著者は同じような観点を、

今、私たちは生物が織りなす豊かなネットワークの世界に確かな一歩を踏み出した。これからどのような衣装を身にまとった自然が姿を現してくるのか、地図を持たない旅人のように、未知の世界に分け入る不安と期待が交錯する。

と述べています。一方で、「人間活動の章」第2節の著者の

農村はいつまでも自然と遊べる場所であってほしい。里山という呼び方にはそんな願いが込めら

れているように思われる。

という眼差しも、生命のジグソーパズルを組み上げる時にとても大事になると思います。毎日の私たちの生活、その視線の先にもジグソーパズルのピースは見つかるはずです。この本を片手に皆さんの身近なところにある生命のジグソーパズルを発見して組んでみてください。

梅雨気味の六月末　センターにて　　高林純示

索　引

執筆者一覧

酒井章子（さかい しょうこ）… Ⅰ章イントロダクション，第1節，コラム1
京都大学生態学研究センター・准教授
湯本貴和（ゆもと たかかず）…………………………………… Ⅰ章第2節
総合地球環境学研究所・教授
大串隆之（おおぐし たかゆき）… Ⅱ章イントロダクション，第1節，コラム2
京都大学生態学研究センター・教授
山内 淳（やまうち あつし）…………………………………… Ⅱ章第2節
京都大学生態学研究センター・准教授
高林純示（たかばやし じゅんじ）………………………………… Ⅱ章第3節
京都大学生態学研究センター・教授
清水 勇（しみず いさむ）………… Ⅲ章イントロダクション，第1節，第2節
京都大学生態学研究センター・教授
源 利文（みなもと としふみ）…………………………………… Ⅲ章第2節
総合地球環境学研究所・プロジェクト上 級研究員
陀安一郎（たやす いちろう）…………… Ⅲ章イントロダクション，第3節
京都大学生態学研究センター・准教授
奥田 昇（おくだ のぼる）……………………………………… Ⅳ章，第1節
京都大学生態学研究センター 准教授
椿 宜高（つばき よしたか）… Ⅳ章イントロダクション，第2節，コラム3
京都大学生態学研究センター・教授
藤田 昇（ふじた のぼる）………………………………………… Ⅳ章第3節
京都大学生態学研究センター・助教
三木 健（みき たけし）………………………… Ⅴ章イントロダクション
京都大学生態学研究センター・研究員
北山兼弘（きたやま かねひろ）………………………………… Ⅴ章第1節
京都大学生態学研究センター・教授
潮 雅之（うしお まさゆき）…………………………………… Ⅴ章第1節
京都大学生態学研究センター（大学院理学研究科）・博士課程
和穎朗太（わがい ろうた）……………………………………… Ⅴ章第1節
京都大学生態学研究センター・研究員
永田 俊（ながた とし）………………………………………… Ⅴ章第2節
京都大学生態学研究センター・教授
茂手木千晶（もてぎ ちあき）…………………………………… Ⅴ章第2節
京都大学生態学研究センター（大学院理学研究科）・博士課程

生物の多様性ってなんだろう？
生命のジグソーパズル　　学術選書 027

2007 年 8 月 10 日　初版第 1 刷発行
2010 年 4 月 15 日　初版第 3 刷発行
編　　者…………京都大学総合博物館
京都大学生態学研究センター
発 行 人…………加藤　重樹
発 行 所…………京都大学学術出版会
京都市左京区吉田河原町 15-9
京大会館内（〒 606-8305）
電話 (075) 761-6182
FAX (075) 761-6190
URL http://www.kyoto-up.or.jp
印刷・製本…………㈱太洋社
装　　幀…………鷺草デザイン事務所

ISBN 978-4-87698-827-3

定価はカバーに表示してあります
Printed in Japan

学術選書［自然科学書］

＊サブシリーズ　「心の宇宙」→心　「宇宙と物質の神秘に迫る」→宇

001 土とは何だろうか？　久馬一剛
002 子どもの脳を育てる栄養学　中川八郎・葛西奈津子
003 前頭葉の謎を解く　船橋新太郎　心1
005 コミュニティのグループ・ダイナミックス　杉万俊夫 編著　心2
007 見えないもので宇宙を観る　小山勝二ほか 編著　宇1
010 GADV仮説　生命起源を問い直す　池原健二
011 ヒト　家をつくるサル　榎本知郎
013 心理臨床学のコア　山中康裕　心3
018 紙とパルプの科学　山内龍男
019 量子の世界　川合・佐々木・前野ほか編著　宇2
021 熱帯林の恵み　渡辺弘之
022 動物たちのゆたかな心　藤田和生　心4
026 人間性はどこから来たか　サル学からのアプローチ　西田利貞
027 生物の多様性ってなんだろう？　生命のジグソーパズル　京都大学総合博物館 京都大学生態学研究センター編
028 心を発見する心の発達　板倉昭二　心5
029 光と色の宇宙　福江 純
030 脳の情報表現を見る　櫻井芳雄　心6
032 究極の森林　梶原幹弘
033 大気と微粒子の話　エアロゾルと地球環境　笠原三紀夫 東野 達 監修
034 脳科学のテーブル　日本神経回路学会監修／外山敬介・甘利俊一・篠本滋編
035 ヒトゲノムマップ　加納 圭
037 新・動物の「食」に学ぶ　西田利貞
038 イネの歴史　佐藤洋一郎
039 新編 素粒子の世界を拓く　湯川・朝永から南部・小林・益川へ　佐藤文隆 監修
040 文化の誕生　ヒトが人になる前　杉山幸丸
042 災害社会　川崎一朗
045 カメムシはなぜ群れる？　離合集散の生態学　藤崎憲治